BIM-FILM 工程动画模拟教程

张西平 刘 阳 主编

中国建筑工业出版社

图书在版编目（CIP）数据

BIM-FILM工程动画模拟教程/张西平，刘阳主编
. — 北京：中国建筑工业出版社，2020.12（2024.8重印）
ISBN 978-7-112-25834-5

Ⅰ.①B… Ⅱ.①张…②刘… Ⅲ.①建筑设计—计算
机辅助设计—应用软件—教材 Ⅳ.①TU201.4

中国版本图书馆CIP数据核字（2021）第024828号

全书共5章：第1章绪论，第2章BIM-FILM软件初识，第3章施工模拟在建筑工程中的应
用，第4章施工模拟在市政工程中的应用，第5章综合实训。本书通过房建工程、市政道路、桥
梁、隧道、轨道交通等若干实际工程案例，以任务驱动形式模拟工程施工，将软件功能与BIM实
际工作任务紧密结合，旨在培养和检验学生专业知识、推动BIM技术落地应用，将图文内容进行
快速地可视化表达。

本书可作为本科、高职高专院校土木工程、建筑施工、工程管理、道路桥梁、轨道交通、钢
结构等建设类相关专业教材，亦可作为BIM从业人员及工程技术相关人员学习用书，同时也适用
于中职院校建设类相关专业使用。

策划编辑：徐仲莉
责任编辑：曹丹丹
责任校对：赵 菲

BIM-FILM工程动画模拟教程
张西平 刘 阳 主 编
*
中国建筑工业出版社出版、发行（北京海淀三里河路9号）
各地新华书店、建筑书店经销
北京建筑工业印刷厂制版
建工社（河北）印刷有限公司印刷
*
开本：787毫米×1092毫米 1/16 印张：18¾ 字数：451千字
2021年2月第一版 2024年8月第三次印刷
定价：**98.00**元（赠课件）
ISBN 978-7-112-25834-5
（36655）

BIM-FILM 工程动画模拟教程编审委员会

前　言

　　BIM-FILM 虚拟施工系统，是一款利用 BIM 技术结合游戏级引擎技术，能够快速制作建设工程 BIM 施工动画的可视化工具系统。该系统可用于建设工程领域招标投标技术方案可视化展示、施工方案评审可视化展示、施工安全技术可视化交底、教育培训课程制作等领域。该系统应用 BIM ＋虚拟仿真以及互联网技术，结合高校教学业务特点，其简洁的界面、丰富的素材库、内置的可定义动画、实时渲染输出等功能，容易上手，兼容性能好，支持多种文件格式导入，可便捷模拟各类施工场景，制作的动画呈现效果好、可视化强，破解了高校施工方案设计教学纯文字方案一统天下的陈旧僵局，增强了课程教学效果。在项目招标投标阶段，BIM-FILM 动画演示效果说服力更强，技术标得分优势明显。

　　为了便于广大高校师生及工程技术从业人员学习掌握 BIM-FILM 虚拟施工系统，编写一本系统讲述 BIM-FILM 工程动画模拟的教材尤其迫切。基于这一背景，北京睿格致科技有限公司联合武昌理工学院在教育部产学合作协同育人项目建设的基础上，共同组织编写《BIM-FILM 工程动画模拟教程》。该教材的编撰得到了众多高校与企业的大力支持，在此一并致谢。

　　本书主编由武昌理工学院张西平、北京睿格致科技有限公司刘阳担任，负责图书框架设计及全书统稿。编写分工为：温晓慧、夏雨、张力、彭红涛、刘晓逸编写第 1 章；杨修飞、何宏伟、何海龙、刘玉锋、张婷、王冬编写第 2 章；王雪莹、赵飞、钱军编写第 3 章；赵久敏、何永强、王冰、田一鸣编写第 4 章；赵飞、赵久敏编写第 5 章。在教材编写涉及的相关案例资源提供及模型制作方面，高路给予了大力支持。在编写过程中，各参编人员相互学习、相互探讨、相互提供素材、相互校对稿件，凝心聚力，使该书顺利成稿。

　　本书在编写过程中参考大量相关文献，吸收了国内外许多老师及科研工作者、同行专家等的最新研究成果，谨在此致以衷心的感谢！

　　BIM-FILM 虚拟施工系统在国内工程项目施工管理应用时间相对较短；《BIM-FILM 工程动画模拟教程》的编著在国内尚属首次，需要在实践中不断丰富和完善。限于编者水平，书中不足与疏漏之处在所难免，恳请各位专家学者和广大读者批评指正。

2020 年 12 月

目 录

第1章 绪 论

知识目标

（1）了解本课程的任务、特点和学习方法，了解工程模拟概述的基本知识和工程动画模拟制作常用软件。

（2）熟悉并掌握工程模拟在建设项目规划、设计、采购、施工、运维中的应用。

（3）掌握工程动画模拟制作流程和步骤。

能力目标

（1）能够借助工程模拟软件进行建设项目不同阶段的应用展示。

（2）学会工程动画模拟制作步骤和流程，能够选用适合的软件进行工程动画模拟制作。

1.1 课程特点和学习方法

1.1.1 课程性质与任务

《BIM-FILM 工程动画模拟教程》是一门实践性很强的专业实训课程，是在完成《建筑识图与 BIM 建模》《房屋建筑学》《工程材料》《施工技术》《工程结构》《市政工程》《钢结构》《钢结构工程施工》《装配式施工》等专业相关课程的前提下，对所学知识的综合运用和提高。该课程应用 BIM ＋虚拟仿真以及互联网技术，以信息化教学为核心，促进信息技术在教育领域的广泛应用，推动教育的改革和发展，培养适应信息社会要求的创新人才，促进教学现代化。

本课程全面系统地介绍了工程模拟动画相关的理论知识、BIM-FILM 虚拟施工系统教学应用过程、在建筑工程以及市政工程领域的应用案例，最后通过综合实训考核学生的学习效果，并提供学生课后演练拓展的实训案例资料，可以有效帮助学生进行系统地学习和拓展提升，满足一体化教学的要求。本课程教学集成模型、场景布置、动画编辑、语音合成、渲染输出于一身，全面介绍了 BIM ＋虚拟仿真技术在整个建设项目不同阶段的模拟应用，让学生能够熟悉并掌握未来工作场景中的实际业务，并且能够通过虚拟仿真技术进行场景模拟和方案优化调整，加强学生的 BIM ＋虚拟仿真技术应用能力和实际业务能力的培养。

课程教学任务是：通过工程动画模拟实训，学习利用 BIM-FILM 软件进行工程动画制作的方法，熟悉基本制作流程和内容，将实训任务分为脚本编写、素材准备、场景布置及动画制作、成果输出等步骤，让学生系统地了解、熟悉和掌握基于 BIM-FILM 软件的工程动画模拟制作流程和方法，了解并掌握实际项目中的业务场景和业务知识点，使学生初步具备运用 BIM-FILM 软件进行动画模拟的能力，可以将抽象的项目管理场景变为三维可视化的应用，为从事建设工程全过程可视化管理工作打下坚实的专业基础。

1.1.2 课程特点

《BIM-FILM 工程动画模拟教程》迎合了 BIM 技术发展过程中对动画＋数据表达方式的新需求，弥补了现有市场工程动画模拟类书籍的空缺，满足了高校对工程动画教学业务的需求，能够为教师提供丰富、多样、个性化课程教学资源，满足工程技术类课程实训需求。

本课程教学借助 BIM-FILM 虚拟施工系统软件平台，学生可以自主设计与操作，进行自主探索学习，能够快速制作建设工程 BIM 施工动画。该系统软件具有简洁的界面、丰富的素材库、内置的可定义动画、实时渲染输出等功能，学生可以快速、高质地搭建场景，最终形成 3D 可视化工程模拟动画，解决抽象方案设计的难题，可用于建设工程领域招标投标技术方案可视化展示、施工方案评审可视化展示、施工安全技术可视化交底、教育培训课程制作等，具备易学性、易用性、专业性的特点。本课程具备实训考核和评测模块，课程软件评测与老师主观评测相结合，及时、准确地检验学生在不同阶段的学习成果，可以帮助教师解决实训课程任务重、评阅工作量大的难题。

本课程理论联系实际，系统条理，借助虚拟仿真的可视化展示，可以让学生身临其境地感受到工地现场的实际情况，将课程学习的知识通过自己实践动手展示出来。课程内容先理论后实践，配有丰富的情境案例，学生可以在实训过程中学会工程动画模拟软件的基本操作，进一步培养工程实践应用的能力。

1.1.3 学习方法

在本课程中，学生需要掌握软件的基本操作和专业技术知识，才能进行工程实践，完成工程模拟动画的制作。在学习过程中，学生要根据软件技能培训的分解任务，勤动手，多思考，注重实践动手能力的培养。

本课程适宜在配置多媒体、运行 BIM-FILM 软件流畅的实训室进行，采用任务驱动式、模块化教学的方式，在集中授课的同时，努力倡导启发式、互动式、探究式、开放式教学，课程学习应以学生为本，注重"教"与"学"的互动。学生提前分组，进行任务分工，借助软件的仿真模拟，通过团队协作，让学生在活动中掌握知识、熟练技能，提高发现问题和解决问题的能力。

工程动画的制作，需要结合工程实践经验，应注重理论联系实际，通过工程技术场景的模拟，提高学生分析问题和解决问题的职业能力。学生完成的作品可以进行小组互评、软件评测以及教师点评，小组成员反馈每节课的学习程度和任务完成情况，教师根据反馈结果全面了解学生的学习情况，总结优缺点，提出改进建议。

随着建筑信息化的不断发展，虚拟仿真技术为工程实践带来更真实的场景模拟，具有更广阔的市场前景，企业需求度较高。作为一款 BIM＋虚拟仿真软件，BIM-FILM 软件可以为工程人员提供多方位、多视角的工程模拟，制作工程情景动画，让参与人员提前了解工程相关情况，避免一些不必要和潜在风险的发生，从而更好地实现项目预期目标和收益。高校作为人才培养的摇篮，在教学业务中要紧随时代的发展，让学生学会通过制作三维可视化模拟动画展示工地实际作业情况，更好地对接社会人才需求，为就业打好基础。

1.2 工程模拟概述

1.2.1 工程模拟简介

BIM 技术的发展与应用，已被公认为是继 CAD 技术之后建筑业的第二次科技革命，随着国家高度重视信息化产业发展，住房城乡建设部大力推动 BIM 技术在建设行业的应用，我国 BIM 技术推广应用快速增长。工程建设领域开始推广应用 BIM 技术进行参数化建模、设计方案优化、场地布置、4D 进度模拟等，为大型复杂工程进行精细化管理和实施创造了基础。BIM 技术应用大多集中在多模型展示、多专业协同设计、结构预留孔洞、管线碰撞检查、虚拟施工模拟、工程计量计价、三维可视化交底等方面。工程模拟就是通过三维可视化技术，把整个工程建设过程中要解决的重点和难点问题仿真模拟出来，具有更真实、更精确、也更易操作的优点，被广泛应用到工程建设行业各领域。在工程建设不同阶段制作工程模拟动画，这种可视化效果使复杂、抽象的工程问题变得清晰、直观、易懂，有利于参与人员学习，更加快捷、高效，并且有助于提高工程建设质量，越来越受到企业青睐。

工程模拟主要用来展示工程建设中涉及的规划、设计方案，施工工艺流程，重难点技术方案，工程质量、进度、安全等有关规范及管理要求，以及工程运维的实施等内容，制作人员既要熟悉相关专业知识，又要熟练应用计算机进行三维建模和动画制作。工程模拟能虚拟仿真工程实施过程，将抽象的问题通过三维可视化画面表达出来，可以提前了解工程实施细节，方便参与人员快速了解工程实施不同阶段的任务和情况，提前发现工程设计方案中存在的问题，合理调整工程的实施方案，减少后期返工，节省工程成本，从而加快工程进度，使工程变得更加简单，为工程项目带来更多的收益。

现有市场上能够进行工程模拟的软件有很多，例如施工企业应用较多的施工现场布置软件、BIM 5D 等，都能提供工程模拟建造的动画，帮助参建者了解虚拟建造过程。另外，3ds Max、Fuzor、MAYA、BIM-FILM 等专门制作模拟动画的工具也能很好地进行工程模拟，并且可以直接输出动画，将物体形态与运动过程中的动量模型，完整地呈现在人们的视野范围中，避免安装和使用多类软件的麻烦，展现出较大的技术应用价值。本书重点介绍利用 BIM-FILM 软件进行工程动画模拟的流程和内容。

1.2.2 工程模拟特点

工程模拟能详细、系统、直观、形象地表达和体现工程施工工艺的各个细节、施工流程、工艺工法、运作原理等，是工程实施的虚拟建造及模拟预演。工程模拟能够把复杂事物或程序直观、清晰、动态地表达出来，像电影一样的表现形式，便于人们接受、理解、相互沟通。

工程模拟摆脱了传统纸质版交底单调、空洞、抽象的缺点，使交底更具有针对性、易懂性，有效提高了管理人员与工程劳务人员的沟通质量。工程模拟可以将传统文字和二维图形的表达变为三维空间和过程的表达，通过动画形象直观地展示实施的过程，是未来工程行业沟通的主要形式之一。

工程模拟可以通过动画和视频的形式，向施工人员、专家、评委展示工程建设各阶段的施工工艺、技术难点等实施过程，适用于技术交底和培训指导。采用工程模拟的形式向作业人员展示施工中复杂的施工工艺及安全注意事项，使得培训及技术交底更加直观、规范、经济，便于理解和有效实施。

工程模拟制作相对实际拍摄来说更方便，不会受到时间、地点、人员的限制，通过多媒体技术实现，可以突出展示想要表现的细节和重点，通过后期合成和特别效应的处理，使工程模拟更加真实。

1.2.3 工程模拟应用情况

目前，铁路、公路、桥梁、隧道、建筑等领域中已广泛应用工程模拟，并取得了良好的效果。工程模拟可以在不同类型工程的不同阶段进行应用，常见的应用主要集中在工程施工阶段，可以制作建筑工程模拟动画、桥梁工程模拟动画、核电站工程模拟动画、玻璃幕墙工程模拟动画、地铁工程模拟动画等，展示各领域工程模型以及场景，再根据要求设定模型的运动轨迹、虚拟摄像机的运动和其他动画参数，最后按要求为模型附上特定的材质并打上灯光。工程模拟动画是通过三维可视化技术把工程施工的过程提前模拟展示出来，给工程施工或者其他阶段带来详细和全面地了解，根据工程模拟动画，可以避免在工程实施过程中出现错误，可以提前做出修改和调整，给工程建设带来安全及质量的保证。工程实施过程信息化、三维化，能够更加形象深刻地将规划设计方案、施工方案、建筑模型、施工现场布置等，以 VR 技术为媒介进行虚拟现实展示，让人们能够直观、身临其境的在施工现场进行参观、学习，同时加强工程实施过程的管理。

工程模拟动画还可以帮助施工人员了解一些复杂的施工技术。目前工程模拟动画在建设工程领域的应用越来越多，为更多的施工项目带来方便与快捷。国内一些大型工程，如国家奥林匹克鸟巢体育馆、央视大楼、深圳地铁，深圳大运会体育馆、新首钢大桥等，均有工程模拟动画的应用，图 1.2.1 为新首钢大桥效果图。

图 1.2.1 新首钢大桥效果图

1.2.4 工程模拟价值

1. 直观展示，有效沟通

采用 BIM 技术的价值不仅在于将二维图纸转换成三维模型、检查设计图纸的错漏碰缺，更在于通过三维模拟动画把建设过程表达清楚，将抽象、复杂的工程问题进行模拟展示，解决复杂工程无法用文字或图片表达清楚的问题，这种表达方式可以更形象、直观地展示设计者的思想和工程建造的过程，便于检查实施过程中可能出现的问题以及基于模型的多方参与的沟通协调。

工程模拟方式打破了传统的交底形式，在工程实施前以动画形式模拟整个建设过程，强调工程实施中的技术难点，将工程规划、设计、采购、施工、运维的过程，以直观的形式展现给工程参与人员，视听结合，有更强的感染力，能身临其境地感受真实情况。工程参与人员可以通过模拟动画进行有效地沟通，就看到的模拟场景各抒己见，提出可能存在的问题以提前规避。

2. 满足企业需求，有效节约成本

工程模拟在控制工程成本、加快工程进度方面具有重要作用。工程建设过程中要投入大量的人力、物力、财力，如果实施过程中才发现问题，会造成返工或重新实施，浪费时间、增加成本。在 BIM 技术应用过程中，越来越多的企业希望能运用工程模拟技术在工程前期模拟工程实施状况，通过模型＋数据将真实的物质材料和施工过程展示出来，根据情景模拟演示和环境分析提供切实有效的信息，在施工前对施工成本进行有效预算和精细化管理实施，从而控制工程成本，提高预算的准确性。

3. 适用范围广泛，有效保证安全

工程模拟适用于各类工程建设项目，被建设单位、施工单位、设计院、科研单位等参建单位广泛应用。通过工程模拟动画的展示，可使参与人员更迅速、准确地掌握工程实施的重点，便于新工艺的推广和应用。传统的工程建设往往建立在组织者与执行者丰富的工作经验上，对于复杂程度较高的工程项目，通过施工组织形式的调整，对工程难度进行弱化处理。如果在此类复杂内容中出现少许偏差，会对整体工程工况造成负面影响，引发质量安全问题。

工程模拟可以事先对工程施工过程进行动画模拟。在系统程序中，通过基础性的物理逻辑关系，设置三维动画的动态程序，以此找到施工过程中的安全控制要点，并在施工组织中尽可能减少甚至消除施工安全隐患发生的条件。尤其是在不合理施工方案、不安全施工方法的判断上，可以发挥三维动画的技术优势，实现工程施工过程的风险控制。对于涉及新技术、工艺实施难度大、危险性较大的工程，提前进行工程模拟，可以提高工作人员对安全风险的认识和安全防范意识，有效防止安全事故的发生。

1.3 工程模拟应用场景

1.3.1 规划阶段

建设项目规划阶段的主要任务是综合环境因素、区域因素、人文因素，对工程项目

投资的必要性、可行性、合理性，以及何时投资、在何地建设、如何实施等重大问题，进行科学论证和方案比较，使建设项目更加合理化、人性化。

利用工程模拟，可以为项目可行性研究及项目评估、决策提供动态的、可视化的、全方位的模拟展示，使规划单位、开发建设单位及其他相关单位直观地获取项目的规划效果、拟建功能等信息，提高沟通协调效率，协助参建各方项目决策工作顺利、高效开展。

1. 规划项目视觉展示

（1）规划外观效果

规划项目的造型、风格、尺寸、色彩及材质等项目规划方案是规划阶段决策工作的重点。利用工程动画模拟（图1.3.1），给项目决策者提供多视角、全方位、动态的展示和对比，并且提供实时的、接近真实的视觉效果，帮助决策者对拟建项目外观及不同设计方案的比选有更直观和全面的了解。

图1.3.1 规划外观效果展示

（2）规划环境效果

规划项目在建设地点的占位情况、项目风格与周边环境和谐统一，是项目规划需要重点考虑的问题。利用工程动画模拟（图1.3.2），展示项目建设地点的地形地貌、地质条件、相关建筑物／构筑物、交通绿化等情况，并对现有环境以及规划后项目与环境的关系、对环境的影响等进行多视角、全方位地动态展示和对比，给项目决策者提供直观的项目规划思路和视觉体验。

2. 规划项目功能展示

（1）规划功能区划分

利用工程动画模拟（图1.3.3），可以分阶段、分区域、分楼层展示项目规划功能，可视化展示项目各阶段、各区域、各楼层的规划用途，动态展示各功能分区之间的关联关系，并对不同方案进行多视角、全方位地演示和对比，协助决策者直观、系统地理解项目功能划分情况。

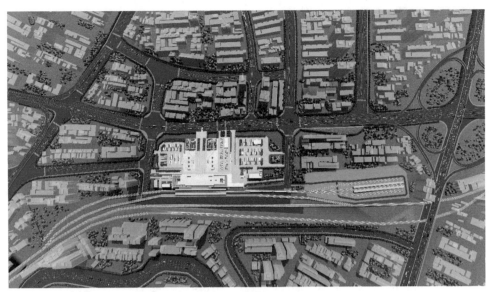

图 1.3.2 规划环境效果

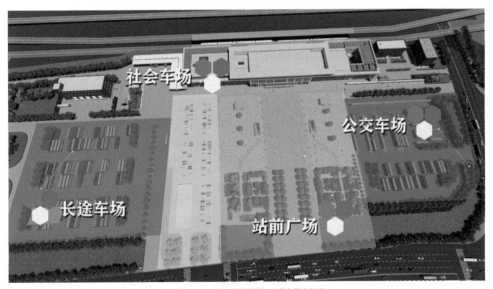

图 1.3.3 规划功能区划分展示

（2）规划机电及接口

利用工程模拟动画（图 1.3.4），可以分阶段、分专业展示项目各机电系统与水务、电力等相关系统的接入情况，为相关管理部门提供可视化的、动态的规划方案，直观展示方案中各专业之间的关系，提高沟通效率，便于决策者判断各方案的合理性、可行性。

（3）规划交通及接口

利用工程动画模拟（图 1.3.5），展示项目内部交通流向以及项目与现有市政交通的接口方案，给相关管理部门提供可视化的、动态的交通规划体验，展示各方案中交通接口形式、规划交通流向、人流与车流关系等，便于决策者直观判断不同方案的优缺点、合理性及可行性。

图 1.3.4 规划机电及接口模拟

图 1.3.5 规划交通及接口模拟

1.3.2 设计阶段

工程模拟在建筑设计阶段的作用，主要表现在对建筑内部构造设计、表面外观设计、园林景观设计以及建筑物内各种设施设备的设计，还可以在建筑中模拟行人及住户的生活及行动。除了建筑物本身的设计，工程模拟技术还可以应用到对外部环境的模拟，例如对自然环境中的各类天气现象、太阳月亮、草木等各方面的设计和描绘。

1. 设计方案展示。

传统的建筑表现手法基本是在平面设计、立面设计、剖面设计的基础上表现透视图和鸟瞰图。其缺点是：通过平面图、立面图、剖面图及几张效果图"想象"出最终的效果。而工程模拟能使人们在施工前就可以真实地感受到建筑未来的外部空间、平面、立面、剖面，以及内部空间功能关系和整体环境，并且还能通过运动的虚拟镜头观察到建筑物的任何一个面，达到最终方案的效果图。

工程模拟的优点为：

（1）快捷的展示平台

三维动画运用在建筑设计中，是给建筑师创作提供一种新的构思理念助手，它能较直观地反映建筑方案整个空间效果、尺度比例大小，内外部空间、功能运用关系，便于建筑师构思修改方案，是一个方便、快捷、灵活、直观多样的设计运作平台，图 1.3.6 为 BIM-FILM 对建筑环境进行模拟。

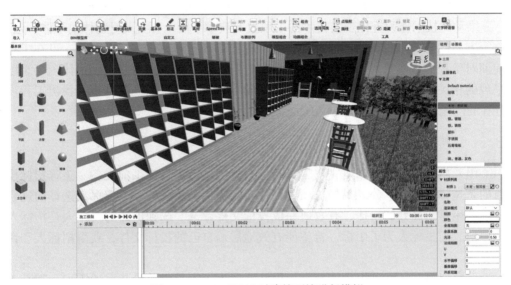

图 1.3.6　BIM-FILM 对建筑环境进行模拟

（2）先进的设计工具

三维动画技术不仅是一种展示媒介，也是建筑师讨论方案的最佳表现语言，更是一种先进的设计工具。设计者的构思是用视觉的方式反映出来的，例如在设计大型工程项目时，首先要做的是对建筑功能平面的设计，包括剖面、立面等设计，在建筑物的外部空间、内部空间、视觉效果以及实用功能的相互关系上做到反复推敲，从而达到构思效果。在动画制作过程中运用多种不同视觉、不同角度的方法表现设计效果，这种直观的反复推敲的方法，有助于建筑师的创作、构思、修改，是一种先进的设计方法。

（3）参数化设计可实现重复利用、便捷修改

参数化设计是指将设计的各项要素转化为某一函数的变量，依托转变函数获取不同的设计方案。参数化设计使设计人员对设计内容所做的任意改变均可自动在其对应的部分予以呈现。构件的删除、移动以及尺寸的调节所造成的参数变化，均使得对应构件的参数发生相关联的变化，所有视图下所发生的变化均可参数化、双向传播至各个视图，从而确保所有视图的统一性，而无须分别对各个视图进行修改调整。

2. 实现专业协同

工程模拟为各专业协同设计提供便利，提高工作效率。工程设计涉及多个专业，不

同专业间的沟通配合至关重要。传统的二维设计环境下，不同专业相互间的交流通常要反复进行，甚至在工程实施过程中会出现因为沟通不到位而造成的设计失误。在三维动画技术支持下，不同专业的技术人员均可对工程有直观的了解，为相互间的沟通带来极大的便利。最关键的是将不同专业的设计成果集中在同一个三维动画中，进而可消除一系列诸如高程、尺寸等不相符的问题。此外，在开展设计工作时，不同专业设计既可逐一开展，也可在有效沟通后同步开展，提高设计效率。

3. 优化设计方案

三维动画不仅可以提供平面图纸，还可以呈现三维模型，从不同方位、层次呈现工程整体面貌或局部特征，描述建筑物与周边环境、其他建筑物相互间的空间逻辑关系，进一步提高使用者的认知水平，为设计工作提供更多优化设计方案的可能。

三维动画技术作为虚拟现实技术的一项重要技术手段，可实现对物体的形体、运动、质感等方面的有效呈现。借助该项技术对工程项目开展计算机多媒体制作，可在工程设计前期对工程的方案选择、重点施工对象等进行虚拟处理，对深水中、山体内等难以直观呈现的相关工程内容进行模拟，依托不同角度、不同层次的观测分析，找出工程设计中存在的问题与不足，为设计提供有力依据。

1.3.3 采购阶段

工程采购阶段主要工作是完成工程招标投标，进行工程施工前准备。工程招标投标的目的是选择中标人。公开招标的项目往往参与投标的单位较多，招标人选择的过程较为繁琐和困难。高效、快捷、有效地完成投标文件评选，选到优质的投标人是招标人迫切希望的。而投标人为了中标，希望能有效地展示自己的投标文件，获得招标人和评标人的青睐。

工程模拟因其三维可视化的特点，很好地解决了工程建设参与方的需求，随着工程模拟应用的深入，工程动画模拟因其精确性、真实性和无限的可操作性，方便直观，受到很多施工企业的青睐，目前被广泛应用于工程投标、汇报。尤其是涉及重难点部位投标技术方案展示、投标方案进度模拟，借助工程动画模拟可以让人快速了解将来的施工场景和现场情况，便于评判方案的有效性，受到了广泛的好评。

1. 工程模拟协助招标人做好项目计划

随着 BIM 技术在工程建设项目中的应用，越来越多的项目采用 BIM 技术进行工程招标投标。招标人通过 BIM 技术的可视化模拟，预测工程进度状况、工程成本计划、物资采购计划，了解工程实施中可能遇到的潜在问题，提前做好项目计划，合理设置招标要求，保证招标投标工作的有效实施。

2. 工程模拟辅助投标人展示投标方案

工程投标书编制过程中，最基本的原则是要根据招标文件及施工图纸、现场施工条件制定有针对性的解决方案。工程项目不同，投标方案就会有所不同，某些企业为了快速完成投标文件而套用模板的方式是存在问题的。不同工程项目的情况不同，每个项目都有自己的特点，投标单位编制投标书时要认真研究工程信息，寻找一定的方式，清晰形象地展示自己的投标方案，如此才有可能赢得招标人和评标专家的青睐。

目前，传统文字式的投标书已经不能满足企业和项目的需求，招标单位更希望投标企业能够通过形象直观的方式，清楚明白地展示他们投标的方案。在投标过程中通过建立 BIM 模型，投标人可以对施工技术方案实施细节和新技术、新工艺的应用等重点难点问题进行工程模拟，提供可视化展示，可以快速便捷地说明工程的设计意图和具体实施情况。在工程投标前，投标人可以通过施工进度动画模拟视频（图 1.3.7），预测施工方案和工艺的可实施性，为多方案的比选提供支持。

图 1.3.7 投标方案模拟演示

借助 BIM 模型可视化的特点对关键部位、关键工序进行施工过程模拟，清晰地说明施工机械、施工材料、施工段划分及预制构件等相关事宜，使得招标人更清晰地了解投标单位的技术实力，进而提高中标率。例如针对深基坑工程等专项施工方案（图 1.3.8），通过动画模拟展示可以让招标人和评标专家了解投标单位拟采用的施工方案情况，提高方案选择的合理性，降低工程实施的风险。

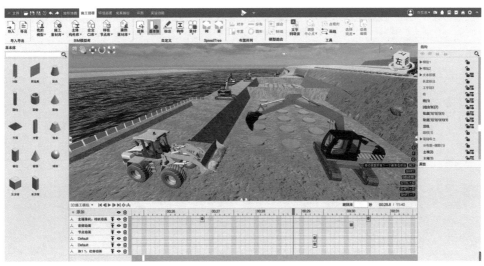

图 1.3.8 专项施工方案模拟

　　借助 BIM + VR 技术可以将时间维度加入三维空间模型，进行 4D 模拟施工，可以提前进行工程工期的优化。基于 BIM 技术的 4D 模拟施工可以提出虚拟施工方案（图 1.3.9），模拟工程实施的进度，对施工中可能出现的突发情况进行预先处理。

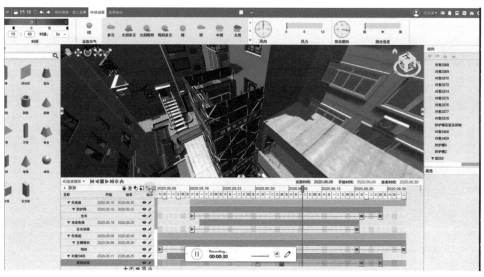

图 1.3.9　4D 模拟施工

3. 工程模拟帮助评标专家完成方案评选

　　在评标过程中，评标专家需要对投标方案进行评选。传统评标是对文字性标书进行指标打分评价，评标专家只能根据投标人提供的文字说明判断投标方案的合理性以及可实施性，对评标专家经验和水平要求都比较高，如果存在理解偏差，可能会出现评价失衡的情况，不利于中标人的选择。借助工程模拟动画（图 1.3.10），评标专家可以清楚地了解投标人的实施方案和细节，能够快速作出评判，有效保证评价效果。

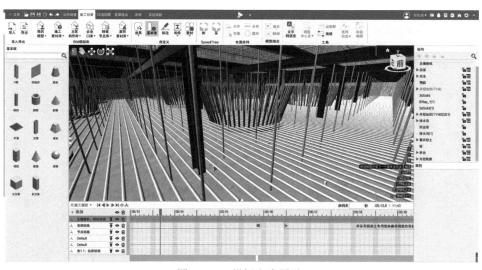

图 1.3.10　投标方案展示

4. 工程模拟可以预测采购物料进场时间

通过工程动画模拟可以让项目参与人员了解工程材料和机械设备的需求时间，从而编制物料和机械设备的需求计划，能够提前安排好物料和机械设备的进场时间，更好地控制施工成本。进行施工进度动画模拟时，可以在时间进度的推进下合理采购物料，比如钢筋、水泥、商品混凝土等材料，做到资源合理化利用。基于 BIM 的施工进度管理，支持管理者实现各工作阶段所需的人员、材料和机械用量的精确计算，从而提高工作时间预估的精确度，保障资源分配的合理化，并且为各阶段材料的进场、堆放，大型机械进出场时间，脚手架的搭设与拆除等提供有效依据。

1.3.4 施工阶段

1. 施工设计展示

直观性是工程模拟技术的典型技术特征，也是工程平面施工图无法企及的关键优势。在对设计者思路进行表达与还原的过程中，可以通过三维动画的形式对工程施工中的各项技术要点内容进行最大程度地还原，使工程施工设计方案（图 1.3.11）能够更加直观地展现出来，并在内容上表现出优于平面二维施工图的全面性。同时，在工程施工中由于项目的复杂化发展，一些施工手段与技术条件在空间与时间关系上存在典型的复杂性，无法高效地用语言或是图示进行表达；在三维动画技术中，动态化的图形可以补充此类内容的表达效果，通过对技术手段的说明与概述，为施工人员呈现更加完整的施工技术内容。通过这种直观的表达方式，更加直接地实现施工人员与三维图像的对话，也使三维动画技术成为设计者思路传达的有效途径。

图 1.3.11　BIM-FILM 软件进行施工模拟

2. 施工质量安全控制

（1）施工过程应用

在工程项目中安全问题十分重要，不仅是衡量建筑工程施工水平的标准，也是保证建筑施工人员生命财产安全的关键所在。尤其是在建筑施工活动中，安全风险更容易受到施工环境、操作方法、人为因素等多种变量条件的影响。因此，保证工程施工安全成了工程施工管理的关键要素。

在构建施工安全管理系统的过程中，需要借助三维动画技术，在虚拟仿真技术的模拟下判断施工方案的合理性，并在特定的施工环境中分析常规施工作业方案的适应性。通过三维场景的搭建，在虚拟的网络环境中模拟、论证施工技术方案的可行性，从而解决人工试验的风险问题。从建筑结构的角度出发，可以在三维模型系统中对建筑结构与材料强度进行分析。通过安全状态评估报告，推演并确定施工过程中可能存在的安全风险，排除施工安全隐患。三维动画模拟可以在零风险的基础上，在较短的时间内完成施工环境安全论证，无论是环境限制因素，还是人为操作风险，都可以在此项技术条件下得到控制。

对于复杂程度较高的工程项目，如果在施工组织中出现少许偏差，会对整体工程工况造成负面影响，引发质量安全问题。基于三维动画技术可以事先对工程施工实施过程进行动画模拟（图1.3.12），找到施工过程中的安全控制要点，并在施工组织中尽可能减少其至消除施工安全隐患发生的条件。尤其是在不合理施工方案、不安全施工方法的判断上，可以发挥三维动画的技术优势，实现建筑工程施工过程的风险控制。

图 1.3.12 对涉及工程安全的重点工序进行模拟

在工程项目施工过程中，需要保证施工场地的管理状态，通过对设施、设备、材料、人员等的组织调动，维护正常的施工状态。在施工规划管理过程中，经常因为现场施工条件的变化，使得施工组织方案无法有效地按照既定管理办法执行，直接影响了施工场地环境的组织规划水平，制约了施工的合理性，降低施工工效。基于三维动画技术对工程项目施工过程中的现场整体环境作出规划与布设，并在动态还原的过程中补充材料与设备的动量变化条件，在最接近实际施工现场情况的条件下完成现场施工模拟场景的构建。三维动画模拟不仅可以在外部结构上做出展示，也能在协同内部空间的技术要求上实现技术手段的全面升级，以此保证工程项目的优化管理，使施工操作的合理性得到保障。

（2）安全教育培训

工程模拟动画打破了传统的安全教育方式，成为一种新的安全教育培训形式。施工企业职工水平参差不齐，这就要求企业和项目部的安全教育不能停留在传统的文字交底模式上，而是通过动画进行生动地演示，以直观的形式向施工人员展示安全教育信息，具有更强的感染力。

工程模拟动画以视频的形式存储和传播，通过仿真场景模拟可以演示一些危险镜头，提高施工人员的安全意识，并制定相应的防范措施。

工程模拟动画可实现一次制作、长期使用，可以长期存放在电脑、手机中，随时随地观看、分享，在很大程度上节约了成本。工程模拟动画可分为若干独立的展示片段，根据不同阶段的要求和安全施工管理规范进行调整，帮助施工人员学习安全注意事项，取得良好的安全教育效果。

3. 对重点施工方案进行模拟，降低风险

建筑行业的发展使得建筑物逐渐向超高层和地下空间发展，在市政工程施工过程中，错综复杂的施工环境、实施过程的技术难题不断涌现，给从未接触过的施工人员带来了很多的实施困难。施工人员缺少相应的施工经验，施工中的很多问题不知如何解决，如施工测量和垂直度控制、玻璃幕墙的设计与施工、高层钢结构的制作与安装、复杂建筑施工放线、脚手架系统及吊车在高空中是否稳定等。

工程动画模拟运用三维虚拟现实手法进行精确地实体建模。把设计图纸中建筑物每一个部位的数据虚拟下来，在三维软件中进行施工动作动画模拟调试，加上准确的程序定位，把施工的每一个制作流程完整地模拟出来，进而对施工全过程或关键过程进行模拟施工，力求真实模拟出新型的施工制作方法、制作步骤。对重要结构进行计算机模拟试验以分析影响项目的安全因素；帮助决策者和管理者检验出施工过程中可能出现的问题，提前沉浸到虚拟环境中解决问题。虚拟建筑施工技术的演示论证，既避免了施工风险，提高工程施工成功率，又提高了施工效率，同时减少不必要的浪费，对保证工程质量及加快工程进度起着重要作用。

例如，在地连墙施工工序的交底工作中，利用 BIM-FILM 制作工程动画，使施工人员更加直观、清晰地了解施工中的技术、安全要点，如图 1.3.13 所示。

015

确保导管至孔底0.3～0.5m的距离

图 1.3.13　地连墙施工技术交底模拟动画

4. 案例应用——桑园子黄河特大桥控制性工程模拟应用

（1）案例概况

G312 线清水驿至傅家窑公路工程中，桑园子黄河大桥为本项目的重点和控制性工程，大桥位于桑园子峡谷，桥轴线与黄河斜交角约 60°，跨越黄河、陇海铁路、省道公路、桑园子天险文物保护区。桥梁左幅全长 940m，右幅全长 950m。

（2）工程建设重点、难点

① 主塔施工难度：主塔为菱形塔身、高度较大，施工时具有一定的危险性，属于典型的高空作业。精度要求高（塔柱倾斜度误差不大于 1/3000，且塔柱轴线偏差不大于 10mm，塔柱端面尺寸偏差不大于 20mm，塔顶高程偏差不大于 10mm）；拉索锚固区复杂；根部实心段较厚，属于大体积混凝土。施工时要对吊装设备进行精心选择和布置，是施工组织和施工方案得以实施的基础。

② 斜拉索施工难度：斜拉索作为连接塔与梁的重要构件，是主梁施工质量安全的重要控制点和难点。施工过程中需加强对主塔、主梁、斜拉索等结构的工序控制和施工监控。

③ 钢主梁施工难度：主桥工字钢梁施工技术复杂，技术水平要求高，是工程施工的重点、难点。大跨度工字钢梁—混凝土板结合梁悬拼施工难度大，施工安全、现场高栓施工工艺的控制要求高，是主桥施工的重点、难点。

④ 上跨既有线路的影响：桑园子黄河大桥主桥边跨上跨陇海铁路。为了保证干线铁路的正常运营，在上跨铁路上方施工前，必须到铁路主管部门取得许可后方可施工，同时严格按照在铁路天窗期内进行施工。干线铁路天窗期一般为 50min 左右，一天只有一个天窗期，对工期影响较大。陇海线上部结构施工需要制定专项施工方案。

（3）软件实施

针对项目重点、难点，利用 BIM-FILM 软件对工程项目进行技术模拟，重点模拟钻孔

图 1.3.14 桑园子黄河特大桥主塔承台施工工艺模拟动画—边坡防护

灌注桩施工、主塔承台施工及桥墩施工、主桥钢混结合梁施工、引桥钢混组合梁施工、简支钢桁梁施工、斜拉索施工、附属工程施工等工序，运用工程模拟软件制作工艺动画对施工作业人员进行三维技术交底，通过 3D 动画形式表达施工过程节点细部流程的难点，采用直观准确的动画过程让施工作业人员理解工艺、实施工艺，并且具有可随身携带、即时观看的优点。如图 1.3.14～图 1.3.16 所示。

图 1.3.15　桑园子黄河特大桥主塔承台施工工艺模拟动画—钢筋加工

图 1.3.16　桑园子黄河特大桥主塔承台施工工艺模拟动画—承台混凝土浇筑

1.3.5　运维阶段

在工程施工任务完成、竣工验收后，就进入运维阶段了。运维即运行与维护，包含建筑空间管理、结构构件与装饰装修材料维护、给水排水设施运行维护、供暖通风与空调设施运行维护、电气设施运行维护、智能化设施运行维护、消防设施运行维护、环境卫生与园林绿化维护等任务的实施。基于 BIM 技术的项目运维模型可根据相关专业 BIM 应用和任务的需要进行创建；其模型元素和模型细度应满足建筑物在运维阶段节能减碳和经营的要求。基于 BIM 技术的项目运维模型，需要满足项目各相关方协同工作的需求，支持各专业和各相关方获取、更新和管理信息，辅助运维阶段的各项运维任务顺利实施。

BIM-FILM 虚拟施工系统不仅可以模拟展示建筑使用及其设备的运行情况，还可以为建筑维修及其设备维护操作提供可视化交底技术，用来辅助运维人员的专业培训，帮助运维人员学习运维操作技能。

1. 基于 BIM 技术的项目运维可视化展示

BIM-FILM 虚拟施工系统支持 Revit（格式：Revit → Twinmotion（*.FBX）→ BIM-FILM、Revit → COLLADA（*.dae）→ BIM-FILM）、Tekla（格式：Tekla → IFC → BIM-FILM）和 BIM MAKE（格式：BIM MAKE → 3DS → BIM-FILM）等 BIM 软件所建运维模型的直接导入，能够快速输出运维 4K 效果图（展示讲解用）；可 1 秒内输出 8K 级 2D 效果图与 360° 全景效果图（8K = 7680×4320；宽高比 16：9；约 3300 万像素）。基于 BIM 技术的给水排水系统运行可视化展示，如图 1.3.17 所示。

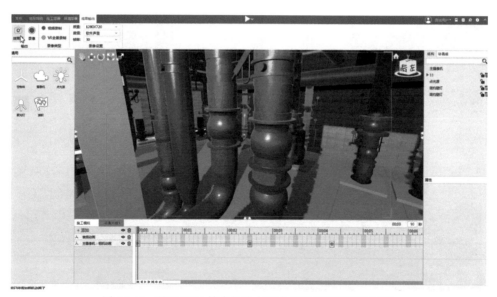

图 1.3.17　基于 BIM 技术的给水排水系统运行可视化展示

BIM-FILM 虚拟施工系统能够直接输出基于 BIM 技术的项目运维过程视频，输出超清 4320P 2D 视频与 360° 全景视频，如图 1.3.18 所示。

2. 项目运行巡检动画模拟

采用基于 BIM 技术的运维信息模型制定设备日常巡检路线，实现巡检人员巡检路线的可视化管理，有利于降低人力成本。为了便于实施巡检、规范巡检，可以采用 BIM-FILM 虚拟施工系统制作关键巡检任务解说视频，辅助巡检工作的布置和展开。基于 BIM 的项目运行巡检动画模拟如图 1.3.19 所示。

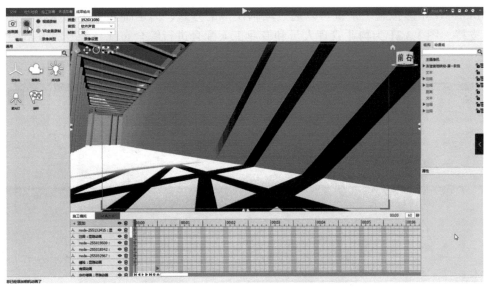

图 1.3.18　基于 BIM 技术的项目运维过程全景视频

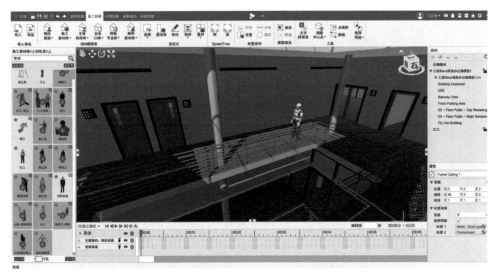

图 1.3.19　基于 BIM 技术的项目运行巡检动画模拟

3. 项目维护可视化技术交底

在项目运维阶段，维护任务的涵盖面较广，包括建筑设备和设施的维护、运维综合信息管理平台运行的维护等。维护技术交底是运维实施过程中的一项重要内容，由相关专业技术人员向参与运维操作的人员进行的技术性交待，是保障项目维护质量的重要措施之一。如图 1.3.20 所示，当墙面装饰受潮脱落后，专业技术人员对运维人员进行技术交底时，利用 BIM-FILM 虚拟施工系统展示墙面刮腻子的操作步骤和技术要求。

4. 辅助运维人员的专业培训

在建筑运维管理阶段，不同的运维人员有着不同的岗位职责要求。运用动画和语音的方式进行不同岗位职责的培训演示和语音讲解，有助于运维人员加深对其所在岗位的认知和理解，规范运维人员的行为，提高运维人员专业化水平，确保安全运维、规范运维。BIM-FILM 虚拟施工系统可以通过动画模拟的方式，为运维人员岗位专业培训提供技术支持。图 1.3.21 为物业管理人员和专业工人配合进行综合布线系统升级改造的专业培训。

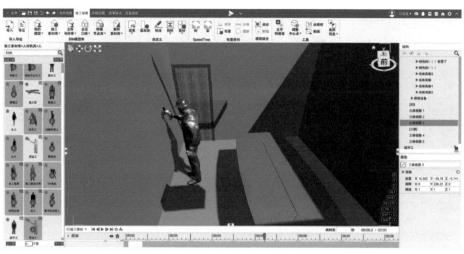

图 1.3.20 墙面刮腻子技术交底

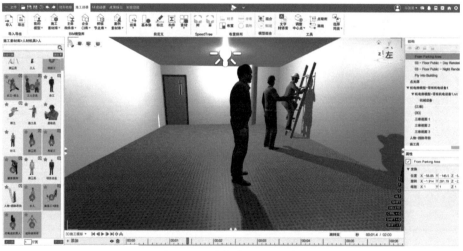

图 1.3.21 岗位专业培训示例

1.4 工程动画模拟制作工具

1.4.1 工程动画模拟制作工具概述

BIM 应用的软件众多，关乎不同的专业，不同的主体，不同的周期，可以说 BIM 是一个多软件协同合作的产物。BIM 动画作为 BIM 应用的组成部分，是建模完成后进行指导施工和展示设计效果的重要载体。

（1）3ds Max

3ds Max 是三维建模、动画、渲染软件，可以制作高质量动画、游戏、设计效果等。3ds Max 是 3ds 系列的主要产品，它基于电脑端平台，能将三维元素渲染成 TGA 或 RPF 格式与后期软件进行交互使用。适用于游戏开发中的场景、人物建模及材质，动漫中的场景、人物建模及材质，室内外装潢设计中的建模和效果图渲染，效果展示如图 1.4.1。同时 3ds Max 存在渲染设置过于繁琐、软件对硬件性能要求过高等问题。

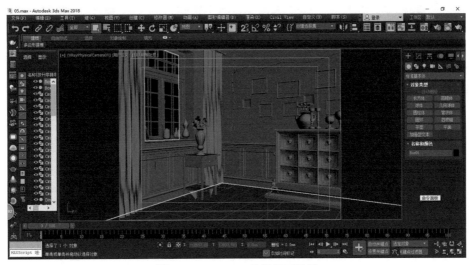

图 1.4.1　3ds Max 软件界面效果

（2）Revit

Revit 是专门针对 BIM 建筑信息模型设计的，是建筑设计和文件管理支持的软件，效果展示如图 1.4.2。建筑信息模型以及参数在经过设计和优化后，可以支持整个建筑企业的信息建立和管理。它是一种先进的数据库基础结构，可以满足建筑设计和制作团队的信息需求。Revit 软件适用于建筑项目的厂房设计、结构配置、土木工程施工、机电设计与施工四维模拟等设计工作中，为建设单位提供可视化与数据化的决策依据。动画制作主要依靠其他软件配合使用。

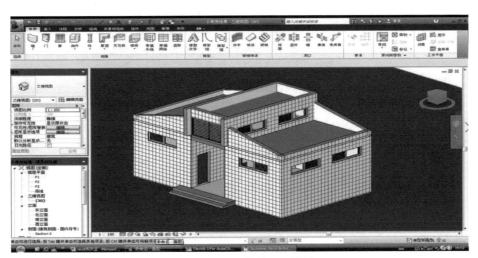

图 1.4.2　Revit 软件界面效果

（3）Pr

Pr 严格来说并不是一款 BIM 软件，但是作为 Adobe Premiere，属于专业剪辑软件、视频的线性编辑软件，在动画制作方面能力超强，一般用于多段视频和音频的复合编辑。可以用更少的时间得到更多的编辑功能。但是对硬件要求较高，对初学者不友好，效果展示如图 1.4.3 所示。

图 1.4.3 Pr 软件界面效果

（4）Enscape

Enscape 渲染器是一款非常优秀的渲染器，能够一键生成效果图和动画作品，是专门为建筑、规划、景观及室内设计师打造的渲染产品，效果展示如图 1.4.4 所示。强大的实时渲染引擎，人性化的交互设计，适合具有一定 SketchUp 建模基础、想要迅速制作设计方案的动画制作者。缺点是动画效果没有 3ds Max 好。

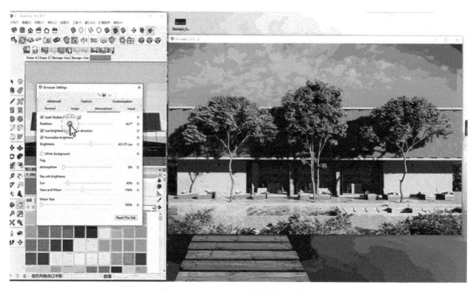

图 1.4.4 Enscape 软件界面效果

（5）Lumion

Lumion 是一款 3D 景观设计软件，用户可以直接浏览结果，无需等待渲染就可以获得最终效果，极大地提高了工作效率。它主要被应用于建筑景观行业，集多种专业功能于一体，带来更加高效的渲染速度，能够同时进行建模和渲染操作，方便设计者实时查看效果，是目前最快的建筑师 3D 渲染软件之一，效果展示如图 1.4.5 所示。

图 1.4.5　Lumion 效果图

（6）Navis Works

Autodesk Navis Works 是一款功能强大的辅助设计软件。该软件可以设计编程、可供升级，支持市场上 Dwg、3ds、nwd、dwg、dwf 等主流 CAD 制图软件的数据格式，真实准确，还能进行碰撞检查。该软件能够加强对项目的控制，使用现有的三维设计数据透彻了解并预测项目的性能，在复杂项目中也可以提前进行施工模拟，保证工程质量，效果展示如图 1.4.6 所示。

图 1.4.6　Autodesk Navis Works 软件界面效果

1.4.2　BIM-FILM 虚拟施工系统

BIM-FILM 虚拟施工系统使用 BIM ＋云技术，采用先进的游戏级引擎开发，搭载素材库＋工艺库、动态地形编辑器系统＋动画编辑系统＋环境系统的"两库三系统"工程动画制作工具（图 1.4.7）。该系统以上手快、出动画快、制作面向工程专业为核心，打破 BIM 施工动画制作必须多人、多任务、长周期的弊端，属于国内首创 BIM 虚拟施工动画制作的快速解决方案。

图 1.4.7 BIM-FILM 软件界面

1. BIM-FILM 应用场景

BIM-FILM 是高效、快捷的工程动画制作中心。BIM-FILM 软件可以针对工程全过程制作动画、VR、效果图等。在招标投标阶段制作技术标施工组织模拟演示动画，提高技术标的展示效果；在施工准备阶段借助工程动画模拟复杂节点交底，快速完成可视化技术交底，BIM 施工工艺动画如图 1.4.8、图 1.4.9 所示；在施工阶段可以实施施工场地布置模拟、施工进度模拟，还可以服务于新工艺、新工法演示（配合评优报奖评审）。

图 1.4.8 BIM-FILM 机电动画

图 1.4.9   BIM-FILM 施工动画

BIM-FILM 是本专科院校的虚拟工程实验室。BIM-FILM 软件可以为高等院校的工程相关专业，特别是建筑类专业提供施工、安全、监理、安保、运维等各种动画视频的制作和 VR 沉浸式环境的建设和使用。可提供支持的课程专业有土木建筑类专业建筑施工技术、装配式混凝土结构、装配式钢结构、道路工程技术、桥梁工程技术、隧道工程技术、给水排水工程技术、暖通与空调工程技术、建筑电气工程技术等，通过 BIM-FILM 软件辅助学生完成施工专业的课程实训任务（图 1.4.10），大大提高了实训的安全性，实训效果可控、可复盘，老师可以监督，真正做到师生双赢的效果。BIM-FILM 还可以简单、快捷地直接输出全景 VR 视频（图 1.4.11）。

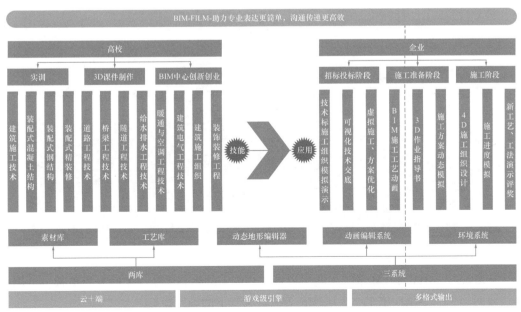

图 1.4.10   BIM-FILM 助力高校、企业共同发展

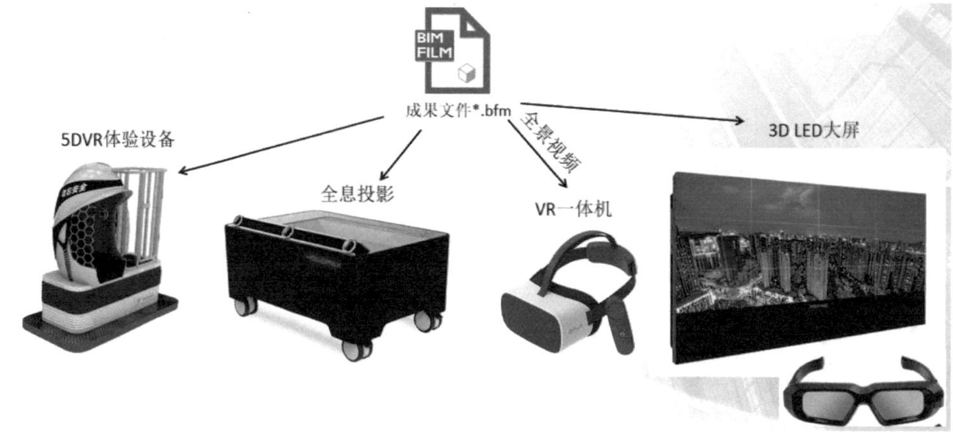

图 1.4.11　BIM-FILM 兼容多种 VR 设备

2. BIM-FILM

（1）完善系统的资源环境"仓库"

在工程动画的制作过程中，使用丰富且操作方便的各种资源库，可以大大提高工程动画制作的效率，减少制作人员的工程量。BIM-FILM 虚拟施工系统提供了多个好用且模型丰富的资源库。

动态地形编辑器：拥有功能完善的地形编辑器（图 1.4.12），支持笔刷方式雕刻山脉、峡谷、平原、高地等地形。同时提供了实时绘制树木种植、大面积草地布置等功能；自带的 Terrain Data（地形数据）的强大 API 为用户构造了一个动态创建和修改地形的工具，并且提供地形高度编辑、树木编辑、细节编辑以及自定义笔刷等权限。

图 1.4.12　BIM-FILM 地形编辑器

环境系统：BIM-FILM 系统高度模拟真实环境下的生态系统，实时昼夜更替，可用于日／夜间施工、冬雨期施工、大风冰雹等极端天气下的施工模拟。

植物库：根据我国植物特点精心编制的植物库涵盖了乔木、灌木等主要观赏用和园林用植物，同时对一年四季的植被变化也可以做到精准模拟，如图 1.4.13 所示。

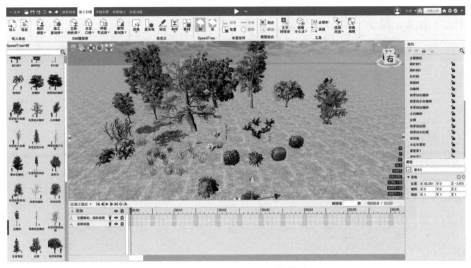

图 1.4.13　BIM-FILM 植物库

云端素材库：专业素材库内置 10000 多个素材，样板节点库内含 1000 多个节点，案例素材库中与相关案例结合的素材有 900 多个。支持 dxf 格式图纸导入，支持 fbx、dae、obj、3ds、skp 格式模型导入，支持 png、jpg 等常用的 9 种图片格式导入，支持 mp4 视频导入。另外资源环境库中还有大量的环境特效供制作者使用。

（2）便捷高效的音频和文案处理系统

在工程动画的后期制作中，BIM-FILM 主要是控制两条主线，分别是音频输入和文本系统易用性。BIM-FILM 独创的文本转语音技术（图 1.4.14），只要有文本内容就能轻松地转换成语音素材，模拟人声的效果非常好。在文字系统方面，BIM-FILM 支持动画中直接添加或修改文字，同时也可以一键修改文字的大小和颜色。在最后输出环节中，效果图输出、图片序列输出、视频输出支持所见即所得。

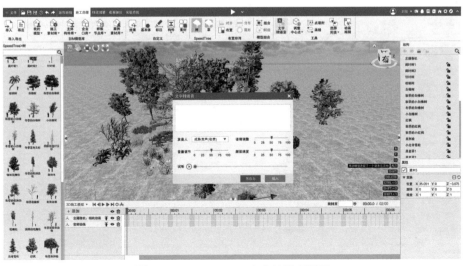

图 1.4.14　BIM-FILM 文字转语音界面

在动画编辑方面，除了标准的位移、旋转、缩放等十几种基本动画编辑功能外，BIM-FILM 还可以根据工程特点对资源素材进行标准化和参数化设计，提升用户的创作能力和创作自由度，易学、高效、精确，如图 1.4.15 所示。

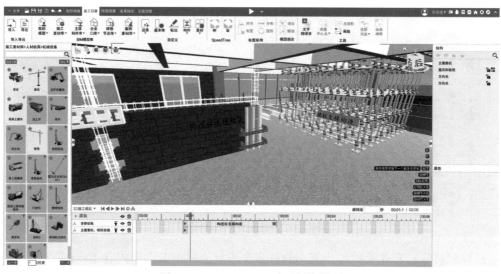

图 1.4.15 BIM-FILM 动画制作界面

（3）独有的工程动画模型和组件

BIM-FILM 内置了一系列有特色的模型库、节点库、CI 库等，如图 1.4.16、图 1.4.17 所示。在招标投标过程中，可以使用样板节点库中的隧道、桥涵、道路、房屋建筑工程等多个模型快速完成复杂的场景搭建，无须从零开始建模，如图 1.4.18 所示。工艺库配备建筑施工技术、装配式混凝土结构、装配式钢结构、道路桥梁、装饰装修、设备安装等课程，并支持用户快速修改完善。

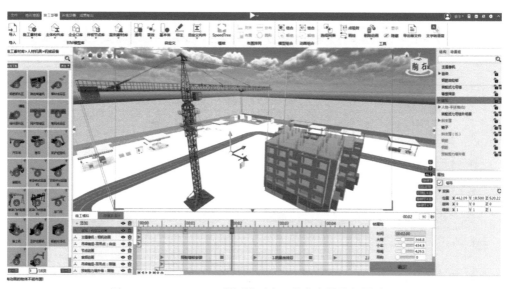

图 1.4.16 BIM-FILM 利用模型库、节点库搭设场景动画

图 1.4.17 BIM-FILM 建筑企业 CI 库

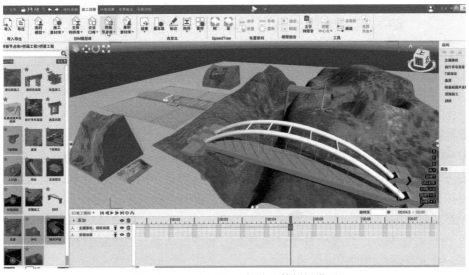

图 1.4.18 BIM-FILM 部分山体桥梁模型

1.5 工程动画模拟制作流程

工程动画工作的开展可以独立完成，也可能需要多方配合完成。合理的制作流程可以让动画制作工作有序开展，避免因目标不明造成制作成果与需求不符、素材不足而导致工作无法开展等情况。

1.5.1 确定需求

工程动画制作前须沟通制作意图、确定制作需求，明确和清晰制作成果的定义。

1. 确定制作类型

工程动画的制作类型决定总体制作方向，制作所需硬件配置、软件技能、制作素材等均有所不同。因此，首先确定该视频动画的类型，有利于工程动画制作项目的组织开展。

根据视频用途及内容，工程动画大致可分为：漫游展示动画、进度模拟动画、工艺工法动画、综合展示视频。实际项目操作中可根据需要灵活组合应用。

（1）漫游展示动画

漫游展示动画（图 1.5.1）通常为项目室内人视角、室外人视角、鸟瞰等不同视角的镜头游走动画，根据展示需求既可由单一视角一镜到底，也可由多视角组合形成。

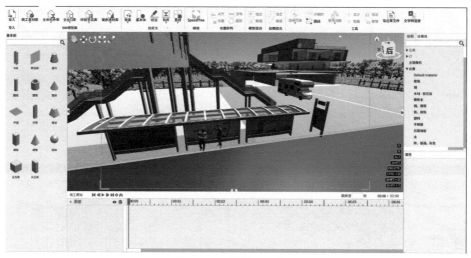

图 1.5.1　漫游展示动画

漫游展示动画用途为（包含但不限于，余同）：

① 项目布局展示：通过在模型中的漫游和讲解，可视化展示项目重点区域；

② 项目外观和环境展示：通常以人的视角或鸟瞰视角浏览项目外观，通过对项目环境的模拟，展示本项目情况、周边环境情况及二者的关联关系，可用于项目建成前后的对比、方案对比等；

③ 项目装修展示：通过项目外立面及室内的漫游动画，以人的视角充分展示项目装修效果，给人身临其境的视觉体验；

④ 项目人流动线、车流动线展示：模拟人流、车流视角，在虚拟环境中体验设计方案交通动线的合理性、适用性。

（2）进度模拟动画

进度模拟动画为项目模型中的构件赋予时间属性，在动画中依次展示项目施工过程中构件、工序、流水段、分部工程、单项工程等的先后顺序和关联关系。

进度模拟动画用途为：

① 项目进度计划模拟：将项目进度计划三维化，可动态展示项目进展和时间的关系，相对横道图、网络图进度计划，可在动画中体现各工序的关联关系、工作面的转换等情况，利用多维视角验证进度计划的可行性和合理性。

② 项目进度控制对比：将项目实际进度三维化，与项目进度计划进行对比，为项目进度控制提供可视化对比工具。

（3）工艺工法动画

工艺工法动画（图 1.5.2）是利用数字化手段，对即将在客观环境真实发生的施工工作用虚拟动画进行可视化演练，展示工艺流程和重点难点的应对方案等。

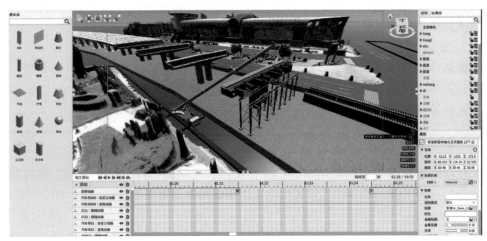

图 1.5.2　工艺工法动画

工艺工法动画用途为：

① 施工交底：利用三维工程动画，向现场施工人员进行交底。可视化的交底方式可以提高沟通效率、交底效果，为提高工程质量、保障项目安全等提供技术支持。

② 专家论证：将工艺工法动画用于专家论证演示，直观展示工艺流程、重点难点、应对方案等，便于专家对方案的理解，提高沟通效率。

③ 工程教学：将工艺工法动画用于工程相关专业课堂教学、专业培训等，可视化的教学方式便于理解，可以提高教学质量和学习效果。

④ 标准化工法库：企业收集整理各项目工艺工法模拟动画，筛选并形成本公司标准化工法库，可用于公司技术人员培训，为后续相似项目提供技术参考等。

（4）综合展示视频

综合展示视频包含漫游、工艺、进度等一类或多类动画内容，也可根据视频用途和需要，使用文字、表格、图片、实拍视频、特效视频等素材，形成综合性工程展示视频。

综合展示视频用途为：

① 投标宣贯：当招标文件有要求，或投标方希望展示公司实力时，可采用综合展示视频介绍其对投标项目的理解、关键技术措施等。

② 项目报奖：工程项目各类奖项所需申报资料中，视频资料已经成为普遍要求。综合展示视频利用多媒体形式对项目概况、技术应用、获得效益等进行可视化展示和讲解，可降低奖项申报沟通成本，利用优质的视觉效果、紧凑严谨的讲解，为申报单位提高竞争力。

③ 项目总结：项目收尾阶段，利用综合展示视频对项目概况、重点难点、技术应用、存在问题、工作经验、获得效益等作为项目总结进行整理，可作为该企业项目资料存档。

2. 确定制作精度

工程动画制作精度即动画模型和动作的细致程度，对视频制作工作量影响较大。不同的用途和需求对动画精度也有不同需求，因此确定制作精度是需求沟通中的重点。

视频制作精度直接影响模型制作和分割精度。如：以单体为单位，模拟园区建设进度；以楼层和专业为单位，模拟单项工程建设进度；以流水段和专业、构件类型为单位，模拟分部分项工程建设进度等。

视频制作精度与时长成正比。当对视频时长有较高要求时，除了调整制作内容外，还可整体调整动画表现精度，达到控制动画时长的目的。

3. 收集项目资料

根据制作类型、制作要求、制作内容等收集用于制作工程动画的项目相关资料，如项目设计说明、施工方案、图纸文件、模型文件、照片、现场拍摄视频，以及类似项目图片、视频等可作为参考的其他资料等。

1.5.2 脚本编写

工程动画脚本是视频动画制作的指导性文件，可明确工作目标、分解工作内容、落实任务分工，为工程动画制作工作的实施提供明确的边界和依据。

1. 脚本分类

工程动画视频脚本根据视频类型分类可分为：漫游展示动画脚本、进度模拟动画脚本、工艺工法动画脚本、综合展示视频脚本。实际项目操作中可灵活组合应用。

（1）漫游展示动画脚本

漫游展示动画可不制作脚本。当有沟通需求时，为保证沟通效果，确保制作成品满足需要，可以制作脚本以明确制作思路。

漫游展示动画脚本可用平面图或模型截图标识出漫游路径走向、重点展示角度等内容。

管线综合动画脚本案例见表1.5.1、表1.5.2和图1.5.3。

××站管线综合视频脚本 表1.5.1

序号	展示点	镜头	备注	文本
镜头1	路口外景	1. 由北向南，展示车站所在区域； 2. 车站轮廓高亮，地面隐去； 3. 站体旋转，视角转为由南向北		标题：××站管线综合
镜头2	系统展示	两层上下拉开，逐一高亮站厅层各系统	风、水、消防、电	站厅/站台层：水系统、电气系统、风系统
镜头3	纵剖面	1. 站体纵向沿线高亮，面向镜头部分隐去； 2. 镜头推近，展示站厅层、站台层	近景图片展示，文字高亮	站体结构
镜头4	横断面	1. 站体横向沿线高亮，面向镜头部分隐去； 2. 镜头推近，展示轨顶风道、轨底风道、走廊	近景图片展示，文字高亮	
镜头5	冷水机房	1. 站体机房区域高亮，顶板隐去； 2. 镜头自顶部盘旋落地，机房内漫游		冷水机房
镜头6	碰撞点展示	1. 站体隐去，整体展示机电管线； 2. 模型静止，多位置局部高亮，逐一出现图片，展示碰撞及图纸问题点		管线问题
镜头7	方案展示	1. 原设计风管走向，对比优化后走向； 2. 原设计走廊管道排布，对比优化后排布	视模型进展情况确定是否制作	设备区走廊管线优化
镜头8	尾声	机电整体展示，结构渐出，恢复至路面外景	首尾呼应	

分镜 1 脚本　　　　　　　　　　　　　　　　　表 1.5.2

序号	展示点	镜头	备注
镜头 1	路口外景	1. 由北向南，展示车站所在区域； 2. 车站轮廓高亮，地面隐去； 3. 站体旋转，视角转为由南向北	

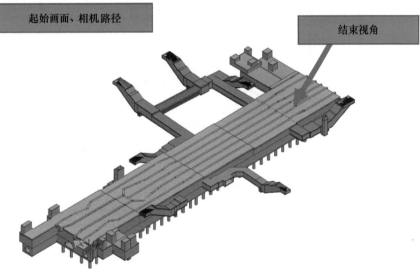

图 1.5.3　管线综合动画方案展示

（2）进度模拟动画脚本

　　进度模拟动画通常无须单独制作脚本，根据进度计划制作即可。如进度计划精度与动画需求不符，可对进度计划中的工作项进行细化或整合，修改后作为制作动画动作的依据。

（3）工艺工法动画脚本

　　工艺工法动画脚本须制定视频结构章节、画面表现内容、标题和字幕、配音台词（无配音时无此项，仅用字幕表现），如有必要可对动作进行详细描述，对画面时长进行预估，收集图片或相关视频作为辅助和参考。工艺工法动画脚本案例见表 1.5.3。

033

钻孔灌注桩施工动画脚本

表 1.5.3

序号	场景	节标题	字幕	动作	备注
1	大场景镜头	1. 桩位放样	现场使用全站仪进行桩心的施工放样，桩位外放 12cm	全站仪及测量人员出现＋消失	
				十字护桩出现	
		2. 钻机就位开孔	正式钻孔前先用钻机钻约1m 深的孔，可以破除原沥青路面，同时也便于用振动机将长护筒振动打入	钻机旋转就位	
				钻杆下降旋转	
				线坠、十字线消失	
				桩孔出现至护筒底	
				钻杆上提	
		3. 护筒预配		示意即可	
		4. 埋设互通并复测桩	长护筒长 6m，由振拔锤打入土层，穿越淤泥层 0.5m 且高出地面 0.3m，周围黏土夯实后对位置进行复测	护筒出现、定格	
				护筒下降就位	
				定位线、测量人员出现＋消失	
2	土壤剖面镜头	5. 旋挖钻进	钻机旋挖土体，重复以上动作，钻至设计桩底标高，吊装探孔器，对成孔进行检查，探孔器外径为桩基直径减 0.03m，有效长度 6m	钻杆下降旋转	地形文件修改
				钻杆上提	
				钻机旋转出土	
				（重复）	
				钻杆下降旋转至桩底	
				桩孔出现至桩底	
				水准仪及测量人员出现、消失	
				探孔器出现、下降、上升、消失	
				测绳及测锤下落至底部、消失	缺模型：测绳及测锤
		6. 清孔	采用掏渣法清除沉渣，直至泥浆比重含砂率符合规范要求为止	孔内钻斗就位	缺模型：水准仪
				钻杆下降至底部、旋转、上提	缺模型：清孔钻头
3	大场景镜头	7. 钢筋笼制作及运输		画面示意即可、文字表达内容	
4	土壤剖面镜头	8. 吊装钢筋	使用 25t 吊车采用扁担法起吊下放钢筋笼，用 3 个起吊点，起吊点要设置合理，保证钢筋笼在起吊时不变形；钢筋笼安装到位后，确保钢筋笼顶端达到设计标高，采用Φ18 钢筋制作的吊筋来控制钢筋笼的标高	吊车水平吊起钢筋笼	
				钢筋笼竖立	
				旋转就位	
				下落至桩底	
				剖面特写	

续表

序号	场景	节标题	字幕	动作	备注
5	特写镜头	9. 导管水密性实验	导管需做气密性试验，确保无漏水、无渗水		
6	土壤剖面镜头	10. 吊装导管	导管直径250mm，导管分节长度应便于拆装和搬运，中间及下端节一般长3m，料料下可配长约1m或0.5m的上端节导管，以便调节漏斗的高度； 导管吊入孔内，位置应保持居中，导管下口与孔底保留30～50cm左右	槽钢枕木等出现	
				导管分段出现、下沉	
				安装完成后剖面定格	
		11. 二次清孔	采用正循环工艺清孔，一次清孔采用橡胶管，一次清孔降低泥浆浓度，防止二次清孔时因沉淤过厚而难以清理，以及保证钢筋笼下放顺利	高压射水出现、消失	
				孔底部出现浆液	缺模型：浆液实体
		12. 混凝土搅拌及运输		示意即可	
		13. 灌注水下混凝土	混凝土拌和物运至浇筑地点时的温度最低不宜低于5℃。首批混凝土灌注量应保证导管底口埋入混凝土中不小于0.8m，灌注过程中混凝土面应高于导管下口2.0m，每次拆除导管前其下端被埋入深度不大于6.0m。灌注必须连续，防止断桩	剖面总体浏览	
				料斗下落就位	
				罐车就位	
				隔水塞出现、下落	缺模型：隔水塞模型
				混凝土流出	
				料斗混凝土上升＋下落	
				剖面移动至孔底定格	
				桩底混凝土上升、定格	
				混凝继导管交替，定格	
				混凝土继续上升，在桩顶处定格	
7	特写镜头	14. 制作混凝土试块		出现试块示意即可	缺模型：试块模型
8	大场景镜头	15. 拔出导管		导管定位装置消失	
		16. 拔出护筒		吊车就位	
				吊起钢护筒	

（4）综合展示视频脚本

综合展示视频通常涉及内容较多，可能需多人配合完成，脚本内容除了结构章节、画面分镜内容、配音台词、标题和字幕外，还可能包含画面时长、素材细分和素材制作负责人等。

综合展示视频脚本案例见表1.5.4。

035

××市域铁路××杯视频动画脚本

表 1.5.4

序号	章节	镜头内容	字幕/配音	镜头时长(s)	素材细分	素材负责人	备注
1	片头	一级标题	×× 市域铁路 ×× 段 BIM 技术应用	6	AE 模板	莹	
		地球—项目所在地	×× 市域铁路 ×× 段，由 ×× 集团有限公司承建，是中原城市群城际轨道交通网的骨干线路，贯穿中原城市群市群 ×××-××× 产业带的核心区域，募投资额 102 亿元，是 ×× 市建国以来投资额最大的项目	29	×× 城市视频素材、铁路视频素材、平台录屏	田	
2	一、工程概况	GIS 地图+线路闪烁	线路北起 ××，南至 ××，全线总长约 33.78km，其中高架线长 27.82km，地面线长 1.94km，地下线长 4.02km，设计时速：120km/h	21	地形线路高清图 / 闪烁素材（总线、高架、地面、地下、车站）	下 / 夏	
		GIS 地图+对应位置闪烁+弹出对应图片	上跨京 ×× 高速、×× 河、下穿 ×× 高铁、×× 客专	7	闪烁素材（京港澳、双洎河、郑万高铁、石武客专）及对应图片	旭	
		GIS 地图+对应位置闪烁+弹出对应图片	全线共设车站 11 座，其中高架站 9 座，地下站 2 座。平均站间距约 3.6km，项目建成通车后，×× 至 ×× 将缩短至 40min，实现了铁路公交化	19	闪烁素材（车站标识）；图片（地上站、地下站道床）、模型截图；铁路视频素材	旭	
		GIS 地图+对应位置闪烁+弹出对应图片	设 ×× 停车场 1 段，在 ×× 大道站、×× 市东路站附近设 2 座，于 ×× 市设节段梁预制场一座，承担预制架设 758 孔箱梁，共 8844 榀节段梁	19	闪烁素材（车站标识）；图片（车辆段、变电站、梁场）	鄂	此时建好的梁场模型突出显示
		GIS 地图+对应位置闪烁+弹出对应图片	工程涉及土建、四电、设备安装及装饰装修等专业	7	AE 模板及图片	莹	
3	二、BIM 技术应用点	二级标题	BIM 技术应用点	4	AE 模板	莹	
	1. 构件库和模型的创建	三级标题	1. 构件库和模型的创建	3	AE 模板	莹	
		车站的模型和桥梁区间模型展示	本项目属于线性结构工程，采用 ×× 软件对全线进行建模，并搭建构件库。如：×× 站模型、×× 站模型和各桥梁区间模型，指挥部驻地、制梁场驻地等	20	模型库操作录屏、模型库导入 ABD 操作录屏、车站模型截图、桥梁区间模型截图、指挥部模型截图、制梁场模型截图	田	

续表

序号	二级标题	三级标题	说明	数量	素材细分	素材负责人	备注
3	二、BIM技术应用点			3	……游戏素材、标准化……素材	莹	
					动画素材、架梁动画……素材、活动动画素材；拍摄动画示意图片	夏	
	4. BIM碰撞检查配合图纸会审	BIM碰撞检查配合图纸会审	对设计院提供的施工图进行三维模审核，对发现的图纸问题整理汇总，参与图纸会审。截止目前共发现图纸问题56个，及时与设计沟通优化施工图纸	3	AE模板	莹	
				20	CAD图纸截屏；对应土建、围护录屏；模型中标出问题录屏；问题清单；会议图片	田	
	5. 基于BIM的工程量计算	基于BIM的工程量计算	基于BIM的工程量计算。根据设计院提供的图纸建立三维模型后，利用××软件和××软件计算工程量，与传统算量方式对比，大大提高了算量的效率和精度	3	AE模板	莹	
				20	软件出量录屏	田	
	6. BIM三维布筋	BIM三维布筋	利用已建好的钢筋模型指导施工现场三维布筋，对钢筋进行合理配置	3	AE模板	莹	
				9	复杂钢筋节点录屏、现场对比素材	郭	
	7. BIM碰撞检查	BIM碰撞检查	利用BIM模型进行碰撞检查，减少了不必要的浪费和返工	3	AE模板	莹	
				8	管综碰撞录屏	田	

续表

序号	章节	镜头内容	字幕/配音	镜头时长(s)	素材细分	素材负责人	备注
3	二、BIM技术应用点 8.BIM+VR	三级标题	8.BIM+VR	3	AE模板	莹	
		××东站VR体验馆	BIM与VR技术相结合，将施工现场三维模型导入人VR系统中，在虚拟现实中进行安全警示教育、模拟施工等，方便施工人员查看建筑的细节结构，增强直观感受	21	VR操作视频素材，匹配漫游素材，匹配现场视频（梁场）；安全警示素材；模拟施工素材	郭	
		二级标题	BIM平台级应用	4	AE模板	莹	
		三级标题	1. BIM技术融入信息综合管理平台	3	AE模板	莹	
4	三、BIM平台级应用	××铁路视频素材	××市域铁路深入贯彻落实住房和城乡建设部信息化发展纲要和"十三五规划"，积极响应集团公司打造"数字工地"的号召，致力于利用互联网+智慧工地技术，通过BIM技术和信息化综合管理平台的结合，实现了优化和创新项目建设、运营的新模式	31	截取甲供素材	廉	
	1. BIM技术融入信息综合管理平台	GIS平台录屏（展示功能模块）	结合物联网、大数据、云计算技术，形成以安全质量管理、施工进度管理、实名制管理、视频监控、绿色施工等一站式，系统化的信息化综合管理平台，实现了不同业务部门的单点登录和系统管控	25	GIS平台录屏（各个对应模块，登录界面 【体现不同部门和业务】）	郭	登录界面模屏，不同模块，截图翻页，目录树展示
		图片AE特效切换	以达到施工管理的安全可视化、成本可控化、管理智能化，监测自动化的目标	10	AE模板及安全监测录屏、成本、管理、监测图片	莹	
	2. BIM-4D进度模拟	三级标题	2. BIM-4D进度模拟	3	AE模板	莹	
		进度动画录屏	4D进度模拟，让项目管理人员更加轻松地预见工程进度计划，方便对施工进度计划和方案做优化调整	13	进度动画录屏	郭	
		施工视频素材	以可视化方式展现施工过程，可清楚地了解施工计划、掌握工程进度，有效规划人员安排、机具周转、物料周转等资源的配置分布	16	截取甲供素材	廉	

续表

序号	章节	镜头内容	字幕/配音	镜头时长（s）	素材细分	素材负责人	备注
4	三、BIM平台级应用 · 3.安全质量管理	三级标题	3.安全质量管理	2	AE模板	莹	
		整改通知单	通过PC端利用手机端APP下发质量安全整改通知单，支持文字、图片、小视频的上传下载，整改管理者及时记录现场问题同通知端需要整改的当事人	19	手机端录屏；人员操作手机素材；平台对应内容录屏	郭	
	4.视频监控与模型关联	三级标题	4.视频监控与模型关联		AE模板	莹	
		软件录屏	在项目安全管理方面，将视频监控与模型关联，可在平台中点击调人相应的视频监控点画面，方便查看与模型相对应的视频影像	17	平台录屏（模型剖切、信息查看、测量）	田	图文待定
	5.BIM+GIS	三级标题	5.BIM+GIS		AE模板	莹	
		GIS平台录屏（展示GIS模型浏览、剖切、测量）	GIS+BIM技术的应用，让原本孤立的模型真实地加载到实际的地理环境中	11	软件模型录屏，对应平台模型录屏		对GIS地图上的模型进行操作，体现平台操作
			平台上的BIM模型支持属性查看，筛选过滤，任意体面剖切，方便模型、构件的信息读取，增强用户体验及使用效果	15	平台模型操作录屏	田	
		××办公视频素材	为工程管理提供一种全新的数字化、可视化、可量化的管理工具，加强工作的针对性、有效性，大大提升管理效率，为××市城铁路工程信息化建设提供坚实的基础	21	截取甲供素材	廉	
					截取甲供素材	廉	
5	四、BIM技术融入预制梁生产管控平台	二级标题	BIM技术融入预制梁生产管控平台	4	AE模板	莹	
	1.二维码技术	三级标题	1.二维码技术		AE模板	莹	
		二维码技术	预制梁生产管控平台，采用BIM技术与二维码技术相结合的方式，实现了预制梁场的BIM信息化管理。管理梁节编码并生成相应二维码。工作人员使用移动端扫码，及时记录控制每孔箱梁的品种、梁号、外观及质量等，形成生产管理信息保存于平台"现场施工信息"模块中，可通过平台查询查看和修改	40	二维码+BIM图片；平台登录页面；工作人员移动端扫码视频；平台操作录屏	郭	平台导出二维码平铺的镜头

039

040

续表

序号	章节	镜头内容	字幕／配音	镜头时长（s）	素材细分	素材负责人	备注
5	四、BIM技术融入预制梁生产管控平台	三级标题	2. BIM-4D 进度管理		AE 模板	莹	
		BIM-4D 进度管理	将 BIM 模型与现场生产信息挂接关联，展示实际生产状态、统计进度数据，形成报表	11	现场箱梁照片、平台对应位置箱梁模型录屏（航拍）；平台进度统计录屏	郭	
		三级标题	3. 权限管理		AE 模板	莹	
		权限管理	通过权限管理，使梁场工作人员、现场施工人员、访客等均可通过扫描梁节二维码可查看所需的工程信息	13	梁场工人扫码操作视频；施工现场工人扫码操作视频；访客扫码操作视频；握手视频	郭	
		三级标题	4. 施工台账		AE 模板	莹	
		施工台账	施工台账，生成每节梁的钢筋、支模、混凝土浇筑、养护、出厂检验等生产过程记录，实现了施工信息集成，保证了施工过程可追述	17	平台录屏（对应信息化）办公视频	郭	
		章节收尾	预制梁场生产管控平台使箱梁在预制及架设过程中得到全面有效地管控，打破传统施工管理模式，提高并优化施工管理水平	16	梁场现场施工视频素材（多角度、高大上）、箱梁架设视频	郭	
6	片尾	收尾	××市域铁路项目本着 BIM 技术的"应用即落地、落地即见效"原则，切实将 BIM 技术应用到施工的进度、安全、质量管理上，推动工程管理从传统的微观管理方式向现代化、智能化、宏观化管理方式迈进	27	截取甲供素材；工程案例图片或视频	廉	
		公司名称和 logo		4	AE 模板	莹	

说明：
1. 配音语速约 210 字／min，目前以配音文本为标准预计视频时长为 10min 左右。
2. ×× 项目视频素材由甲方提供。
3. 梁场视频素材由我方项目人员采集。

2. 脚本编制内容

（1）结构划分

编制工程动画脚本首先需要划分视频总体结构，确定视频章节。常用结构可分为总分总、总分分总等。划分总体章节后再细分各章节层级。根据视频动画表现特点，层级不宜超过三层。

（2）编写台词

根据视频需求编写配音台词。漫游展示动画如需配音，可根据需求编写项目介绍台词，根据展示线路和画面的先后顺序依次介绍项目重点视角。进度模拟动画如需台词配音，可根据需求编写项目介绍，提炼进度展示流程，对关键节点和数据进行讲解。工艺工法动画台词以施工方案为依据，提取关键流程、精炼方案内容、描述各环节动作、突出关键数据。综合展示视频台词根据视频用途编写，通常包括项目概况、项目申报技术应用介绍、获得成果等。

（3）编写字幕

配音台词可作为字幕使用。当视频无须配音，仅用字幕表现内容时，需单独编写字幕。

由于画面承载文字数量有限，字幕相对台词更为精简，通常为针对流程的提示性、关键性文字。需要体现的关键数据和节点，可通过画面和文字配合实现。

（4）画面分镜

根据台词、字幕进行画面分镜，描述每段画面需要展示的内容，突出重点，明确画面意图，描述画面动作等。

（5）素材细分

当分镜需要用到多种素材时需要进行素材细分，即针对画面表现内容进行详细素材分解，为每段或每句台词匹配相应的画面素材。

（6）预估时长

当对视频时长有要求时，可利用字幕、台词有效预估其长度。正常讲话语速约300字/min（含标点），配音语速相对较慢时，约210字/min。可使用配音语速和台词、字幕的字数计算出其大致时长，并落实到每个章节、每个段落，成为视频制作工作过程控制的重要参数。

1.5.3 素材准备

1. 项目模型准备

根据视频动画制作需要创建项目模型，或对已有模型进行整理，根据制作需求调整模型精度，根据画面动作设定对模型进行拆分等。

2. 辅助模型准备

根据视频制作需要准备项目辅助模型，包括：项目周边环境模型，如道路交通模型（图1.5.4）、辅助建构筑物模型、地形地质模型等；动画辅助模型，如施工人员、施工机具等。

3. 准备贴图材质

根据项目需求和软件自有材质库，准备动画制作的其他贴图材质。如：公司logo、旗帜、标语、展板，以及动画中将要用到但软件材质库中不具备的贴图材质等。

041

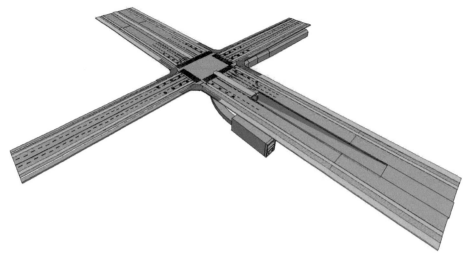

图 1.5.4 道路交通模型

4. 其他素材准备

其他素材主要是视频合成剪辑需要用到的特效、图片、音频、其他视频等。

1.5.4 动画制作

1. 模型导入

（1）自建模型导入

将自建模型导出中间格式，在 BIM-FILM 中导入（图 1.5.5、图 1.5.6）。BIM-FILM 可直接导入 Sketch UP 的 *.skp 格式、广联达 BIM MAKE 的 *.3DS 格式，减少模型导入工作量。Revit 模型可利用插件导出 *.fbx 格式，保证导入 BIM-FILM 时构件材质和颜色不丢失。其他模型文件可采用 *.ifc、*.fbx、*.dae、*.obj 中间格式导入 BIM-FILM 后进行下一步操作。

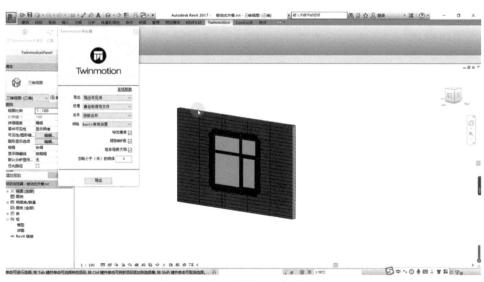

图 1.5.5 自建模型导出中间格式

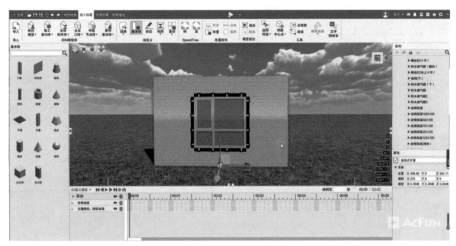

图 1.5.6 自建模型导入 BIM-FILM

（2）软件模型库导入

充分利用 BIM-FILM 构件库中的构件（图 1.5.7），进行导入应用，如临时房屋、脚手架等，可大大降低模型创建和导入的工作量。

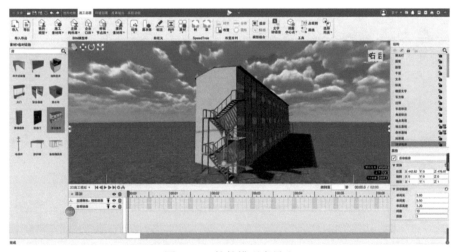

图 1.5.7 软件模型库导入

2. 环境布置

导入辅助环境模型，在软件中调整地形、布置植物，如图 1.5.8 所示，使项目环境更逼真、更完整。

3. 替换材质

当导入模型或库中模型的显示材质与实际项目应用材质不符时，可对其进行替换，如图 1.5.9 所示，使模型效果更接近项目实际，直观展现项目设计意图和材料应用情况。

4. 动画编辑

（1）自定义动画编辑

根据动画制作需求调整库中的构件动作，自定义导入模型的动作，如图 1.5.10 所示，还原真实的施工现场。

图 1.5.8 环境布置

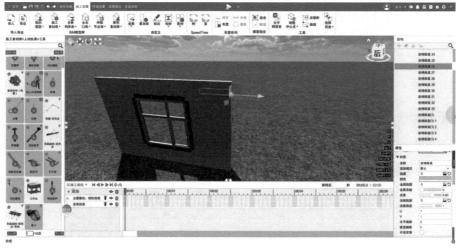

图 1.5.9 替换材质

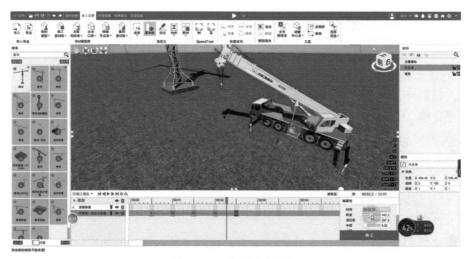

图 1.5.10 模型动作调整

（2）4D进度动画编辑

根据项目进度计划，在BIM-FILM中编制4D进度模拟动画（图1.5.11），动态展示项目进度计划施工流程，构件、工序、专业的先后顺序，展示项目工作面、流水段的关联关系。

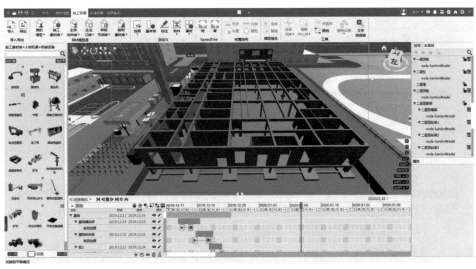

图 1.5.11　4D进度模拟动画

5. 效果布置

根据制作需求，在BIM-FILM中放置效果构件（图1.5.12）、特效效果如图1.5.13所示，实现更逼真的听觉和视觉效果。

为室内模型布置方向光、聚光灯光源、点光源（图1.5.14），使室内模型有更好的视觉效果。

在模型中添加标高、文字等标注（图1.5.15），突出展示动画中需要体现的关键数据和内容。

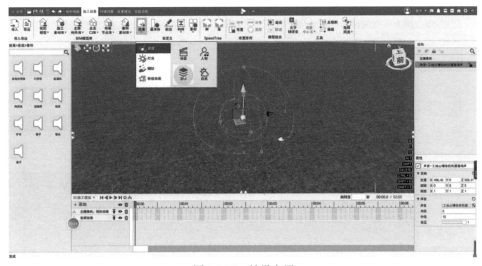

图 1.5.12　效果布置

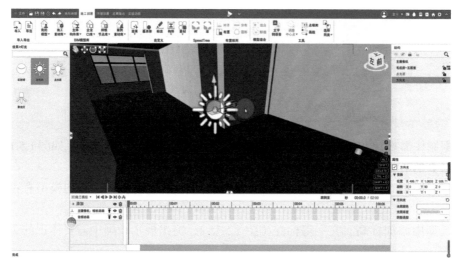

图 1.5.13 特效效果展示

图 1.5.14 灯光布置

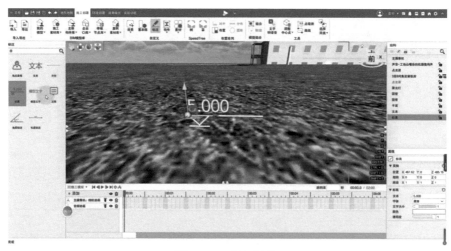

图 1.5.15 添加标注

1.5.5 合成剪辑

BIM-FILM 可直接合成并导出视频动画成果。如需实现更复杂的剪辑和更优质的视觉效果，可通过 BIM-FILM 导出工程动画，再由专业软件进行合成剪辑。

1. BIM-FILM 合成剪辑

（1）Logo 设置

在"成果输出"中选择"Logo"，或在播放器播放模式下选择"设置"，根据项目需要自行替换 Logo 图片，如图 1.5.16 所示。

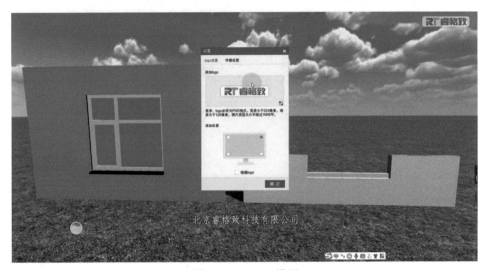

图 1.5.16 Logo 设置

（2）字幕设置

在"成果输出"中选择"字幕"，或在播放器播放模式下选择"设置"，边播放边为视频设置字幕，如图 1.5.17 所示。

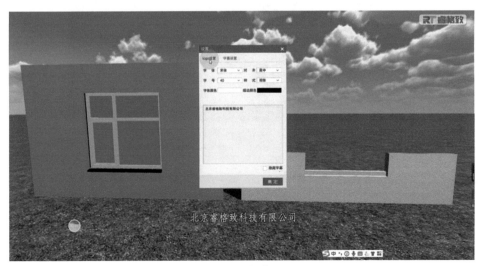

图 1.5.17 字幕设置

（3）配音设置

BIM-FILM 提供了文字转语音功能（图 1.5.18），可将文本直接转换为配音音频，插入动画即可。如需为动画另行配音，添加背景音乐或插入 BIM-FILM 软件中不具备的效果音等，可在音频轨道中添加准备好的本地音频文件。

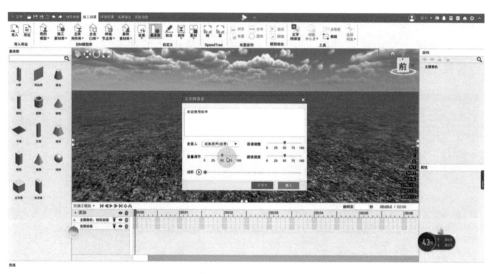

图 1.5.18 配音设置

（4）视频导出

利用 BIM-FILM 中的成果输出 / 视频功能（图 1.5.19），设置好相关参数后即可输出包含动画、字幕、Logo 和配音的视频成果。

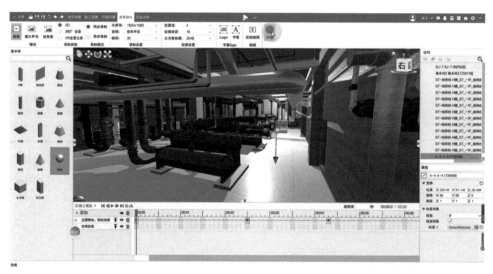

图 1.5.19 视频导出

2. 其他软件合成剪辑

当对视频有更高的表现要求，需要增加片头、片尾、特效等其他素材时，可将 BIM-FILM 中的工程动画导出后，再由其他专业软件进行合成剪辑。

（1）BIM-FILM 导出工程动画

　　与 BIM-FILM 直接导出视频成果操作相同，可将工程动画导出为视频、图片，作为视频后期剪辑的素材。导出视频可不添加配音、字幕、Logo 等，统一在后期处理即可。

（2）后期编辑

　　可实现视频后期剪辑和相关配合工作的软件较多，表 1.5.5 为常用配置，仅供参考选择使用。

视频后期编辑软件配置　　　　　　　　　　　　表 1.5.5

序号	用途	软件	备注
1	视频合成剪辑	Adobe Premiere（PR）	
2	特效视频制作	Adobe After Effects（AE）	
3	音频处理	Adobe Audition（AU）	
4	图片处理	Adobe Photoshop（PS）	

第2章 BIM-FILM 软件初识

📝 知识目标

（1）了解 BIM-FILM 软件运行的基本硬件要求及安装、注册和登录方法。

（2）熟悉 BIM-FILM 软件操作界面，了解各菜单命令的主要功能。

（3）掌握施工模拟的基本操作。

（4）熟悉 BIM-FILM 软件操作的基本快捷键。

📝 能力目标

（1）能够熟练调用 BIM-FILM 软件常用的命令。

（2）能够熟练进行 3D 施工模拟。

（3）能够根据施工进度熟练进行 4D 施工模拟。

2.1 软件安装注册

2.1.1 软件安装

1. 基础配置要求

BIM-FILM 运行基础配置要求如表 2.1.1 所示。

二维码

软件安装

BIM-FILM 运行基础配置要求 　　　　表 2.1.1

推荐配置	最低配置要求
1.Window 10 64 位及以上	1.Window7 64 位及以上
2.Intel Core i7-9700K 及以上	2.Intel Core i5-6500K 及以上
3.NVIDIA GTX 1080Ti 及以上	3.NVIDIA GTX 1050Ti 及以上
4. 内存：32G 内存及以上	4. 内存：16G 内存及以上
5. 固态硬盘	5. 固态硬盘

注意：BIM-FILM 软件暂不支持 32 位操作系统。

2. 安装过程

登录 BIM-FILM 网站（http://www.bimfilm.cn/），找到下载地址，下载最新版本的 BIM-FILM 软件。打开下载的文件夹，找到 BIM-FILM 安装文件，双击即可开始安装。

如电脑已安装杀毒软件，需先退出杀毒软件后再安装。如不退出杀毒软件，安装过程中可能会弹出拦截对话框，选择允许本程序的所有安装行为，否则将导致软件无法安装。

050

双击安装文件时，弹出安装语言的对话框，选择安装语言为"简体中文"，单击"确定"按钮（图2.1.1）。确定后弹出许可协议对话框，选择"我同意此协议"，单击"下一步"。

图 2.1.1 选择安装语言对话框

弹出文件安装地址对话框（图2.1.2），需要注意的是，软件不可以安装在中文目录下。为避免电脑C盘运行空间不够，尽量选择其他盘符进行安装。选定安装地址后，点击"下一步"按钮。

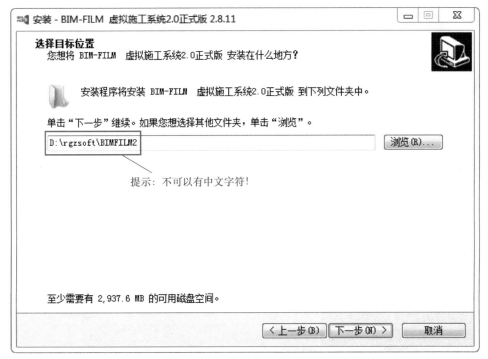

图 2.1.2 选择安装位置对话框

在弹出的对话框中，当勾选"创建桌面快捷方式"时，安装完成后将在桌面创建BIM-FILM图标；当勾选"创建快速运行栏快捷方式"时，安装完成后将在系统下方工具栏中出现快捷访问图标。用户可根据个人使用习惯自行选择，亦可不选。然后点击"下一步"。

进入"准备安装"界面后，点击"安装"按钮开始安装软件。

接下来，点击右下角"安装"按钮。

软件安装过程中会显示安装进度条（图2.1.3）。软件安装完成时，弹出"安装向导完成"对话框，系统默认勾选运行程序，可根据实际需求保留勾选状态或去掉勾选状态。然后点击右下角"完成"按钮，结束安装过程（图2.1.4）。

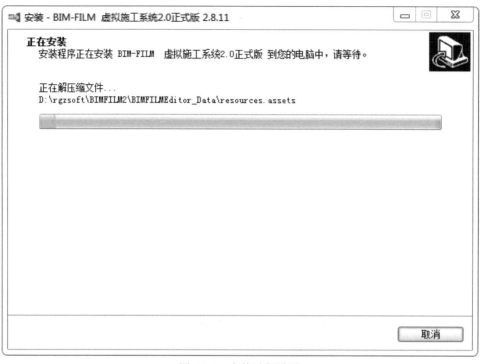

图 2.1.3　安装过程界面

图 2.1.4　安装向导完成

　　软件运行时会自动检测网络连接状态，需保持网络畅通。打开软件时，有时会出现"更新提示"对话框。可根据需要选择"立即更新"，软件开始更新并显示更新进度。为确保能顺利更新软件，需关闭杀毒软件后再开始更新。请不要在更新过程中打断安装进程，否则将导致软件无法正常打开。也可以跳过更新，点击"直接打开"运行软件。

2.1.2　软件注册

　　BIM-FILM 软件安装后即可进行注册并应用。

　　首先，打开软件登录页面（图 2.1.5），点击"注册"，出现注册页面。

图 2.1.5　BIM-FILM 注册页面

　　第一步注册账号：填写手机号码→获取验证码→输入手机验证码。完成上述操作后点击"下一步"。

　　第二步选择身份：首先在"注册"页面填写登录密码，点击"下一步"（图 2.1.6）。然后在"选择身份"页面根据实际情况选择"高校"或"企业"，完成身份选择后点击"下一步"（图 2.1.7）。

图 2.1.6　BIM-FILM 注册第二步：选择身份

选择身份

图 2.1.7　选择身份

第三步完善资料：根据"完善资料"页面（图 2.1.8）完成注册信息的填写，最后点击"立即注册"即可完成注册。

完善资料

用户名	包含6~18位字母、数字、下划线
性别	男 ● 　女 ○
姓名	请填写真实姓名,2~6个汉字
学校	请选择学校 ▾
专业方向	请选择专业方向 ▾
专业	请选择专业 ▾
所属部门	所属部门（选填）
职称	职称（选填）

立即注册

图 2.1.8　完善资料

2.2　软件基本操作

二维码

界面介绍

2.2.1　界面介绍

BIM-FILM 软件安装并注册完成后，双击 BIM-FILM 图标启动软件，在登录界面输入用户名和密码即可登录。注意：BIM-FILM 登录无须软件加密锁。

1. 菜单栏

菜单栏（图 2.2.1）最左端是文件页面，从左往右依次是：打开、保存、另存为、地形地貌、施工部署、环境部署、成果输出和实验功能。

菜单栏右侧从左往右依次是：用户名、你提我改、在线支持、操作手册、视频教程、官方网站和设置。

图 2.2.1　菜单栏

菜单栏中主要菜单功能介绍：

（1）文件界面

登录软件后首先看到的是文件页面。在该页面里可以对文件进行一些常规操作，如新建、打开、保存、另存为等。还可以看到最近打开的文件，亦可根据需要新建地貌和样例场景（图 2.2.2）。

图 2.2.2　文件界面

（2）五大功能模块菜单栏

① 地形地貌：主要进行一些常规的改变地形地貌的操作（图 2.2.3），主要包括"创建""操作""地貌""编辑""笔刷"等常用命令。

创建：创建地形和海洋；

操作：进行删除地形、移动地形和隐藏地形的操作；

地貌：进行地形、描绘、树、草的地貌描绘；

编辑：进行上升高度、降低高度、平整地面、平滑地面、地形标高的编辑；

笔刷：可以调整笔刷的范围和力度。

② 施工部署：施工部署是动画制作的主要区域（图 2.2.4），大部分动画是在本界面中进行制作。主要包括"导入导出""BIM 模型库""自定义""Speed Tree""布置排列""模型组合""工具"等常用命令。

导入导出：进行模型的导入和导出；

BIM 模型库：主要包含我的模型、施工素材库、主体构建库、企业 CI 库、样板节点库、案例素材库和一些内置模型素材；

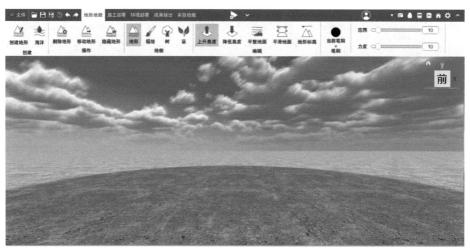

图 2.2.3　地形地貌界面

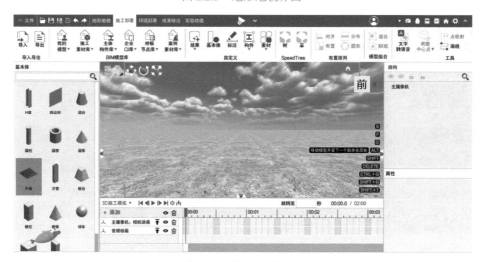

图 2.2.4　施工部署界面

自定义：自定义的一些基本模型，可以进行效果、基本体、标注、构建和素材的自定义；

Speed Tree：在地形地貌里面添加的树和草是不可以被选中的，但是在 Speed Tree 界面可以单独导入树或草，对单棵树、一株草进行编辑；

布置排列：模型的场布和分布的操作，如对齐、分布、布置、圆形等；

模型组合：多个模型组合成一个模型，组合模型亦可进行分解；

工具：包含文字转语音、调整中心点、点吸附、画线等常用工具。

③ 环境部署：该命令主要调节场景里面的环境（图 2.2.5），主要包括"时间""当前天气""风向风力""阳光朝向"等常用命令。可以根据场景需要进行设置和调整。

④ 成果输出：动画制作完成后需要输出时，可在"成果输出"菜单完成（图 2.2.6）。主要包括"输出""录制类型""录制模式""录制设置""纹理设置""字幕 Logo""编辑""开始"等常用命令。根据动画输出需要对动画进行各类输出设置。

⑤ 实验功能：一般是新添加的一些特殊但稳定性有待商榷的功能，放进来进行测试（图 2.2.7）。

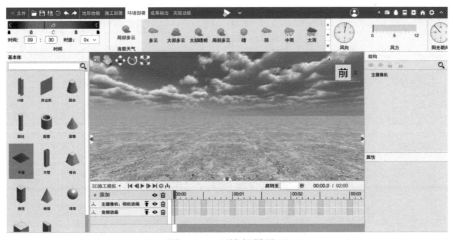

图 2.2.5 环境部署界面

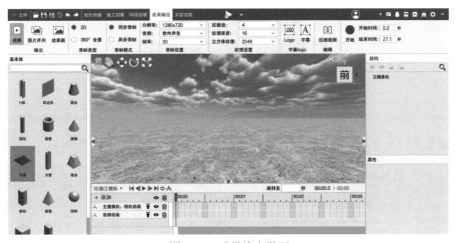

图 2.2.6 成果输出界面

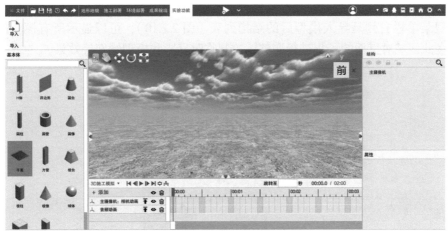

图 2.2.7 实验功能界面

2. 模型菜单栏

模型菜单栏左下方是所有菜单里的模型，可以通过选中后拖入的方式将模型导入场景中（图 2.2.8）。

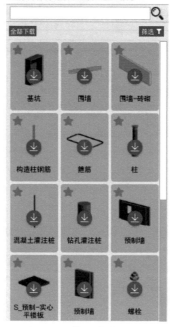

图 2.2.8 模型菜单栏界面

模型菜单栏下方是时间轴区域（图 2.2.9），包含动画列表和动画帧区域。

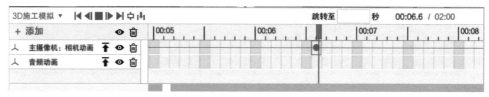

图 2.2.9 时间轴界面

模型菜单栏右侧是导入模型后的结构列表（图 2.2.10），可以显示所有模型的名称，还可以在此区域对里面的子集进行调整，控制临时显影和模型锁定等效果。

图 2.2.10 结构列表

模型菜单栏右下角是属性显示区，可选中任意一个模型查看其属性（图2.2.11）。

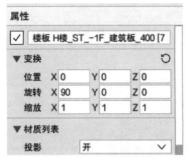

图 2.2.11　属性界面

二维码

3D 基本操作

2.2.2　3D 基本操作

为了更好地理解 BIM-FILM 的 3D 基本操作方法，打开软件后按住鼠标左键不放，将软件左侧"物体面板"中的"球体"拖入画面中，然后松开鼠标（图2.2.12）。

图 2.2.12　物体面板

1. 基本工具

图2.2.12中视口工具从左往右依次为：场景设置、平移（相机）、移动、旋转、缩放；预览视口右上角为导航魔方。

① 场景设置：常用功能为"移动后显示距离修改框"单击不勾选后，移动场景内物体时不再进行距离显示。

② 平移：单击鼠标后显示为小手形状，此状态下不管如何移动查看场景，模型位置不发生变化，有利于随时查看（建议查看时切换该状态，可以防止误操作）。

③ 移动、旋转、缩放：分别将场景转换为移动模式、旋转模式、缩放模式。在不同模式下拖动物体的 X/Y/Z 轴会有对应的效果。

2. 视口镜头操控

（1）方向操控

键盘中的【W】【S】【A】【D】键，用于控制视口镜头的【前】【后】【左】【右】移动。键盘中的【Q】和【E】键，控制镜头上移和下移。

按住鼠标右键不松开，屏幕中鼠标变为眼睛的形状，此时可实现镜头的旋转（图2.2.13）。

（2）视口聚焦

在右侧面板中选中并双击物体的名称（或按【F】键），可实现物体的聚焦。【Alt】+ 鼠标中键，可实现围绕某一物体的镜头旋转（图2.2.14）。

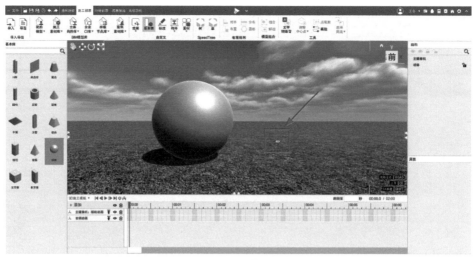

图 2.2.13 镜头旋转（一）

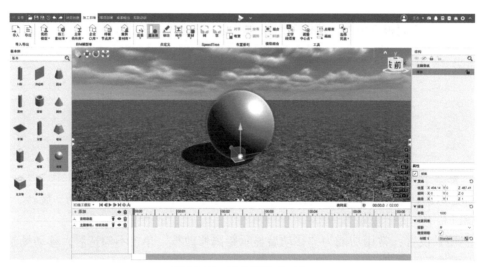

图 2.2.14 镜头旋转（二）

3. 物体移动

（1）以点为基准移动

如图 2.2.15 所示，单击鼠标左键选中某坐标箭头时，被选中的箭头呈黄色高亮显示，同时出现黄色距离数据。松开鼠标，页面弹出白色输入框，输入需要移动的距离后点击回车键。

（2）以面为基准移动

如图 2.2.16 所示，单击鼠标左键选中坐标轴符号时，被选中的坐标平面呈黄色高亮显示，同时出现黄色距离数据。松开鼠标，页面弹出白色输入框，输入需要移动的距离后点击回车键。

（3）移动与吸附

拖动坐标轴中心的小圆球，实现物体在地表面的吸附和移动（图 2.2.17）。【Shift】＋鼠标左键拖动坐标轴中心的小圆球，实现该物体在其他物体表面上的吸附和移动。

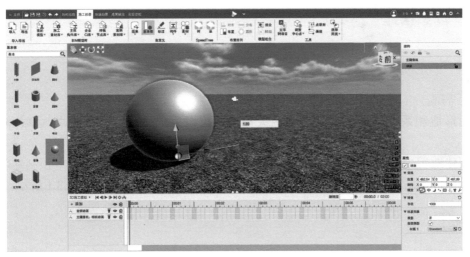

图 2.2.15　以点为基准移动

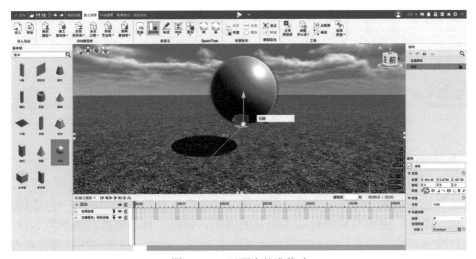

图 2.2.16　以面为基准移动

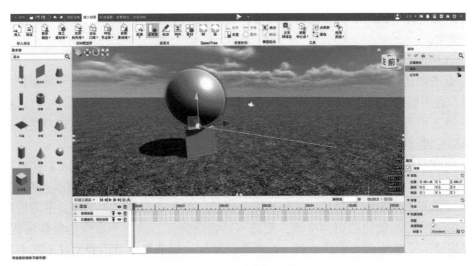

图 2.2.17　移动与吸附

2.3 场景搭建

2.3.1 地形编辑

1. 界面介绍

地形地貌系统包括地形和海洋两大模块，可以完成地形起伏、树木、草、海洋的绘制。

新建地貌中包含空场景、草地、土地、沥青、混凝土和花丛六种基本预制地貌；样例场景中包含制冷机房项目漫游、室内漫游和海岛三种预制场景。如图2.3.1所示。

图 2.3.1 新建地形地貌

2. 绘制地形基本功能

以新建土地地貌为例，点击新建→地貌→土地，进入操作界面。点击标题栏的地形地貌，主要包括创建、操作、地貌、编辑和笔刷五个工具栏。创建工具中包含创建地形和海洋两个菜单，能够完成两种基本场景的创建；操作工具中主要具备删除地形、移动地形和隐藏地形三个功能；地貌工具中主要完成地形、材质、树木和花草的选择及绘制；编辑工具主要实现地形高度的调节与优化、平整场地和地形标高的设置。笔刷工具主要用来选择绘制时笔刷的形状、范围及力度，其中范围是指笔刷截面积大小，力度是指地形改变速度。

3. 操作流程

① 点击创建地形 / 海洋，输入地形的长度、宽度、高度和深度，调节质量，选择地表材料，点击创建（图2.3.2）。

② 点击地形，选择上升 / 下降高度，选择笔刷形状，调节笔刷范围和力度，单击并拖拽鼠标左键进行绘制（图2.3.3）。

③ 树和草的绘制与地形绘制操作一样，不再赘述；注意：按住【Shift】同时拖动鼠标，可删除所有类型树或草；按住【Ctrl】同时拖动鼠标，可删除当前选中类型的树或草。

④ 描绘是给地面赋予材质；平整地面是将绘制好的地形恢复为平地；平滑地面是将绘制好的地形凹凸优化的更为平滑，使其不是特别突兀。这三个命令的操作流程相同，即选择描绘 / 平整地面 / 平滑地面→选择笔刷形状→调节笔刷范围和力度（其中描绘需要选择材质，见图2.3.4），单击并拖拽鼠标左键进行绘制。

⑤ 地形标高是为了限定上升和下降高度时的最大限值，在高度选项框里调节。

⑥ 在操作选项卡中包含删除地形、移动地形和隐藏地形。删除地形点选后会删除当前已建好的地形；移动地形点选后会显示三维坐标轴，鼠标左键按住坐标轴即可实现移动当前地形（图2.3.5）；隐藏地形点选后会隐藏当前地形，重复选择即可恢复。最终绘制效果如图2.3.6所示。

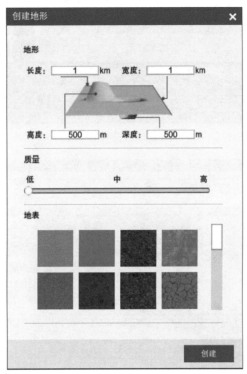

图 2.3.2　创建地形

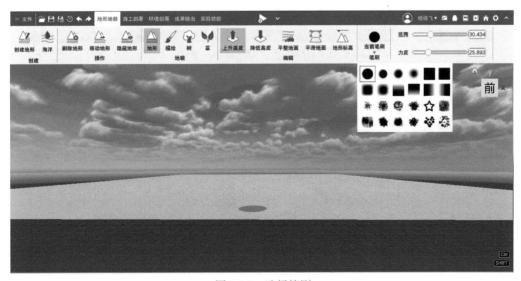

图 2.3.3　选择笔刷

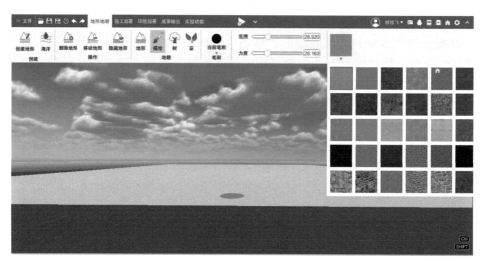

图 2.3.4　选择材质

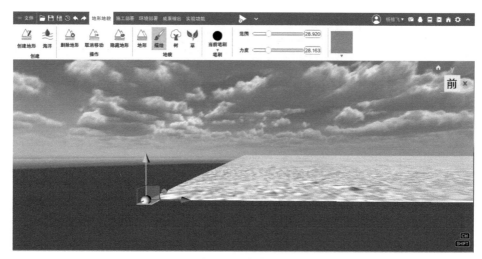

图 2.3.5　移动地形

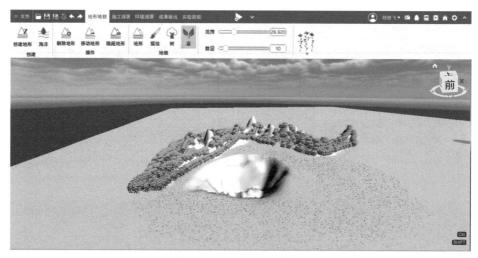

图 2.3.6　地形绘制效果图

2.3.2 模型库、自定义模型与模型导入

1. 模型库

BIM 模型库包含施工素材库、主体构件库、企业 CI 库、样板节点库、案例素材库五大模块，目前包括 12000 ＋模型，500 ＋材质，并且还在持续不断地补充中。

施工素材库包括：人物、工具、材料、仪器、设备、机械、临建、家装、特效、建筑场景等 27 大类，可直接从素材库系统中拖出相关模型进行动画制作。

BIM 模型库素材从动画制作方面可以分为三类：

第一类：含内置动画的素材（图 2.3.7），素材右上角带有内置图标的可以添加内置动画。

第二类：含自定义动画的素材（图 2.3.8），素材右上角带有自定义图标的可以添加自定义动画。

第三类：无特殊图标的素材为普通素材（图 2.3.9），可在场景结构中选择添加通用动画。

图 2.3.7　含内置动画的素材

图 2.3.8　含自定义动画的素材

图 2.3.9　普通素材

2. 自定义模型

（1）通用

包含：空物体、摄像机、点光源、聚光灯、旗帜。

（2）音效

包含：场景类、人物类、事件类、自然类四种环境音效。当摄像机进入音效范围内，录制时会增加对应音效作为环境声音。

以添加场景音为例，拖动"刷墙声音"，在右下角属性栏中调节相关属性，再通过移动、旋转、缩放命令让音效达到想要的效果（图 2.3.10）。

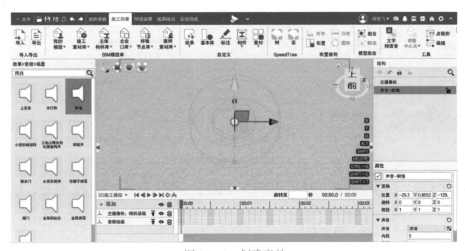
图 2.3.10　创建音效

（3）标注

包含：文本、方向、标高、模型文字、角度、距离。

以文本为例，拖入文本，在右下角属性栏中调节相关属性，再通过移动、旋转、缩放命令让文本达到想要的效果（图 2.3.11）。

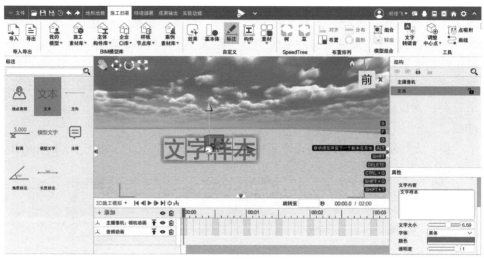

图 2.3.11 创建文本

（4）自定义构件

自定义构件中包含工程中常用的构件，选择后可以通过自定义模型属性栏调整相应的参数编辑自定义模型（图 2.3.12）。包含以下几种类型：

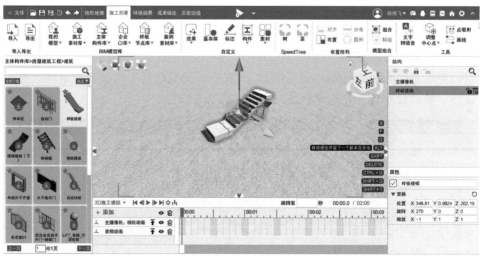

图 2.3.12 创建楼梯模型

① 基本体：H 体、圆台、圆柱、圆管、圆锥、方管、棱台、棱柱、棱锥、球体、立方体、长方体等常用的基础模型；

② 基础：条形基础、独立基础；

③ 柱：H 钢柱、圆形柱、方钢柱、矩形柱；

④ 梁：H 钢梁、加腋梁、弧形梁、方钢梁、矩形梁；

⑤ 墙：无门无窗、有门无窗、有门无窗；

⑥ 板：弧形板、矩形板；

⑦ 楼梯：直跑楼梯、弧形楼梯、旋转楼梯；

⑧ 施工措施：脚手架、套筒、模板、钢管、加气混凝土砌块、瓷砖、地板、刮杠。

3. 模型导入

（1）支持导入多种格式模型

Revit → Twinmotion（*.FBX）→ BIM-FILM；

Revit → COLLADA（*.dae）→ BIM-FILM；

SketchUp → SKP → BIM-FILM；

Tekla → IFC → BIM-FILM；

BIMMAKE → 3DS → BIM-FILM；

广联达场布软件→ 3DS → BIM-FILM；

广联达算量软件→ IFC → BIM-FILM；

IFC、FBX、OBJ、3DS、DAE、SKP → BIM-FILM；

导入模型时可选项为：

① 保留层次：保留模型子集的层次关系，常用于需要对子集添加动画的结构类模型；

② 按材质合并：将模型所有子集按照材质属性进行合并，常用于需要大量修改材质的场景类模型；

③ 合并全部：将模型所有子集合并成一个，减少子集数量。

（2）图片

插入图片时可以选择本地的 *.png、*.jpg、*.bmp、*.dds、*.tga、*.tif、*.psd、*.ico 或 *.gif 格式的文件。

（3）视频

插入视频时可以选择本地的 *.MP4 格式文件。

（4）模型类

BIM-FILM 目前支持多种格式的模型直接导入，如 IFC、FBX、OBJ、3DS、DAE、SKP 等格式的模型。

（5）场景文件

场景文件对应格式为.bfp2，可以在制作动画过程中将场景内的文件（可为多个文件）输出或导入，此处为导入功能。

2.3.3 场景布置

1. 布置排列

（1）对齐

用于快速对齐多个模型，以当前选定方向最边上的模型边侧为基准，一键对齐；勾选中心点对齐后，以当前选定方向最边上的模型中心点为基准。

以四个棱台模型为例，对齐的基本操作流程为：

① 在基本体菜单栏创建四个棱台，在右侧属性栏中调整棱台的属性为不规则排布

（图 2.3.13）。

②在右侧结构栏中全选四个棱台，点击布置排列菜单栏里的对齐命令，弹出的输入框中包含前后左右上下及中心点对齐七个对齐命令；

③选择对齐方向，本案例点击前对齐，即可实现对齐功能（图 2.3.14）。

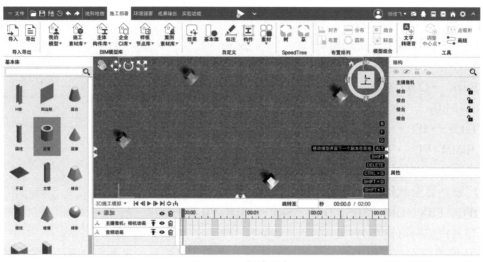

图 2.3.13　创建棱台

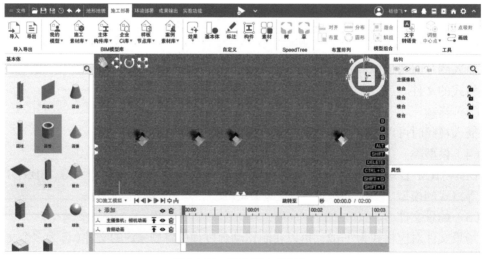

图 2.3.14　四个棱台前对齐

（2）分布

以最后一个选中的模型的指定方向，按照输入的距离进行单方向分布排列。注意：同轴多次输入数值时以最后一次数值为基准，不同轴之间输入数值进行分布时相互之间不影响。

以四个棱台前对齐模型为例，分布的基本操作流程为：

①四个棱台的间距不一样。

②在右侧结构栏中全选四个棱台；点击布置排列菜单栏里的分布命令，弹出的输入

框中包含前后左右上下六个分布方向命令（图 2.3.15）。

③ 选择分布的方向，本案例点击左分布，输入间距数值（本案例中输入 6m），即可实现分布功能，各棱台的间距均为 6m（图 2.3.16）。

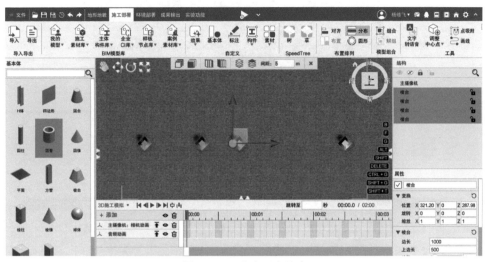

图 2.3.15 选中四个棱台

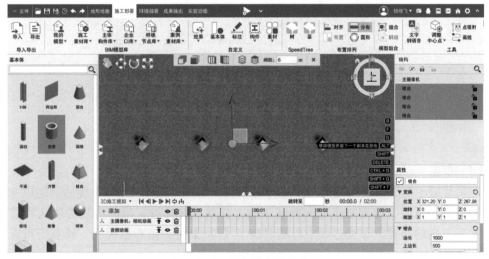

图 2.3.16 四个棱台平均分布

（3）圆形

将所有选中的模型按照指定的半径呈圆形均匀排列。

以常见的钢筋笼的纵筋绘制为例，圆形分布的基本操作流程为：

① 在素材→人材机具→钢筋菜单栏中，创建一根钢筋，在右侧属性栏调整钢筋属性，在结构栏中复制 8 根已创建的钢筋，这时 9 根钢筋是重合在一起的（图 2.3.17）。

② 在结构栏中选中 9 根钢筋，点击圆形分布命令。

③ 输入圆形分布的半径，本案例中输入半径为 1m，即可实现钢筋笼的圆形分布（图 2.3.18）。

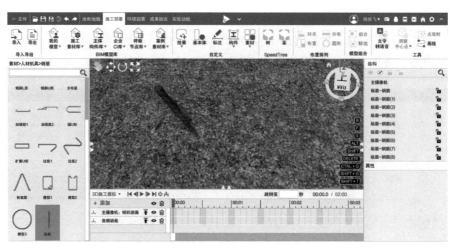

图 2.3.17 创建钢筋模型

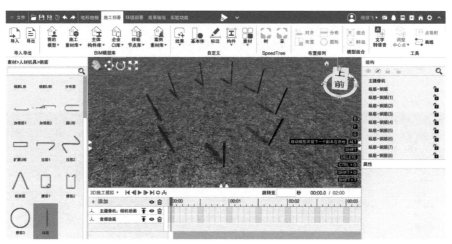

图 2.3.18 9 根钢筋圆形分布

（4）布置

此工具用于模型快速复制并向指定方向布置，布置时按下【Shift】键后只能以 45° 的倍数布置。布置时，选定指定方向和间距后，移动鼠标即可，鼠标右键为确认当前方向并开始新方向的布置。布置过程中可随时按下【Esc】键退出布置模式（或点击布置对话框里的"×"按钮，未用鼠标右键确认的部分会被删掉）。

以布置围挡为例，布置的基本操作流程为：

① 在左侧素材库中输入"围挡"并搜索，创建一个围挡，在右侧属性栏调整围挡的属性（图 2.3.19）。

② 选择已创建的围挡，点击布置命令，弹出前后左右四个布置方向。

③ 选择布置方向，输入数量和间距。本案例选择左侧布置，输入数量为 10 个，间距为 0m，即每次布置时以 10 个围挡为一个单位进行布置，间距为 0m，点击"√"进行布置（图 2.3.20）。

④ 鼠标拖到指定位置，如果需要垂直布置，按住【Shift】键点击围挡，围挡的布置方向将会以 45° 的倍数布置，鼠标右键完成第一段围挡的布置。

⑤ 继续按住【Shift】键，选择垂直于第一段围挡进行第二段围挡的布置，直至布置完毕（图2.3.21）。

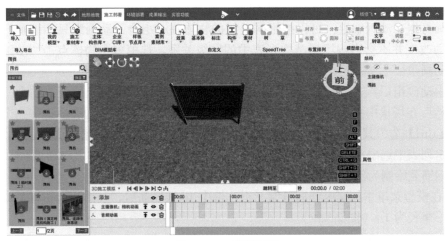

图 2.3.19 创建围挡

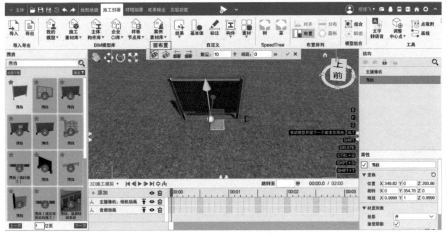

图 2.3.20 点击布置命令

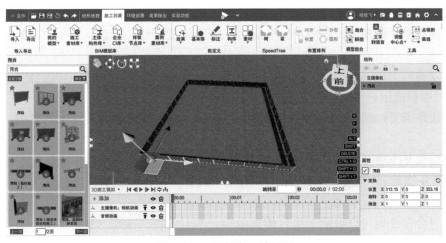

图 2.3.21 围挡布置效果图

（5）模型组合

模型打组、模型解组：将多个物体合并成一个物体，利于模型摆放布置和动画制作，打组的物体既可以一起进行相关动画的添加，也可以为组内的子物体单独添加动画。

动画打组、动画解组：可以把不同层级的物体临时组合，动画组只和动画有关，对动画组的改变并不会影响场景结构列表中的层级关系。选中多个物体点击"动画打组"即生成动画组。

选中动画组后点击"动画解组"即解散动画组并删除动画组上的所有动画。先选中动画组然后在场景中按下【Ctrl】的情况下选中模型或者在动画组列表中选中一个动画组再按下【Ctrl】选中其他动画组内的模型，点击"动画打组"可以将模型添加到动画组里。在动画组列表中选中动画组里的物体点击【Delete】键可以将物体移出动画组。

以钢筋笼绘制为例，模型组合的基本操作流程为：

① 在模型菜单中创建纵筋后复制9根，选中10根纵筋后，利用圆形布置命令进行布置，圆形半径为1m（图2.3.22）。

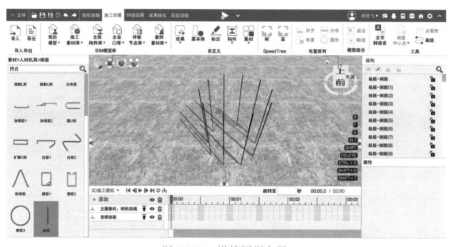

图 2.3.22　纵筋圆形布置

② 继续创建箍筋，通过属性调整将箍筋半径调整为1m，通过旋转、平移命令将箍筋与纵筋进行贴合（图2.3.23）。

③ 再复制4根箍筋，选中5根箍筋后，利用分布命令进行上下分布，本案例箍筋间距为0.3m。

④ 以箍筋为例进行组合，选中五根箍筋后，点击模型组合菜单中"组合"按钮，并在属性栏中修改组合体名字为"箍筋"（图2.3.24）。

⑤ 如果需要取消组合，选中"箍筋"组合体，点击模型组合菜单中的解组命令，即取消组合。

⑥ 如果某个单独的箍筋要加入"箍筋"组合体中，可在结构栏中用鼠标左键点击单独的箍筋并拖动到"箍筋"组合体上，直至"箍筋"组合体显示被红色框选，松开鼠标即可（图2.3.25）。

⑦ 组合命令也可以将两个组合体再组合，本案例将"纵筋"和"箍筋"组合体组合并命名为"钢筋笼"。

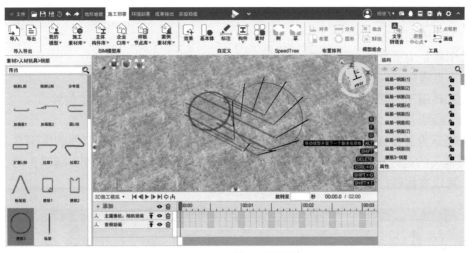

图 2.3.23 箍筋与纵筋贴合

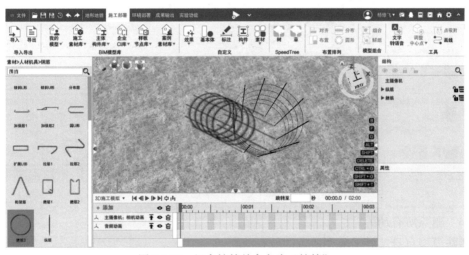

图 2.3.24 组合箍筋并命名为"箍筋"

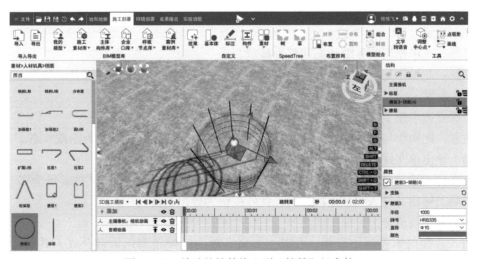

图 2.3.25 单独的箍筋拖入到"箍筋"组合体

2. 工具

（1）选中同类

选中场景中所有同类型模型。

（2）点吸附

此工具用于模型快速布置，将一个模型快速吸附至另一个模型指定位置。

（3）画线

画线分为矢量线与模型线，均能调节起点与终点。矢量线与模型线的区别在于矢量线不随镜头的远近粗细发生变；而模型线更具有真实感，可调节宽度，随镜头的远近而变化，可以在属性栏里进行选择（图2.3.26）。

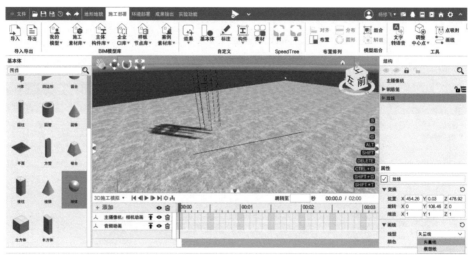

图 2.3.26 画线线型的选择

（4）删除所有动画

删除模型自身及其子模型所带的所有动画。

（5）删除同级动画

删除模型自身所带的动画。

（6）显示

将所有选中模型的显隐状态调整为显示。

注意：此操作与选中时物体的显隐状态无关，点击按钮后全部变为显示状态。

（7）隐藏

将所有选中模型的显隐状态调整为隐藏。

注意：此操作与选中时物体的显隐状态无关，点击按钮后全部变为隐藏状态。

（8）导出单文件

单文件对应格式为 *.4dpk，可以在制作动画过程中将场景内的文件（可为多个文件及其动画）输出并导入到其他场景中，此处按钮为导出功能。

（9）文字转语音

插入音频前如需制作音频，可以点击文字转语音按钮调用语音合成工具制作音频，然后在动画列表音频动画中添加关键帧时，选择制作好的音频即可。

具体操作流程为：

① 点击工具菜单栏中的文字转语音命令；

② 弹出对话框中输入需要转换的文字，本案例中输入"BIM-FILM 试音文字"，选择发音人，调整音量调节、语调调整和朗读速度（图 2.3.27），可以试听，调整合适后，点击另存为。

③ 在对话框中选择存储位置，命名文件名。注意：只能输出为 *.wav 格式。

图 2.3.27　文字转语音

（10）调整中心点

调整中心点命令可调整模型中心点的位置，特别是针对自定义模型，其中心点的位置不固定，可以通过此命令调整模型中心点的位置。

以钢筋笼模型为例，调整中心点的基本操作流程为：

① 在结构栏中选中"钢筋笼"组合体，点击模型中心，该组合体的中心点就移到模型中心（图 2.3.28）。

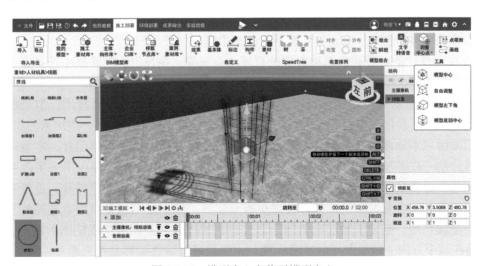

图 2.3.28　模型中心点移至模型中心

② 在结构栏中选中"钢筋笼"组合体，点击自由调整，通过自由移动该组合体的中心点，可以将中心点移至任何位置，点击右下角的"√"完成移动（图 2.3.29）。

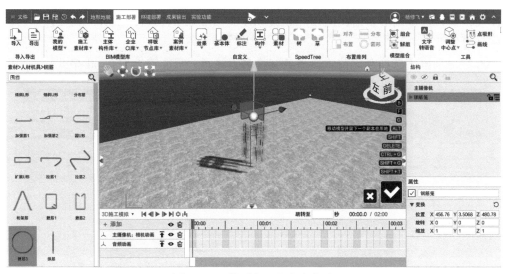

图 2.3.29　模型中心点自由移动

③ 在结构栏中选中"钢筋笼"组合体，点击模型左下角，该组合体的中心点就移到模型左下角。

④ 在结构栏中选中"钢筋笼"组合体，点击模型底部中心，该组合体的中心点就移到模型底部中心。

2.3.4　效果优化

1. 材质替换

材质替换命令主要完成模型的外观效果优化，可以将模型中的构件替换为所要创建的效果，既可以使用 BIM-FILM 的内置效果，也可以引用本地图片。

以一个正方体模型为例，材质替换的基本操作流程为：

① 在基本体里创建一个正方体模型，并选中模型。

② 在属性栏的材质列表选项卡里的材质 1 点击■，在弹出的对话框中选择需要替换的材质（图 2.3.30），本案例中选择带纹理金属材质的一种（图 2.3.31）。

③ 在属性栏的材质列表选项卡中（图 2.3.32），名称用来重命名材质；渲染模式包含默认、剪切、淡化、透明，分别对应不同的渲染效果，例如：透明一般用来渲染玻璃；贴图用来引用本地图片的材质替换效果，点击■，在弹框中选中本地图片，本案例选择本地图片的"皮革"，点击打开，即可实现贴图效果（图 2.3.33）；颜色用来更改贴图的基本颜色；金属贴图的引用与贴图功能操作相同，都是用来引用本地图片；金属系数和光泽是用来调整金属贴图的效果，使之更有真实感；法线贴图也是引用本地图片，一般垂直于金属贴图，是为了增加金属凹凸真实感；法线强度是调整法线贴图的凹凸；U 和 V 值是在两个方向上调整贴图的疏密程度；水平偏移与垂直偏移是用来调整贴图的位置；开启双面是用来显示该模型是单侧还是双侧显示贴图效果。

注意：① 在属性栏的材质列表选项卡上更换材质，系统会默认批量替换与该构件相同材质的材质；如果只需替换某个构件的材质或者误操作，可以选中该构件，然后点击材质选项卡上的⟳重置按钮，即可实现单个构件的材质替换；② 如果替换素材库中的构件材质，以直角扣件为例（图2.3.34），要替换直角扣件中的螺丝属性而不更改扣件的属性，首先在构件栏里单击打开直角扣件的二级锁🔓，在弹框中点击"是"（图2.3.35），这时就可以打开直角扣件组合体的子菜单，选中螺丝进行材质替换。特别注意的是，二级锁打开后不要重新锁上，如果重新锁上，下次打开后系统会自动还原。另外需要注意的是带有动画功能的模型，打开二级锁后动画效果会消失，请慎用。

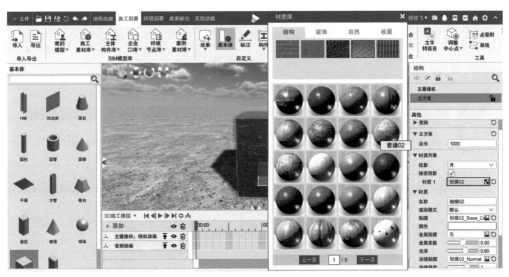

图 2.3.30 材质库中选择材质

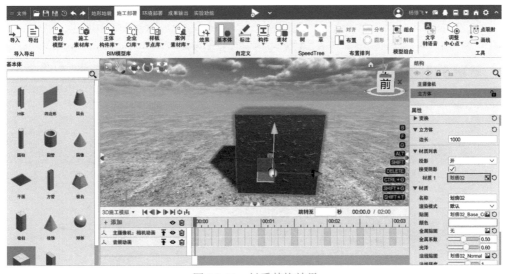

图 2.3.31 材质替换效果

图 2.3.32　属性栏中材质选项卡

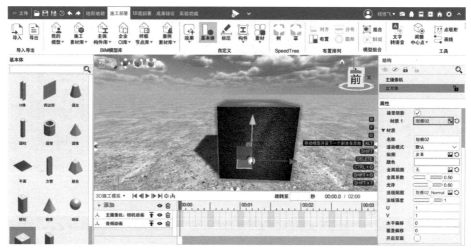

图 2.3.33　"皮革"贴图效果

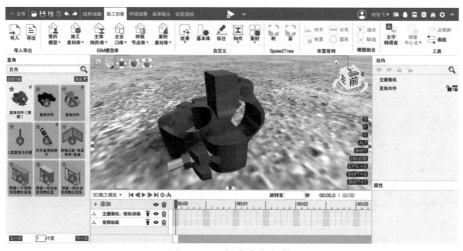

图 2.3.34　创建直角扣件

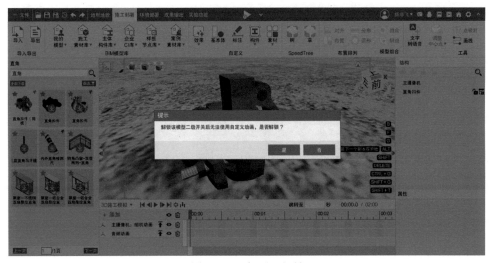

图 2.3.35　打开二级锁

2. 灯光渲染

灯光渲染主要用来显示在不同灯光的照射下，构件突出显示的效果，同时增强场景灯光的真实感。灯光渲染包含反射球、方向光、点光源和聚光灯四种效果。

以某房间室内为例，灯光渲染的基本操作流程为：

① 在素材库中创建一个毛坯房，通过调整视角，进入房间室内。

② 在自定义菜单栏的效果选项卡中点击灯光，把方向光拖进预览视口，在属性栏调整方向光的属性（光照颜色、光照强度、阴影类型），通过移动、旋转调整方向光的位置，即可均匀照亮房间某一单方向的墙面（图 2.3.36）。

③ 在自定义菜单栏的效果选项卡中点击灯光，把点光源拖进预览视口，在属性栏调整点光源的属性（光照颜色、光照浓度、光照范围、阴影类型、阴影强度），通过移动、旋转调整点光源的位置，即可向四周发散照亮房间各个面（图 2.3.37）。

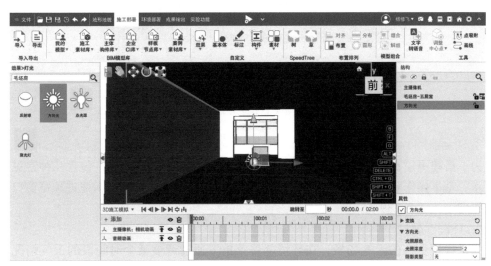

图 2.3.36　方向光效果

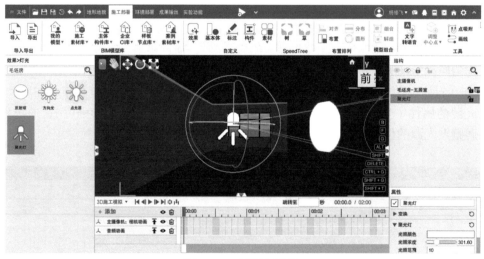

图 2.3.37　点光源效果

④ 在自定义菜单栏的效果选项卡中点击灯光，把聚光灯拖进预览视口，在属性栏调整聚光灯的属性（光照颜色、光照浓度、光照范围、聚光灯角度、阴影类型、阴影强度），通过移动、旋转调整聚光灯的位置和方向，即可向某个方向某个范围照亮墙面的部分区域（图 2.3.38）。

图 2.3.38　聚光灯效果

3. Speed Tree

为了搭建更逼真的环境场景，BIM-FILM 增加了 Speed Tree 功能，包含几种常见的花草树木。基本操作和模型的创建一样，直接把 Speed Tree 中的花草树木拖进预览窗口，调整位置即可（图 2.3.39）。

4. 环境部署

为了模拟更多的天气场景，在环境部署菜单下通过调整某个时间段的天气情况（多云、大部多云、大部晴朗、局部多云、晴、阴、中雨、大雨）、风向、风力、阳光朝向、阳光强度，可实现动态的天气情况模拟。本案例中模拟大风大雨天气（图 2.3.40）。

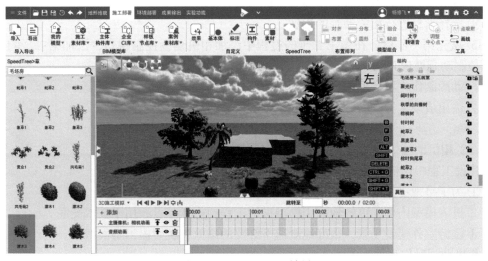

图 2.3.39 Speed Tree 效果

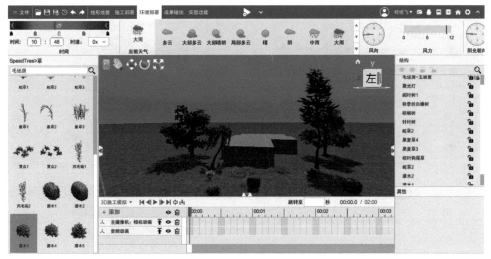

图 2.3.40 环境部署效果（大风大雨天气）

2.4 施工模拟

2.4.1 3D 施工模拟

1. BIM-FILM 3D 动画制作流程

① 编写动画制作脚本，列出需要展现的流程步骤。

② 拼装动画制作场景有两种方法：

第一种，可以先拼大场景后根据动画制作步骤逐步补全剩余的素材；

第二种，内心已有完整动画的构成及展现形式，可以边制作动画边摆放素材，完成场景拼装。

③ 将准备好的脚本的流程步骤录制成语音。

④ 选择素材进行相关动画的添加。

⑤ 做完第一步后、在做第二步的过程中添加相机动画控制视角，添加第二步的音频动画控制动画展现时间。

⑥ 动画制作完毕后根据音频动画添加节点动画。

⑦ 输出成果文件。

2. 3D 动画制作操作步骤

（1）相机动画

建设工程中相机动画的应用主要为：

① 为了呈现更好的模型视角，用于展示和汇报。

② 进入模型内部，更好地利用模型讲解工程的重点难点，用于技术交底。

③ 漫游室外建设场景，很好地规避不必要的碰撞，从而提出书面材料。

相机动画操作步骤为（图 2.4.1）：

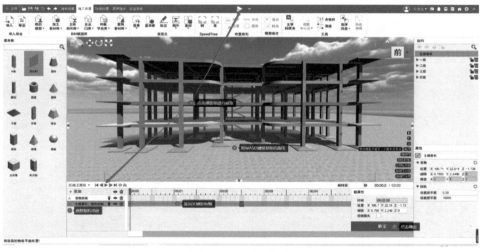

图 2.4.1　相机动画

① 选择主摄像机相机动画。

② 在时间轴双击创建关键起始帧。

③ 在预览区通过鼠标右键、鼠标滚轮及右键＋ W、A、S、D 调整合适的位置。

④ 确认合适的关键帧后点击确定按钮后关键帧数据将被保存。

⑤ 将时间轴拖动到相机动画开始帧和结束帧的范围内，点击播放按钮或者键盘空格可预览制作的相机动画。

⑥ 若想达到镜头画面的瞬间切换效果，点击相机属性的瞬移按钮（图 2.4.2）。

动画制作小技巧：制作相机动画如同拍照一样，调节好画面、添加一个关键帧就是拍了一张照片。如果两张照片的画面不同，BIM-FILM 将会自动从一个画面移到另一个画面；如果两张照片的画面相同，那么在这段时间里镜头就是不动的。注意：镜头不要频繁地切换和快速移动，可能会造成观看者晕眩。

图 2.4.2　相机动画关键帧调整

（2）音频动画

建设工程中音频动画的应用主要为：

①配合相机动画使用，对各重要部位进行技术讲解。

②对建设工程工艺的讲解便于施工人员理解，从而提高技术交底效率。

制作配音：制作音频内容时，使用 Windows 自带的录音或工具内的配音工具进行语音内容的编辑，再插入到微课中满足讲解的需求。

内部工具：点击配音按钮即可打开 BIM-FILM 语音合成工具。

外部工具：Windows 录音机或讯飞配音等。

注意：音频目前仅支持 wav、mp3 格式，推荐使用格式工厂、绘声绘影等转换软件转换为 wav 格式。

音频动画操作步骤为（图 2.4.3）：

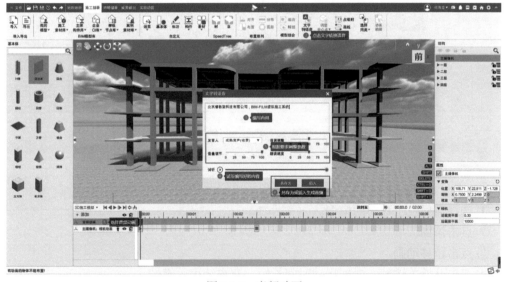

图 2.4.3　音频动画

①点击音频动画。

②选择菜单栏的文字转语音。

③在弹出的对话框内输入需要编辑的内容。

④点击试听。

⑤根据实际情况进行调整。

⑥点击保存或插入（保存时保存在本地，插入时插入到动画中）。

⑦根据相机动画及其他动画的需要调整音频动画位置（图 2.4.4）。

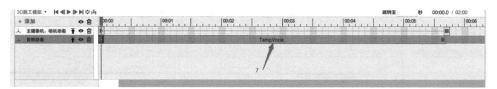

图 2.4.4 音频调整

（3）位移动画

建设工程中位移动画的应用主要为：

① 对施工现场门卫出入口人流量的模拟，对于一些突发事件人流疏散进行模拟。

② 对施工现场车辆的行走路线进行规划模拟，可以很好地解决人车分流的问题。

③ 可以对高层坠物进行模拟，提前进行安全预警，防止不安全事故发生。

位移动画操作步骤为（图 2.4.5）：

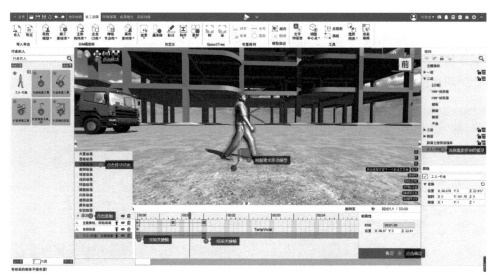

图 2.4.5 位移动画

① 选择需要发生移动的模型。

② 点击添加。

③ 点击位移动画。

④ 双击开始关键帧，根据运动时间长短，双击结束关键帧。

⑤ 点击移动命令。

⑥ 根据移动方向移动所需移动的模型。

⑦ 点击确定，位移动画制作完毕。

（4）旋转动画

建设工程中旋转动画的应用主要为：

① 可以制作需要旋转完成的工艺，如钢筋套筒连接、桥梁转体、钢结构节点螺帽紧固。

② 车辆在转弯处旋转等。

旋转动画操作步骤为（图 2.4.6）：

图 2.4.6 旋转动画

① 选择需要旋转的模型。

② 点击添加。

③ 选择旋转动画。

④ 时间轴双击开始关键帧。

⑤ 时间轴双击结束关键帧。

⑥ 选择旋转。

⑦ 根据要求旋转角度。

⑧ 或调整 X、Y、Z 参数进行旋转（⑦或⑧均可调整动画角度）。

⑨ 点击确定，旋转动画制作完毕。

（5）缩放动画

建设工程中缩放动画的应用主要为：可以通过缩放大小的功能对一些重要的部位进行诠释。

缩放动画操作步骤为（图 2.4.7）：

二维码

缩放动画

图 2.4.7 缩放动画

① 选择需要缩放的模型。

② 点击添加。

③ 选择缩放动画。

④ 时间轴双击开始关键帧。

⑤ 时间轴双击结束关键帧。

⑥ 根据需要调整 X、Y、Z 参数进行缩放。

⑦ 点击确定，完成缩放动画。

注意：整体缩放默认从物体的中心开始缩放。

（6）显隐动画

建设工程中显隐动画的应用为：制作建筑生长动画时经常用到，可以将不想展示的部分进行隐藏。

显隐动画操作步骤为（图 2.4.8）：

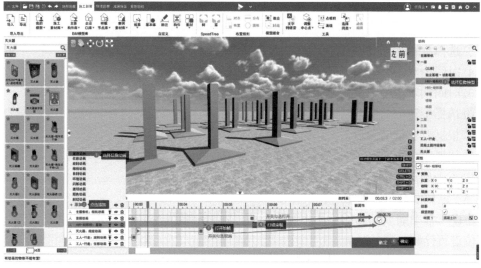

图 2.4.8　显隐动画

① 选择需要显隐的模型。

② 点击添加。

③ 选择显隐动画。

④ 时间轴双击开始关键帧，并取消开关勾选。

⑤ 时间轴双击结束关键帧，并勾选关键帧。

⑥ 点击确定，显隐动画完成。

注意：一段动画时间内，以这段显隐动画开始帧的属性开关来控制显示状态。

（7）剖切动画

建设工程中剖切动画的应用为：模型剖切可以对建筑内部的构建进行可视化观察，便于施工技术交底等。

剖切动画操作步骤为（图 2.4.9）：

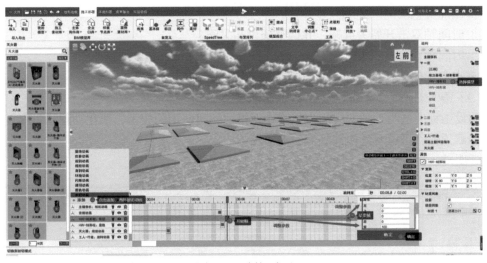

图 2.4.9　剖切动画

① 选择需要剖切的模型。

② 选择添加，选择剖切动画。

③ 时间轴双击开始帧，并调整参数（100 为剖切状态）。

④ 时间轴双击结束帧，并调整参数（0 为未剖切状态）。

⑤ 点击确定，剖切动画制作完毕。

（8）颜色动画

建设工程中颜色动画的应用为：对一些比较重要的部位和节点可以用颜色标记出来，便于检查等。

颜色动画操作步骤为（图 2.4.10）：

二维码

颜色动画

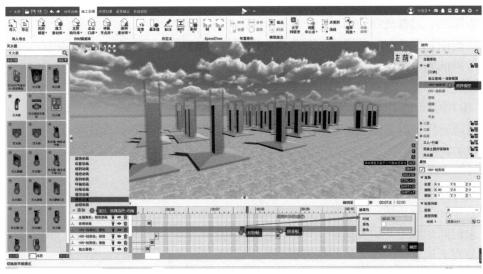

图 2.4.10　颜色动画

① 选择需要添加颜色动画的模型。

087

② 添加颜色动画。

③ 时间轴双击开始关键帧，并调整颜色和时间。

④ 时间轴双击结束关键帧。

⑤ 点击确定，颜色动画制作完毕。

（9）透明动画

建设工程中透明动画的应用为：制作汇报视频时使用的较多，如在动画演示中隐藏顶棚，可以看到内部管道的走向等。

透明动画操作步骤为（图 2.4.11）：

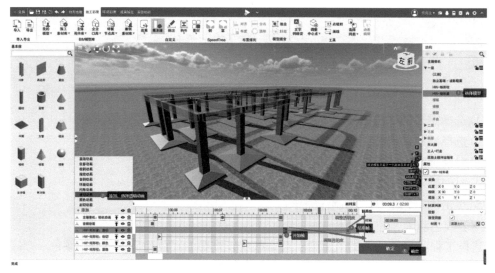

图 2.4.11　透明动画

① 选择需要添加透明动画的模型。

② 添加、选择透明动画。

③ 时间轴双击开始关键帧，并将透明度调整为 0。

④ 时间轴双击结束关键帧，并将透明度调整为 255。

⑤ 点击确定，透明动画制作完毕。

（10）闪烁动画

建设工程中闪烁动画的应用为：常用于着重批示的重要部位或者难点部位，便于后期管理。

闪烁动画操作步骤为（图 2.4.12）：

① 选择需要闪烁动画的模型。

② 添加闪烁动画。

③ 时间轴双击开始关键帧，并选择闪烁颜色。

④ 点击确定，闪烁动画制作完毕。

（11）自定义动画

建设工程中自定义动画的应用为：大多用于施工工序的搭配协调上，如塔式起重机的运作。

注意：只有右上角带有人物的模型才可以进行自定义动画。

自定义动画操作步骤为（图 2.4.13）：

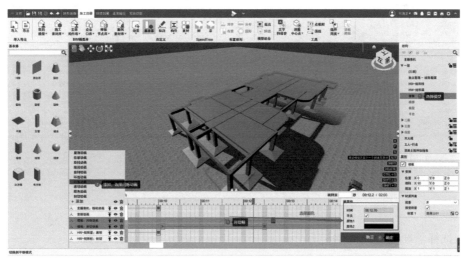

图 2.4.12 闪烁动画

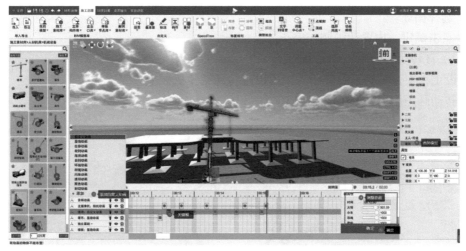

图 2.4.13 自定义动画

① 选择需要添加自定义动画的模型。

② 添加自定义动画。

③ 时间轴双击开始关键帧。

④ 根据动画需要调整参数。

⑤ 点击确定，自定义动画制作完毕。

（12）内置动画

建设工程中内置动画的应用为：可对安全防护等临边设施进行仿真模拟，进行三级安全教育，提高工人安全意识。

注意：右上角带有播放器小标的模型才可以制作内置动画。

内置动画操作步骤为（图 2.4.14）：

二维码

内置动画

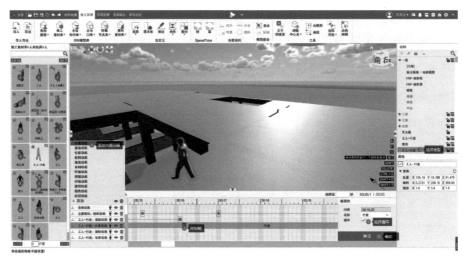

图 2.4.14 内置动画

① 选择需要内置动画的模型。

② 添加内置动画。

③ 时间轴双击开始帧。

④ 选择循环。

⑤ 点击确定，内置动画制作完毕。

（13）自转动画

建设工程中自转动画的应用为：可以应用到钻孔机械上，完成成孔工艺。

自转动画操作步骤为（图 2.4.15）：

二维码

自转动画

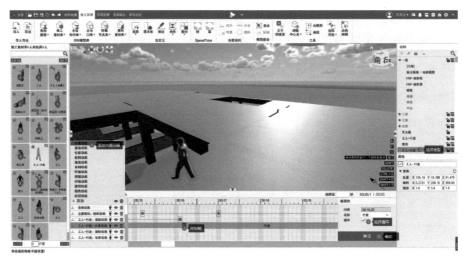

图 2.4.15 自转动画

① 选择需要添加自转动画的模型。

② 添加自转动画。

③ 时间轴双击开始帧，并调整参数。

④ 时间轴双击结束帧，并调整参数。

⑤点击确定，自转动画制作完毕。

（14）跟随动画

建设工程中跟随动画的应用为：大多用于装配式工程中，可以仿真模拟装配式建筑施工工艺全过程等。

注意：两个物体同步移动时，跟随动画只需做一遍即可，大大缩短动画制作时间，如用塔式起重机做一个自定义动画，吊装物体只需跟随塔式起重机吊钩移动，即可完成一步吊装动画。

跟随动画操作步骤为：

① 以塔式起重机为例，首先在主物体塔式起重机上添加一个旋转动画或者自定义动画（图 2.4.16）。

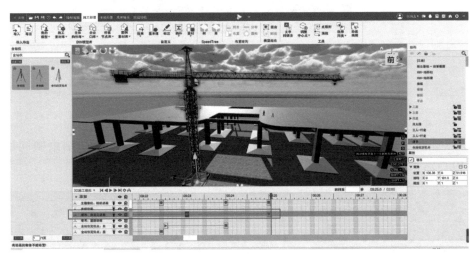

图 2.4.16　跟随动画（一）

② 将跟随物体放在塔式起重机吊钩上（注意：此时播放帧一定要放在塔式起重机动画前面，保证跟随位置准确，如图 2.4.17 所示）。

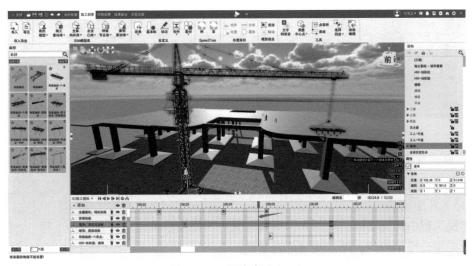

图 2.4.17　跟随动画（二）

③ 调整需要跟随模型的位置。

④ 选择需要跟随的模型→添加跟随动画→时间轴双击开始帧→选择跟随对象（图 2.4.18）；

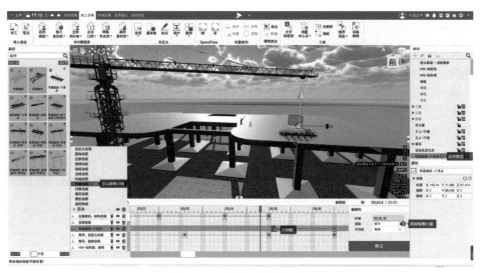

图 2.4.18　跟随动画（三）

⑤ 点选跟随对象→点击选择→点击确定，跟随动画制作完毕（结束帧同理，如图 2.4.19 所示）。

图 2.4.19　跟随动画（四）

⑥ 播放预览（注意：如播放中发现跟随物体与被跟随物体发生少许偏移，则再次选中初始帧，调整位置并确定即可恢复正常）。

（15）环绕动画

建设工程中环绕动画的应用为：可建立无人机模型模拟飞行，对建设工程中的重要部位模拟拍照，增加动画的观赏性。

环绕动画操作步骤为（图 2.4.20、图 2.4.21）：

二维码

环绕动画

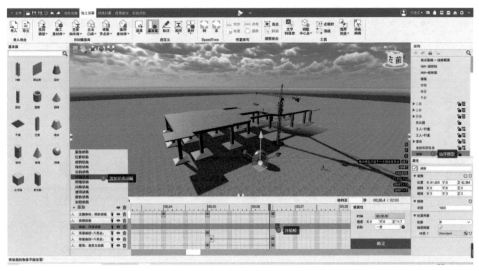

图 2.4.20　环绕动画（一）

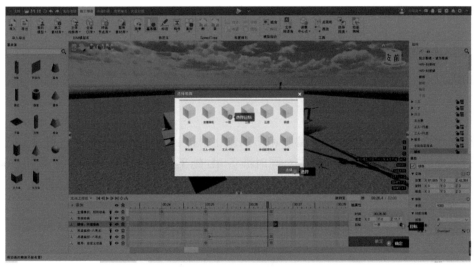

图 2.4.21　环绕动画（二）

① 选择需要环绕动画的模型。

② 添加环绕动画。

③ 时间轴双击开始帧：点击目标→选择目标模型→点击选择。

④ 点击确定，环绕动画制作完毕（开始速度默认为 0，可根据需要调节速度，数值越高速度越快）。

（16）节点动画

建设工程中节点动画的应用为：可以在模型讲评时对需要批示的节点部分进行强调。

节点动画操作步骤为（图 2.4.22）：

① 添加节点动画（不要选择任何模型）。

② 时间轴双击开始关键帧。

③ 编写内容。

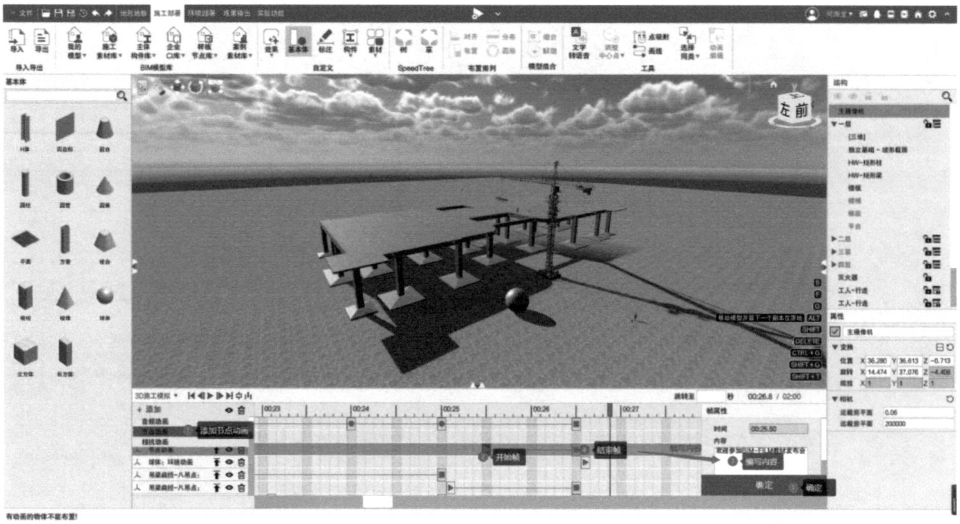

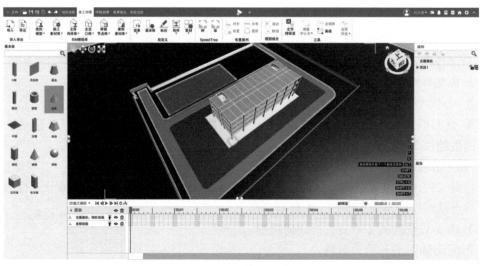

图 2.4.22　节点动画

④ 时间轴双击结束关键帧，并编写内容。

⑤ 点击确定，节点动画制作完毕。

节点动画添加完毕后在播放器模式下播放节点动画，节点位置在时间轴和右侧节点列表出现，点击节点名称可以快速跳转。

2.4.2　4D 施工模拟

根据建设工程项目施工流程编制相应的施工进度计划表，依据施工进度计划表编写"4D 施工进度模拟"施工动画脚本，同时准备 4D 施工进度模拟所需的各阶段构件素材。然后根据编写的脚本，利用 BIM-FILM 软件制作结构模型 4D 施工进度模拟动画。

1. 前期准备

首先，在建模软件中搭建完成基本的场地布置和建筑模型，如图 2.4.23 所示。

图 2.4.23　模型搭建

依据现有的模型，根据施工流程，编制施工进度计划简表，满足基本的 4D 施工进度模拟需要。表中分部分项工程的顺序应严格遵照施工流程的先后顺序排列，如表 2.4.1 所示。

进度计划简表　　　　　　　　　　　　　表 2.4.1

序号	分部分项工程名称		天数	开始时间	结束时间
1	基础工程	平整场地	10	2020/8/1	2020/8/10
2		挖基础土方	9	2020/8/11	2020/8/19
3		垫层施工	3	2020/8/20	2020/8/22
4		独立基础施工	15	2020/8/23	2020/9/6
5		土方回填	9	2020/9/7	2020/9/15
6	主体工程	首层柱、二层梁板施工	15	2020/9/16	2020/9/30
7		二层柱、三层梁板施工	15	2020/10/1	2020/10/15
8		三层柱、四层梁板施工	15	2020/10/16	2020/10/30
9		四层柱、屋顶层梁板施工	15	2020/10/31	2020/11/14

按照表 2.4.1 中的内容编写"4D 施工进度模拟"动画脚本：

（1）平整场地

工程动土开工前，对施工现场 ±0.3m 以内高低不平的部位进行就地挖、运、填和找平，以便进行施工放线。

（2）挖基础土方

根据土方工程开挖深度和工程量大小，选择机械以及人工挖土或机械挖土方案。开挖时的弃土留作回填土。

（3）垫层施工

土方开挖后，在地基土上浇筑 100mm 厚素混凝土垫层，方便施工放线和支基础模板，同时给基础钢筋做保护层。

（4）独立基础施工

垫层混凝土浇筑完成后，待垫层混凝土强度达到 1.2MPa 后，再进行独立基础的施工。独立基础混凝土浇筑应分层连续，且上层混凝土需在下层混凝土初凝前完成浇筑。阶梯形独立基础的每一个台阶需整体浇筑，每浇筑完一个台阶停顿 0.5h 待其下沉，然后再浇筑上层混凝土。

（5）土方回填

基础混凝土强度等级达到设计要求后进行土方回填，优选开挖土进行回填。回填土应分层铺摊，每层铺土厚度应根据土质、密实度要求和机具性能确定。对于阶梯形基础，每一阶高内应整分浇筑层，每阶表面要基本抹平。

（6）首层柱、二层梁板施工

柱混凝土应一次浇筑完毕，如需留施工缝时应留在主梁下面。在与梁板整体浇筑时，应在柱浇筑完毕后停歇 1～1.5h，使其初步沉实，再继续浇筑。

梁、板应同时浇筑，由一端开始，先浇筑梁，根据梁高分层浇筑成阶梯形，当达到板底位置时再与板混凝土一起浇筑，随着阶梯形不断延伸，梁板混凝土连续向前进行。

（7）二层柱、三层梁板施工

首层浇筑完成且达到相关标准和规范要求时进行二层柱、三层梁板施工。

（8）三层柱、四层梁板施工

二层浇筑完成且达到相关标准和规范要求时进行三层柱、四层梁板施工。

（9）四层柱、屋顶层梁板施工

三层浇筑完成且达到相关标准和规范要求时进行四层柱、屋顶层梁板施工，完成主体结构的施工任务。

根据建设工程项目的特性，依据编写的 4D 施工模拟动画脚本，将 4D 施工模拟中用到的基本构件进行统计，如表 2.4.2 所示。

构件统计表　　　　　　　　　　　　　　　　　　表 2.4.2

构建名称	单位	数量	备注
结构模型	个	1	
场布模型	个	1	
挖掘机	台	2	
泵车	台	2	
塔式起重机	台	1	
自卸车	辆	2	
推土机	台	2	

2. 4D 施工进度模拟制作

4D 施工进度模拟是在 3D 模型的基础上增加时间参数，时间作为另外一个轴，把建设工程项目的整个进度形象展现出来，4D 施工进度模拟能够对整个形象进度进行优化和控制。

按照脚本的内容，在 BIM-FILM 软件中将各分部分项工程进行关联，逐步实现整个工程的 4D 进度模拟。

（1）准备阶段

Step 01　打开软件，新建一个【空场景】项目，进入新建项目的【施工部署】界面，在菜单栏里选择【导入】，导入准备好的结构模型和场布模型，如图 2.4.24 所示。

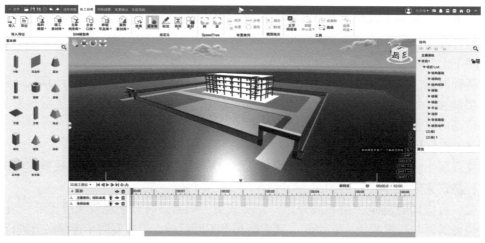

图 2.4.24　模型导入

Step 02 在动画列表的上部，单击【3D 施工模拟】，在下拉列表中选择【4D 进度模拟】进行界面转换，如图 2.4.25 所示。

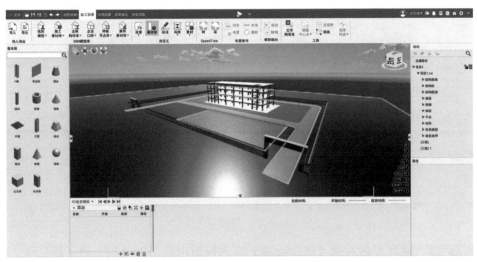

图 2.4.25　4D 进度模拟界面转换

Step 03 选择所有导入的模型，在【施工部署】界面选择【工具】里的【调整中心点】，将模型整体中心调整为【模型中心】；然后选择单个构件（道路、场地、绿化、梁等），在右下角属性栏修改选中构件的材质。单个构件中心点的修改需要选中每个构件单独修改；在材质修改中，道路、混凝土等反光率低的构件，材质赋予后需要修改金属系数及构件的光泽系数等参数，如图 2.4.26 所示。

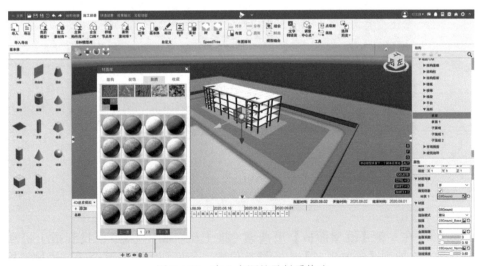

图 2.4.26　中心点调整及材质修改

（2）第一场景：平整场地

Step 01 在动画列表里选择【添加任务组】添加一个新的任务，添加完成后选择动画列表【操作】里的【编辑】功能，将新建【任务组】名称修改为【基础工程】，如图 2.4.27 所示。

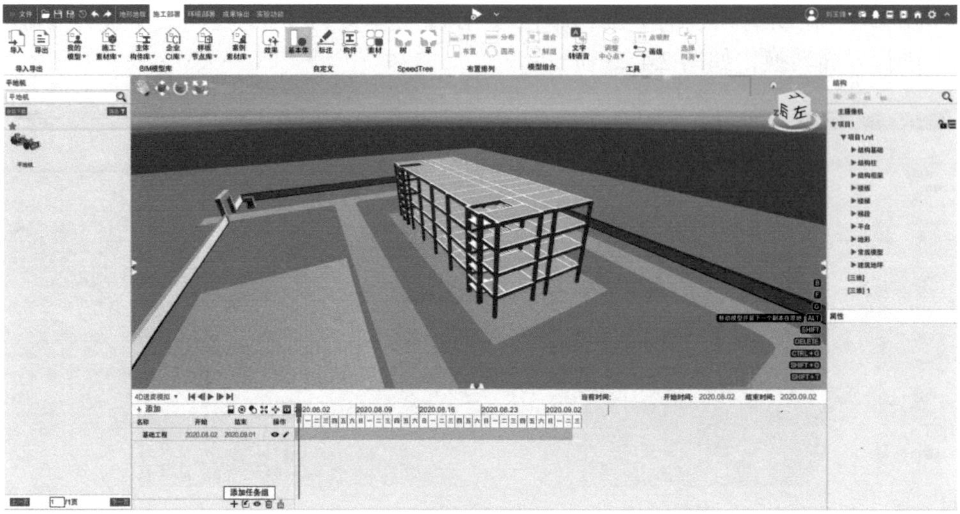

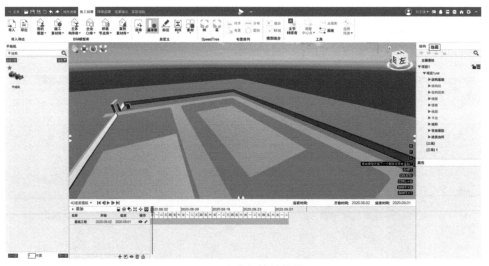

图 2.4.27　创建任务组

[Step 02]　选择界面右侧【结构面板】导入模型中的主体结构（梁、板、柱、楼梯、休息平台、梯段等）相关构件，依次选择各类型的构件或者应用【Ctrl】和【Shift】键多选各类型构件，点击【结构面板】上部的【隐藏】按钮，将影响预览视口显示的构件先隐藏，如图 2.4.28 所示。

图 2.4.28　隐藏主体结构模型

[Step 03]　在左侧【模型面板】里搜索"推土机"和"土堆"，找到推土机和土堆后点击下载并拖拽到【预览视口】中，调整位置、角度和大小使其合适。机械类构件大小一般无需修改其大小，土堆构件的大小需根据项目场地的大小进行缩放比例调整；机械类构件需修改位置及方向，确认构件是否放置于地面上。同类型的构件在创建后到界面右侧的【结构面板】修改相应的构件名称，以名称不重复为修改原则，如图 2.4.29所示。

[Step 04]　修改基础工程任务组的开始和结束时间；在基础工程任务组上通过编辑

添加子任务组,修改子任务组名称为"平整场地",与表 2.4.1 进度计划简表中分部分项工程名称一致;创建平整场地子任务组,修改平整场地子任务组的开始和结束时间,如图 2.4.30 所示。

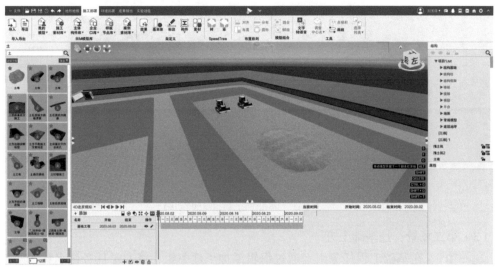

图 2.4.29　土堆和推土机

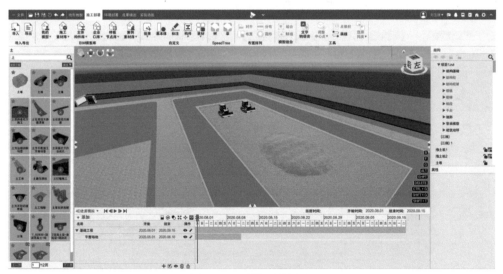

图 2.4.30　添加子任务组

Step 05　选择推土机和土堆构件,选中平整场地子任务组,将推土机和土堆构件关联到平整场地子任务组。

先给推土机添加显隐动画,让推土机在施工开始时显示,平整场地结束后隐藏;再添加位移动画,让推土机从场地的一端运动到另一端,然后运动回去;添加旋转动画,推土机运动到另一端后通过旋转动画掉头。

选择土堆构件,为其添加剖切动画,修改帧属性,起始帧属性中均为 0,结束位置帧属性中"上"为 100,让土堆按照从有到无的过程显示,如图 2.4.31 所示。

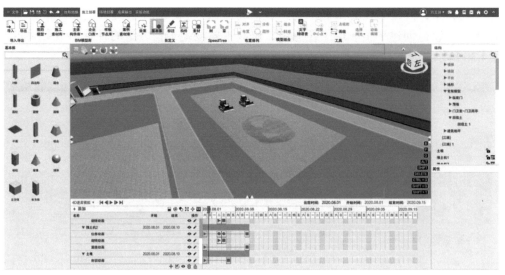

图 2.4.31　添加推土机和土堆动画

（3）第二场景：挖基础土方

[Step 01] 在基础工程任务组上通过编辑添加子任务组，修改子任务组名称为"挖基础土方"；修改挖基础土方子任务组的开始和结束时间，子任务组的名称与时间参数参照表 2.4.1 进度计划简表中的相关内容，如图 2.4.32 所示。

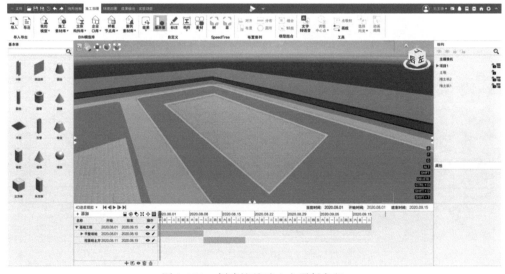

图 2.4.32　创建挖基础土方子任务组

[Step 02] 在左侧模型面板里搜索"反铲挖掘机""自卸车""土堆"，将三个构件分别下载并拖拽到预览视口中，调整位置、角度和大小使其合适。场地同一构件数≥2 时，构件名称按照：××1、××2、××3……，以此类推。或者按照其他命名规则，遵循名称不重复的原则，如图 2.4.33 所示。

[Step 03] 在右侧【场景结构】面板中选择土方开挖阶段需要的所有构件，在动画列表中通过编辑任务组，将该阶段所需的所有模型关联到【挖基础土方】任务组中，如

图 2.4.34 所示。

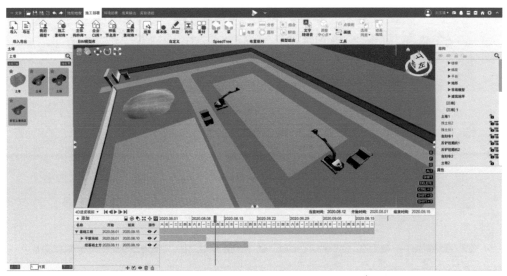

图 2.4.33 添加土方开挖构件

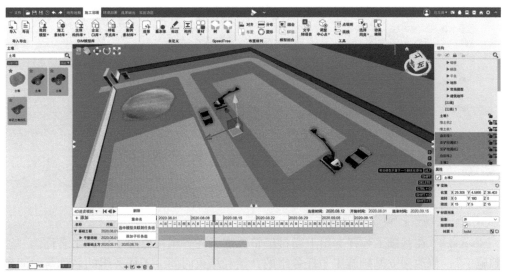

图 2.4.34 模型关联任务组

Step 04 挖基础土方阶段所有的构件添加显隐动画，开始时间设置为显示。自卸车增加位移、旋转和自定义动画；反铲挖掘机增加自定义动画；土堆添加显隐动画，自卸车在移动到弃土堆放区后修改旋转角度，添加翻斗自定义动画；反铲挖掘机修改自定义动画，通过帧属性的修改，实现给自卸车装土的过程；土堆通过生长动画的方式呈现堆土的过程，如图 2.4.35 所示。

Step 05 在 4D 施工进度模拟界面，构件会跟随关联的不同阶段显示和隐藏，将原"回填土"构件重新命名为"开挖土 1"，复制"开挖土 1"，新构件修改名称为"开挖土 2"；开挖土 1 添加位移动画或剖切动画，根据进度计划完成开挖；开挖土 2 添加显隐动画，在挖基础土方阶段将其隐藏显示，如图 2.4.36 所示。

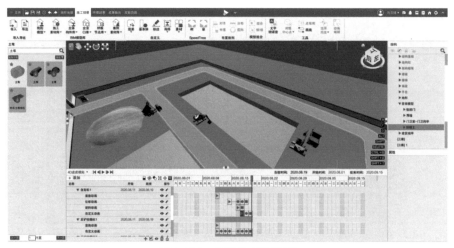

图 2.4.35　编辑动画关键帧

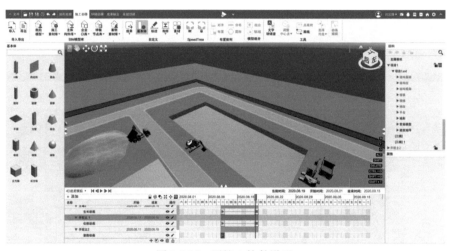

图 2.4.36　开挖土构件设置

（4）第三场景：独立基础施工。

Step 01　在基础工程任务组上通过编辑添加子任务组，修改子任务组名称为"独立基础施工"，修改独立基础施工子任务组的开始和结束时间，子任务组的名称与时间参数参照表 2.4.1 进度计划简表中的相关内容。垫层可以单独创建子任务组，也可以包含在独立基础施工子任务组中。当垫层划分在独立基础施工阶段时，该子任务组的开始时间应当按照表 2.4.1 进度计划简表中垫层的开始时间设置，如图 2.4.37 所示。

Step 02　在右侧【场景结构】面板中选择结构基础构件，关联到独立基础施工子任务组中。结构基础创建生长动画，修改开始时间为垫层浇筑的开始时间，设置帧属性，对于坐标轴不吻合的模型，修改生长动画帧属性中的生长方向，如图 2.4.38 所示。

Step 03　在右侧【场景结构】面板中选择"基础梁"和"基础柱"，与独立基础施工子任务组关联，基础梁和基础柱创建生长动画，修改开始时间为基础浇筑完成后的时间，设置帧属性，修改梁和柱的生长方式。梁的生长方式一般为从一端向另一端延伸生长，即生长方式为"从左至右"或"从前至后"；柱的生长方式一般由柱脚向柱顶延伸，即生长方式为"由下至上",如图 2.4.39 所示。

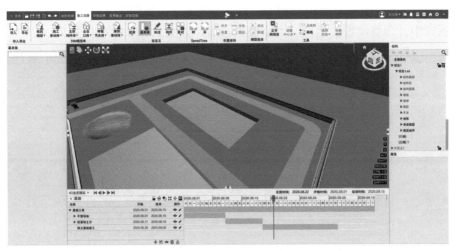

图 2.4.37 垫层和独立基础施工子任务组创建

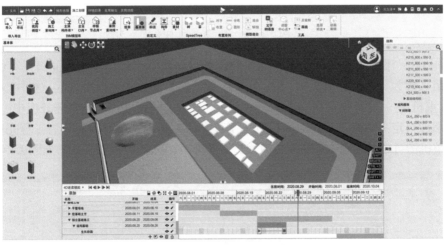

图 2.4.38 独立基础生长动画

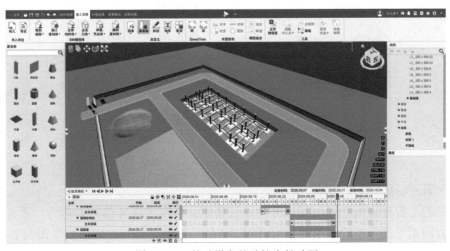

图 2.4.39 基础梁和基础柱生长动画

（5）第四场景：塔式起重机布置

Step 01　在左侧模型面板里搜索"塔式起重机"，找到塔式起重机点击下载后拖拽到预览视口中，调整位置、角度、大小使其合适，如图2.4.40所示。

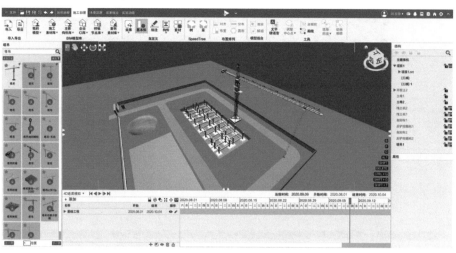

图2.4.40　塔式起重机布置

Step 02　添加新的任务组（新添加的任务组和基础工程任务组为同级任务组），修改任务组名称为"塔式起重机"，在右侧【场景结构】面板中选择塔式起重机修改名称为"塔式起重机1"。选择预览视口中的塔式起重机1，关联到塔式起重机任务组中。塔式起重机1添加自定义动画，开始时间设置为工程开始时间，结束时间设置为工程完成时间。塔式起重机的自定义动画中，主要修改大臂、小车、吊绳的位置和高度，如图2.4.41所示。

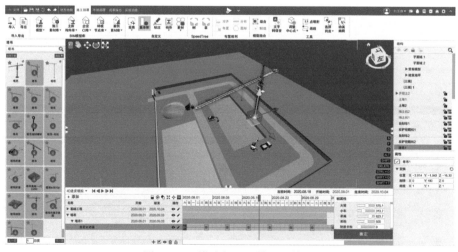

图2.4.41　塔式起重机帧属性修改

（6）第五场景：土方回填

在基础工程任务组上通过编辑添加子任务组，修改子任务组的名称为"土方回填"，修改土方回填子任务组的开始和结束时间，子任务组的名称与时间参数参照表2.4.1进度计划简表中的相关内容。选择右侧【场景结构】面板中的"开挖土2"复制一份，将复制的"开挖土 2"名称修改为"回填土 1"。回填土 1 关联到土方回填子任务组中,添加生长动画,修改生长动画帧属性,生长方式为"从左至右";也可创建位移动画,修改构件 Z 轴方向的结束位置坐标即可,如图 2.4.42 所示。

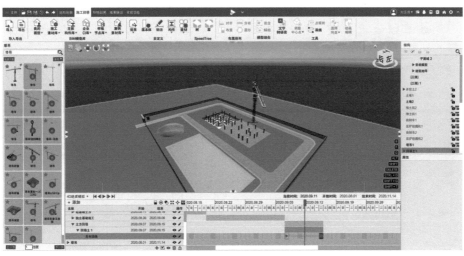

图 2.4.42　土方回填

（7）第六场景:主体工程进度模拟

Step 01　在动画列表里选择【添加任务组】添加一个新的任务,添加完成后选择动画列表里【操作】中的【编辑】功能,将新建【任务组】名称修改为"主体工程",设置主体工程的开始和结束时间,设置参照表 2.4.1 进度计划简表中的内容,如图 2.4.43 所示。

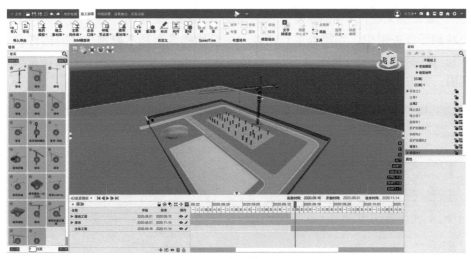

图 2.4.43　创建主体工程任务组

Step 02　在主体工程任务组上通过编辑添加子任务组,修改子任务组名称为"首层柱、二层梁板"。修改子任务组的开始和结束时间,子任务组的名称与时间参数参照表 2.4.1 进度计划简表中的相关内容设置。选择右侧【场景结构】中的二层梁板以及首层楼梯等其他主体结构相关的构件,统一修改名称为"××层××"。当同一子任务组中同类型构件数≥2时，构件名称末尾统一后缀"1、2、3……"。将二层梁板和首层楼梯与子任务组关联，均添加生长动画，梁板生长动画帧属性设置为"从左至右"；楼梯生长动画帧属性设置为"由前至后"，并勾选反方向开关，如图2.4.44所示。

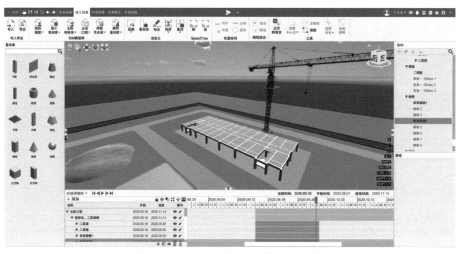

图 2.4.44 二层梁板、楼梯进度关联

Step 03 在主体工程中新建子任务组，设置开始和结束时间，修改子任务组名称为"二层柱、三层梁板"，关联二层柱、三层梁板和楼梯到该任务组中，均添加生长动画；柱的生长方式为"由下至上"，梁板的生长方式为"从左至右"，楼梯生长方式为"由前至后"，楼梯生长方式需勾选反方向开关。

Step 04 在主体工程任务组下新建2个子任务组，分别为"三层柱、四层梁板"和"四层柱、屋顶层梁板"，分别设置子任务组的开始和结束时间；将【场景结构】中对应构件关联到子任务组中，均添加生长动画。生长动画修改基本原则：竖向构件设置"由上至下"，横向构件设置"从左至右"，楼梯等特殊构件"由前至后"，且需注意反方向开关的使用，如图2.4.45所示。

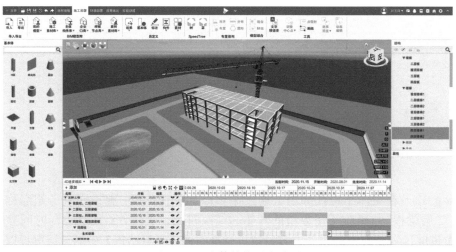

图 2.4.45 主体结构进度关联

Step 05　在左侧模型面板里搜索"混凝土罐车"，选择带自定义动画的罐车下载并拖拽到预览视口中，调整位置、角度和大小使其合适。添加新的任务组，修改名称为"泵车"，设置开始时间为垫层施工开始时间，结束时间为主体结构施工结束时间。将混凝土罐车关联到任务组中，添加位移动画、旋转动画，如图 2.4.46 所示。

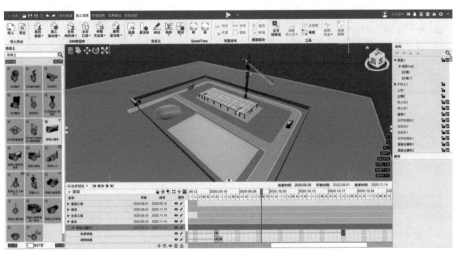

图 2.4.46　创建混凝土罐车动画

（8）完成阶段

Step 01　添加新的任务组，修改任务组的名称为"相机"。修改相机任务组的开始时间为项目开始时间，结束时间为项目结束时间；选择右侧【场景结构】中的主摄像机，关联到相机任务组中，选中主摄像机添加相机动画，创建不同的视口位置，在导出视频时能够展示整个建造过程，如图 2.4.47 所示。

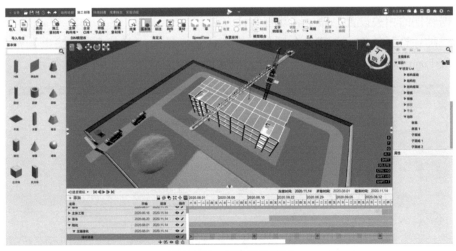

图 2.4.47　创建相机动画

Step 02　在标题栏中将【编辑器播放】修改为"播放器播放"。点击播放，在播放时修改设置，将【显示设置】中的"显示 4D 时间轴""显示进度""显示构件名称"全部勾选；选择标题栏中的【成果输出】输出视频，如图 2.4.48 所示。

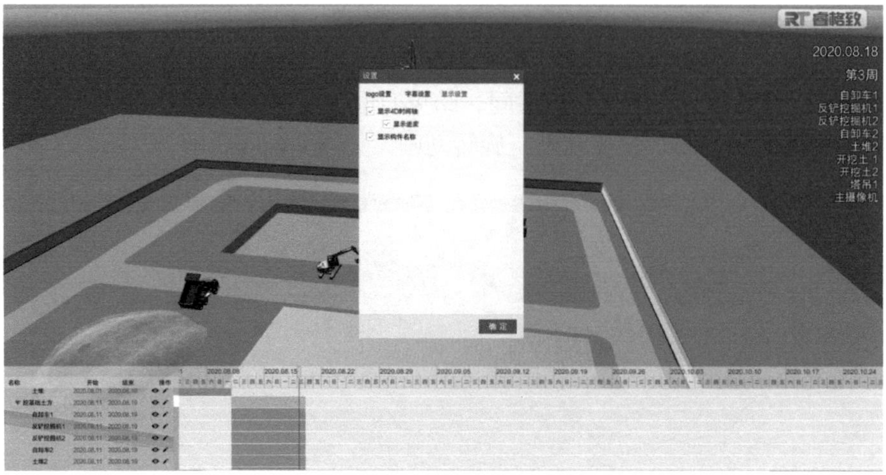

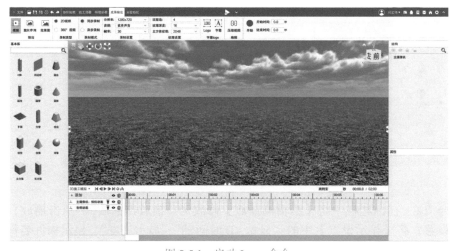

图 2.4.48　成果输出设置

2.5　成果输出

二维码

Logo 和字幕设置

2.5.1　Logo 和字幕设置

Logo 能够更好地将品牌宣传出去，尤其是创新生动的标志能够增强企业文化价值，有助于提升企业的品牌形象，表达艺术的内涵元素，增强更大的宣传能力和渲染能力。在渲染图片和输出照片时，可以保留制作者的一些相关信息。

字幕可以在当前输出相关视频时，设置当前的解说文字，可以实现视频动画和文字字幕的意义对应。

1. 命令启动

根据软件的相关设置，命令启动有两种方法。

第一种：打开软件，新建一个场景，进入任意场景中，点击【成果输出】界面按钮，找到对应 Logo 和字幕的相关命令，即可完成软件命令的启动，如图 2.5.1 所示。

图 2.5.1　启动 Logo 命令

第二种：打开软件，新建一个场景，进入任意场景中，切换当前模式为"播放器模式"，对当前动画进行播放，在播放的同时对当前视频进行暂停，在右下角找到"设置"命令，即可弹出 Logo 和字幕的设置界面，如图 2.5.2、图 2.5.3 所示。

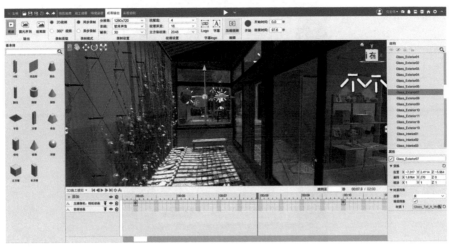

图 2.5.2　播放器模式界面

2. logo 的使用流程

Step 01　当命令启动完成后，选择"替换图片"，浏览到想要替换文件的路径下，找到替换的图片，点击确定即可完成当前 Logo 的替换。

提示：在替换 Logo 图片时，图片格式必须为 .png 格式，宽度小于 324 像素，高度小于 126 像素，logo 图片的大小不能超过 1M。

Step 02　Logo 替换完成后，可以根据需要设定输出 Logo 所显示的位置，软件中提供了四种 Logo 所在位置的设定，分别为"左上角""右上角""左下角"和"右下角"四个位置。若当前输出不显示 Logo，可以对当前所显示的 Logo 进行隐藏，如图 2.5.3 所示。

图 2.5.3　Logo 添加位置

3. 字幕的使用流程

Step 01　在"设置"中切换命令为"字幕"，如图 2.5.4 所示。

图 2.5.4　字幕设置

Step 02　命令弹出后，可以对当前"字体样式""字体对齐方式""字体字号""字体样式"等相关内容进行修改。

Step 03　"字体示例"根据输出的相关内容进行匹配即可。

Step 04　字体输入完成后，可以调整当前字幕所在的位置，依据"滚动条居左，字幕在下；滚动条居右，字幕在上"的原则进行布置即可。

Step 05　最后，根据实际工程需要和输出的相关要求，可以对当前字幕进行隐藏。

2.5.2　效果图输出

在整个项目的全寿命周期内，将设计内容在电脑上通过色彩渲染出接近实际工程的效果图，可以更直观地了解平面图、立面图和三维图等。

Step 01　打开软件，选择样例场景中某制冷机房项目漫游项目打开。

Step 02　进入场景中，点击【成果输出】按钮，选择"输出"面板中"效果图"命令，如图 2.5.5 所示。

Step 03　选择录制类型。软件中设置的录制类型分为"2D 视频"和"360° 视频"。二者的主要区别在于：使用"2D 视频"输出的效果图是以预览窗口作为当前相机角度进行渲染图的输出并保存到指定位置上；通过"360° 视频"输出的图片是以相机位置环拍 360° 得到的效果图并保存到相关位置上，如图 2.5.5 所示。根据实际情况选择输出效果图的设定即可。

Step 04　设置分辨率。录制类型设定后，选择录制时设定的分辨率。分辨率数值越大，渲染出的照片越清晰，软件中提供三种常用的分辨率，根据实际情况选择即可，如图 2.5.6 所示。

图 2.5.5 2D 视频 /360° 视频切换

图 2.5.6 分辨率的设定

Step 05 设置抗锯齿。"抗锯齿"命令是在渲染时将物体边缘呈现的三角形锯齿进行平滑处理,使图像边缘看起来更光滑,提高渲染的精度。软件中预设 1、2、4、8 四个数值作为抗锯齿数值的修改,根据实际情况选择即可,如图 2.5.7 所示。

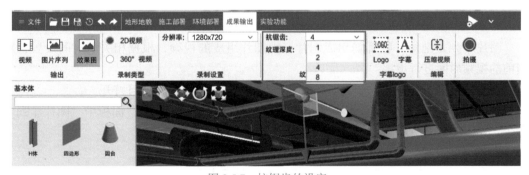

图 2.5.7 抗锯齿的设定

Step 06 纹理深度的设置。纹理深度是指把纹理按照特定的方式映射到物体表面上时,看到的物体能够更加的真实。软件中预设 2 个数据,根据实际渲染的效果输出即可,如图 2.5.8 所示。

Step 07 效果图相关设置完成后,选择右侧的"拍摄"按钮,将当前图片保存到相关位置即可完成效果图的制作,如图 2.5.9 所示。

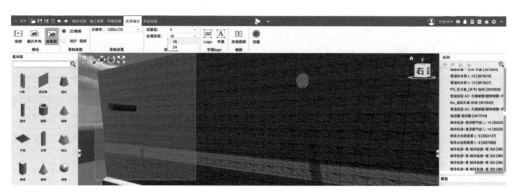

图 2.5.8 纹理深度的设定

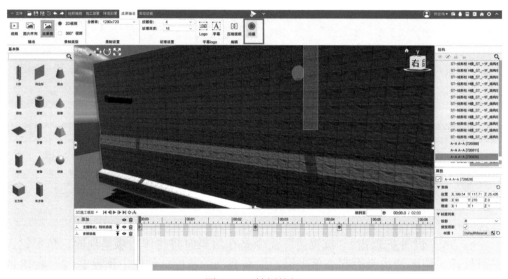

图 2.5.9 拍摄按钮

2.5.3 图片序列输出

图片序列是把每一帧都输出成图片，由图片组成的视频，根据相关的时间设置，对当前的视频时间进行设定。

Step 01 打开软件，选择样例场景中某制冷机房项目漫游项目打开。

Step 02 进入场景中，点击【成果输出】按钮，选择"输出"面板中"图片序列"命令，如图 2.5.10 所示。

Step 03 选择录制类型。同效果图输出 Step 03。

Step 04 设定录制模式。软件中提供的录制模式分为两种，一种为"同步录制"模式，另一种为"异步录制"模式；两者的关键区别在于：前者输出后的视频有声音，后者输出后的视频没有声音，如图 2.5.11 所示。

Step 05 设置分辨率和帧率。录制模式设定后，选择录制时设定的分辨率。分辨率数值越大，渲染出的照片越清晰，软件中提供三种常用的分辨率，根据实际情况选择即可，如图 2.5.12 所示。

Step 06 设置抗锯齿。同效果图输出 Step 05。

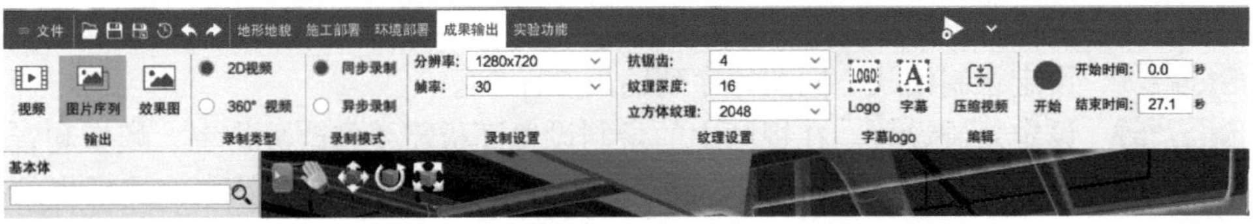

图 2.5.10 图片序列命令

图 2.5.11 录制模式设置

图 2.5.12 分辨率和帧率设置

Step 07 纹理深度和立方体纹理设置。纹理深度是指把纹理按照特定的方式映射到物体表面时，看到的物体能够更加的真实。立方体纹理设置可以让整个模型在任意角度显示的更真实。纹理深度在软件中预设 2 个数据，立方体纹理在软件中设置了 4 个数据，根据实际渲染的效果输出即可，如图 2.5.13 所示。

图 2.5.13 纹理深度和立方体纹理设置

Step 08 图片序列相关设置完成后，选择右侧的"拍摄"按钮，将当前图片保存到相关位置即可完成图片序列的制作。

2.5.4 视频输出

视频输出可以将想要输出的视频以 .mp4 格式的文件进行输出并保存。

Step 01 打开软件，选择样例场景中某制冷机房项目漫游项目打开。

Step 02 进入场景中，点击【成果输出】按钮，选择"输出"面板中"视频"命令。

Step 03 选择录制类型。软件中设置的录制类型分为"2D 视频"和"360° 视频"。二者的主要区别在于：使用"2D 视频"输出后的视频仅为 .mp4 格式文件的视频；通过"360° 视频"输出的视频，后期可以在 VR 中进行展示并保存到相关位置上。根据实际情况选择输出视频的设定即可。

Step 04 设定录制模式。同图片序列输出 Step 04。

Step 05 设定录制设置。在视频中的录制设置面板需要修改分辨率、帧率和音频三项内容。录制模式设定后，选择录制时设定的分辨率，分辨率数值越大，渲染出的视频越清晰。软件中提供三种常用的分辨率，根据实际情况选择即可。

根据录制的相关内容选择输出的视频是否有声音，软件中设定"软件声音"和"无"两个选项供选择，如图 2.5.14 所示。

图 2.5.14　录制设置

Step 06 设置抗锯齿。同效果图输出 Step 05。

Step 07 纹理深度和立方体纹理设置。同图片序列输出 Step 07。

Step 08 视频效果相关设置完成后，选择右侧的"拍摄"按钮，将当前视频保存到相关位置即可完成视频的制作。

2.6　操作技巧

2.6.1　快捷键

操作快捷键如表 2.6.1 所示。

操作快捷键　　　　　　　　　　　　　　　　　　　　表 2.6.1

快捷键	说明
Ctrl + O	打开
Ctrl + N	新建
Ctrl + S	保存
Ctrl + Shift + S	另存为
Ctrl +鼠标左键点击 / 拖动	删除地形地貌下全部类型的草（树）
Shift +鼠标左键点击 / 拖动	删除地形地貌下当前类型的草（树）施工部署中为面吸附功能
Alt + F4	强制退出
Ctrl + Z	撤销
Ctrl + Y	恢复
Ctrl + H	最近文件
Ctrl + C	复制
Ctrl + V	粘贴
Delete	删除

快捷键	说明
鼠标右键＋WASD	漫游场景调整镜头（相机动画）
F10	开始录像
F11	停止录像
Alt＋回车	全屏
F	定位视角到鼠标位置（选中物体时视角定位到物体）
G	模型下落至地面
Ctrl＋G	相对落地
Alt键＋鼠标拖曳物体	移动模型并留下一个副本在原地
Shift＋鼠标点击首末素材	结构列表中连续选中模型
Ctrl＋鼠标点击多个素材	场景或结构列表中多选物体
B	布置
X	使模型以自身X轴正向旋转90°
Y	使模型以自身Y轴正向旋转90°
Z	使模型以自身Z轴正向旋转90°

2.6.2 快速复制

1. 原地复制

快捷键【Ctrl】＋【C】复制后，点击几次【Ctrl】＋【V】粘贴命令，模型在原地就被复制出几份，在右侧场景结构列表中将会出现同样数量模型的名称。此时，选中列表中的所有模型，可以使用菜单栏中"布置排列"的相关命令，选择合适的排布方向、数量，对原地复制出的模型进行分布，如图2.6.1所示。

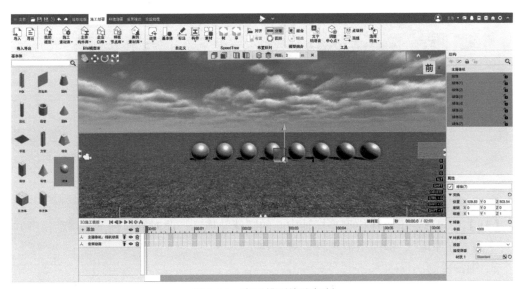

图 2.6.1　布置排列快速复制

在进行布置排列等相关操作前，应先确定哪几个模型需要执行排布命令。鼠标左键点击第一个模型名称后，【Shift】＋鼠标左键点击该列最后一个模型名称，可实现选中连续一列模型名称的效果；鼠标左键点击一个模型名称后，【Ctrl】＋鼠标左键点击需要选中的模型名称，可实现选中多个模型的效果（图 2.6.2、图 2.6.3）。

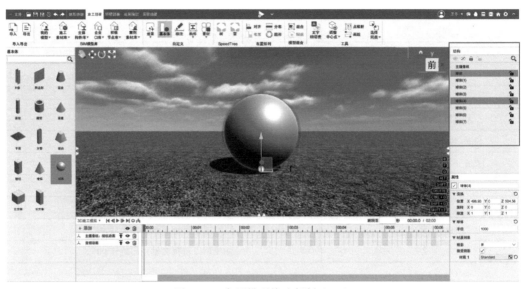

图 2.6.2 布置排列快速复制（一）

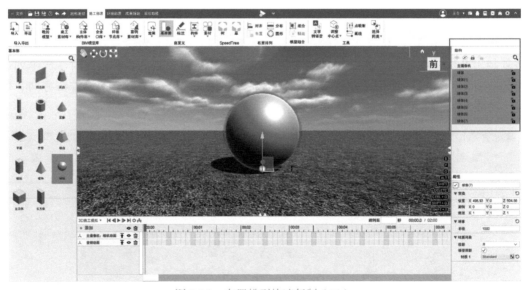

图 2.6.3 布置排列快速复制（二）

2. 拖拽复制

【Alt】＋鼠标左键点住模型坐标轴中心的圆球并拖动，此时视口提示"移动模型并留下一个副本在原地"，即模型被复制（图 2.6.4）。

3. 组合复制

先使用原地复制的方法，快速复制出多份模型。在右侧场景结构列表中选中多个模型名称，使用菜单栏中的"模型组合"命令，将多个模型结组。在右侧场景结构列表中选中结组的模型，再次使用原地复制方法，复制出多个模型组。此时，在右侧场景结构列表中选中多个模型组名称，使用菜单栏中的"模型组合"命令，将多个模型组再次结组。此种方法能够减少对单个模型的复制操作，从而更加快速地复制出多个模型，如图 2.6.5～图 2.6.7 所示。

图 2.6.4 拖拽复制

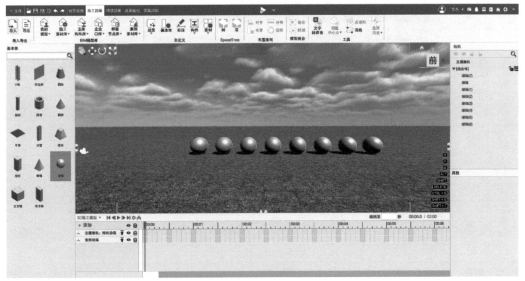

图 2.6.5 组合复制（一）

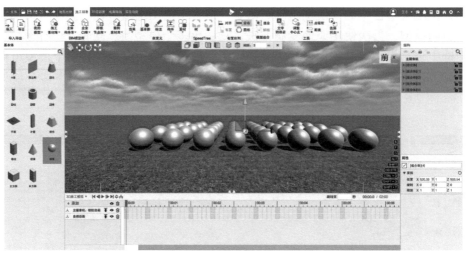

图 2.6.6 组合复制（二）

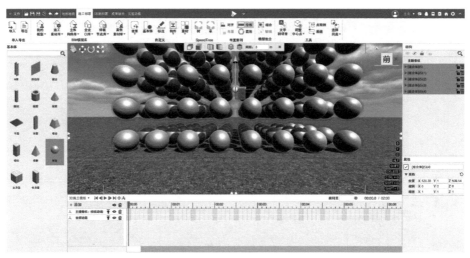

图 2.6.7 组合复制（三）

第 3 章　施工模拟在建筑工程中的应用

📏 知识目标

（1）了解现浇混凝土结构、装配式混凝土结构、装配式钢结构的施工方法及工艺流程。

（2）熟悉用 BIM-FILM 软件制作施工模拟动画的步骤。

（3）掌握混凝土结构、装配式结构施工模拟的基本操作。

📏 能力目标

（1）能够根据施工工艺流程制作施工动画脚本。

（2）能够根据脚本熟练调用 BIM-FILM 软件的常用命令。

（3）能够完成钢筋绑扎、模板安装、混凝土浇筑、预制墙板吊装、叠合板吊装、钢结构柱梁吊装的施工动画模拟。

3.1　建筑工程施工与模拟应用概述

3.1.1　建筑工程施工概述

建筑工程是指通过对各类房屋建筑及其附属设施的建造和与其配套的线路、管道、设备的安装活动所形成的工程实体。房屋建筑包括厂房、剧院、旅馆、商店、学校、医院和住宅等；附属设施是指与房屋建筑配套的水塔、水池等；线路、管道、设备的安装是指与房屋建筑及其附属设施相配套的电气、给水排水、通信、电梯等线路、管道、设备的安装活动。房屋建筑是建筑工程中所占工程量最大的部分，一栋建筑要经过土方工程施工、地基与基础工程施工、主体结构施工、防水工程施工、装饰装修工程施工才能拔地而起。其中主体结构施工方法较多，包括现浇混凝土结构施工、砌体结构工程施工、钢结构工程施工、装配式混凝土结构施工、钢 - 混凝土组合结构施工等。本节仅从现浇混凝土结构施工、装配式混凝土结构施工、钢结构施工三个方面阐述建筑工程施工模拟应用。

1. 现浇混凝土结构施工技术

现浇混凝土结构是指用水泥、砂、石以及水作为主要材料与其他辅料制成的以混凝土为主的建筑工程结构，主要有素混凝土结构、钢筋混凝土结构和预应力混凝土结构三种类型。素混凝土结构是指无筋或不配置受力钢筋的混凝土结构；钢筋混凝土结构是指配有钢筋增强的混凝土制成的结构；预应力混凝土结构是指通过张拉钢筋的方法预先在受拉区施加压应力的结构，包括先张法和后张法两种施工工艺。钢筋混凝土结构施工主要分为四个步骤：安装模板与支撑体系、绑扎钢筋、浇筑混凝土并养护、拆除模板。本章案例 1 主要讲述了现浇混凝土结构钢筋、模板、混凝土施工模拟。

2. 装配式混凝土结构施工技术

装配式混凝土结构是指以工厂化生产的钢筋混凝土预制构件为主，通过现场装配的方式设计建造的混凝土结构。按照预制构件的预制部位不同，可以将其分为全预制装配式混凝土结构和预制装配整体式混凝土结构。全预制装配式结构施工是指所有结构构件均在工厂内生产，运至现场进行装配。装配整体式结构施工是指部分结构构件在工厂内生产，如：预制外墙、预制内隔墙、半预制阳台、半预制楼梯等，预制构件运至现场后通过可靠的方式进行连接并与现场后浇混凝土、水泥基灌浆料形成整体的装配式混凝土结构。构件装配方法一般有现场后浇叠合层混凝土、钢筋锚固后浇混凝土连接等，依靠节点和拼缝将结构连接成整体并同时满足使用阶段和施工阶段的承载力、稳固性、刚性、延性要求。节点及接缝处的纵向钢筋连接宜根据接头受力、施工工艺等要求选用机械连接、套筒灌浆连接、浆锚搭接连接、焊接连接、绑扎搭接连接等连接方式。本章案例 2 主要讲述了预制外墙、预制内墙、预制叠合板吊装的施工模拟。

3. 钢结构工程施工技术

钢结构工程是把钢板、圆钢、钢管、钢索及各种型钢等加工、连接、安装组成的能承受和传递荷载的工程结构，因其重量较轻、施工方便的特点被广泛用于大型厂房、场馆、多层及高层住宅中。大型场馆的钢网架安装可以采用高空散装法、分条或分块安装法、滑移法、整体吊装法、整体提升法、整体顶升法。厂房、住宅中的钢柱、钢梁、钢屋架等的连接，既可以采用焊接连接、普通螺栓连接、高强螺栓连接和铆接连接，也可以采用高强度螺栓和焊接并用的连接方式。焊接连接和螺栓连接是目前钢结构最主要的连接方法，本章案例 3 主要讲述了装配式钢结构住宅钢柱、钢梁吊装的施工模拟。

3.1.2　建筑工程施工模拟应用概述

随着时代的进步，建筑物正朝着超高、大跨、高强度的方向发展，相应的施工技术也越来越复杂。传统的二维图纸、施工方案、标准规范很难把这些复杂的内容呈现在施工人员的脑海里，这给施工人员和管理人员带来了很大的挑战。现代信息技术应用于建筑工程可以使施工过程形象化，进而达到高效施工、精准施工、安全施工的效果。因此在施工管理的过程中运用先进的建筑信息模型技术成了一个研究方向。

建筑工程施工模拟时，首先根据二维图纸建立结构构件的模型，如梁、板、柱、基础、墙体等，然后根据施工方案选择合适的施工机械和设备，如塔式起重机、混凝土泵送车等，最后根据标准规范确定的施工流程将项目的施工过程生动形象地展现出来，采用视频动画可以有效指导施工顺序、机械的使用方法、安全技术要点等，对施工人员进行可视化交底。同时可以根据施工模拟情况有效控制进度，提高工作效率，避免交叉作业过程中产生的冲突，便于合理安排人力、物力及材料分配，达到省时节资的作用，保证整个建筑工程能够顺利安全的建设完成。

3.2 现浇混凝土框架结构施工模拟

3.2.1 现浇混凝土结构工程施工概述

1. 项目介绍

某项目部将进行某现浇混凝土框架结构施工，为了保证施工安全质量，更好地指导工人施工，决定采用样板间进行可视化交底说明施工流程。作为负责现浇混凝土结构施工的一名技术员，请识读混凝土结构施工图，并查阅现行国家标准《混凝土结构工程施工规范》GB 50666 等资料，利用 BIM-FILM 软件为该现浇混凝土框架结构工程施工量身制作施工动画，为完成可视化交底做好准备。

为完成样板间混凝土结构施工动画，首先需要了解和掌握一般混凝土结构的施工方法，查阅现行国家标准《混凝土结构工程施工规范》GB 50666 等相关设计和施工规范，参考施工技术交底文件，编写施工动画脚本。然后再根据脚本，利用 BIM-FILM 软件制作施工动画。

2. 现浇混凝土结构工程施工要点

（1）施工顺序

框架结构柱梁板的施工流程，根据情况大致分为两种。一种是先浇筑柱混凝土，再浇筑梁板混凝土，施工流程为：柱筋绑扎→支柱模板→浇筑柱混凝土→支梁板模板→绑扎梁板钢筋→浇筑梁板混凝土→养护后分阶段拆除模板。另一种是整体浇筑混凝土，施工流程为：柱筋绑扎→支柱模板→支梁板模板→绑扎梁板钢筋→浇筑柱梁板混凝土→养护后分阶段拆除模板。本案例采用第一种方案。

（2）现浇框架结构钢筋工程施工

钢筋绑扎前先认真熟悉图纸，检查配料表与图纸设计是否有出入，仔细检查成品尺寸、形状是否与下料表相符，核对无误后方可进行绑扎。采用 20 号钢丝绑扎直径 12 及以上的钢筋，22 号钢丝绑扎直径 10 及以下的钢筋。

① 柱：

竖向钢筋的弯钩应朝向柱心，角部钢筋的弯钩平面与模板面夹角，对矩形柱应为 45°，截面小的柱采用插入式振捣器时，弯钩和模板所成的角度不小于 15°。

箍筋的接头应交错排列垂直放置；箍筋转角与竖向钢筋交叉点均应绑扎牢固。绑扎箍筋时，铁线要相互成八字形绑扎。

柱筋绑扎时应吊线控制垂直度，并严格控制主筋间距。箍筋及柱立筋应满扎。

下层柱的竖向钢筋露出楼面部分，宜用工具或柱箍筋将其收拢，以利于上层柱钢筋搭接，并与上层梁板筋焊接。当上下层柱截面有变化时，其下层柱钢筋的露出部分必须在绑扎梁钢筋前，先行收分准确。

② 梁与板：

纵向受力钢筋出现双层或多层排列时，两排钢筋之间应垫以直径 25mm 的短钢筋，如纵向钢筋直径大于 25mm 时，短钢筋直径规格与纵向钢筋相同规格。

箍筋接头应交错设置，并与两根架立筋绑扎，悬挑梁的箍筋接头在下，其余做法与柱相同。

二维码

现浇混凝土楼板

　　板的钢筋网绑扎时，相交点每点均应绑扎，注意板上部的负筋要防止被踩坍；特别是雨篷、挑檐、阳台、窗台等悬臂板，要严格控制负筋位置，在板根部与端部必须加设马凳筋，确保负筋的有效高度。

　　板、次梁与主梁交叉处，板的钢筋在上，次梁的钢筋在中层，主梁的钢筋在下。当有圈梁时，主梁钢筋在上。框架梁节点处钢筋十分密集时，应注意梁顶面主筋间的净间距要留有 30mm，以满足浇筑混凝土的需要。板筋绑扎前须先按设计图要求间距弹线，按线绑扎，控制质量。

　　为了保证钢筋位置的正确，根据设计要求，板筋采用马凳筋（纵横间距600）进行支撑。

　　为了保证钢筋位置的正确和梁主筋的有效受力范围，主次梁采取用直径 20mm 钢筋支撑顶排钢筋的方法，每跨设置 3 根。

　　（3）现浇框架结构模板工程施工

　　模板及其支架必须有足够的强度、刚度和稳定性。模板支撑系统要经过计算，确定支架的间距。使用前应检查模板质量，不符合质量的模板不得投入使用。模板安装必须在楼层放线、验线后进行。放线时要弹出中心线、边线、支模控制线。

　　柱模板安装时要控制好根部的固定，要用钢筋拉杆固定模板；柱上部模板安装时采用木斜撑的方法。凡是中心柱，每边设 2 根斜撑，每柱 8 根斜撑。凡是边柱，当一侧不能布置斜撑时，应在内侧加水平拉杆两道。所有拉杆和斜撑应与内满堂架连成整体。

　　柱支模前，必须校正钢筋位置，柱模板上口要安装钢筋定位套，保证柱主筋和保护层厚度。模板接缝宽度不大于 1.5mm，且用 20mm×10mm 海绵条粘贴，防止拼缝漏浆。板的跨度等于或大于 4m 时，模板要起拱，起拱高度为跨度的 1/1000～3/1000。

　　混凝土侧模，在混凝土强度能保证其表面及棱角不因拆除模板而受损坏后，方可拆除。

　　每个部位的模板安装完毕后，需经施工技术员、质检员和安全员全面检查验收并签字后方可进入下一道工序的施工，以保证模板的平直度、垂直度、截面尺寸及支撑体系的安全牢固。模板安装的允许偏差见表 3.2.1。

模板安装的允许偏差

表 3.2.1

项次	项　　目		允许偏差值（mm）	检查方法
1	轴线位移		5	钢尺检查
2	底模上表面标高		±5	水准仪或拉线尺量
3	截面内部尺寸	基础	±10	钢尺检查
		柱、墙、梁	+4，−5	钢尺检查
4	层高垂直度		6	经纬仪或吊线钢尺检查
5	相邻两板表面高低差		2	钢尺检查
6	表面平整度		2	2m 靠尺、楔形塞尺

　　（4）现浇框架结构混凝土施工

　　①混凝土浇筑：

　　柱混凝土浇筑时，应在柱头和墙上搭设下料平台，混凝土先放在平台上，再由人工用铁锹铲混凝土入模，并做到分层下料、分层振捣。混凝土浇筑前，柱和墙根部先浇筑 30～50cm 厚与混凝土同等级的水泥砂浆。

梁板混凝土浇筑应连续进行，并在上一层混凝土凝固前将后层混凝土浇筑完毕。对卫生间和屋面混凝土浇筑更要高度重视，确保混凝土的密实度且无施工缝出现，确保混凝土质量，严防漏水。

施工缝位置的留设应预先确定，留设在结构剪力较小且便于施工的部位，同时应征得技术负责人及监理单位的同意。对施工缝的处理时间不能过早，以免使已凝固的混凝土受到振动而破坏，混凝土强度应不小于 1.2MPa 时方可进行。

施工缝处理方法为：清除表层的水泥薄膜和松动石子或软弱混凝土层，然后用水冲洗干净，并保持充分湿润但不能残存有积水。在浇筑前，施工缝先铺一层水泥浆或者与混凝土成分相同的水泥砂浆。

施工缝处的混凝土应振捣密实，使新旧混凝土结合紧密。

② 混凝土振捣

采用平板振捣器（用于板）和插入式振捣器（用于柱、梁）。插入式振捣器分为斜插和直插两种方法，做到快插慢拔。插点采用"行列式"或"交错式"，间距不应大于振动半径的 1.5 倍，不能碰撞钢筋和预埋件。振动时间为 20～30s，以混凝土表面呈水平不显著下沉、不出气泡、表面泛灰浆为捣实。

③ 混凝土养护

混凝土养护在自然条件下，混凝土浇筑完 10～20h（高温天气 8～9h）内应及时浇水养护，养护时间不少于 7 昼夜，前 3 天在无积水情况下白天每隔 2 小时浇水一次，夜间至少两次，3 天后适当减少，对卫生间和屋面混凝土应覆盖浇水养护不少于 14 天，同时做好养护记录。各楼层养护的主水管采用 DN48×3.5mm 钢管用逐级加压的方式将水送往各施工楼层，主管上到各楼层设阀门，水嘴用橡胶管接至养护部位。

3.2.2 现浇混凝土工程施工模拟

现浇钢筋混凝土工程施工模拟先根据施工工艺流程及其质量安全控制要点，编写施工动画脚本，然后根据脚本通过 BIM-FILM 软件制作施工模拟动画。

1. 编写施工动画脚本

查阅资料，整理出施工工艺流程及其质量安全控制要点（表 3.2.2），编写施工动画脚本，为制作施工动画做好准备。

施工质量控制要点　　　　　　　　　　表 3.2.2

序号	施工工艺流程	查阅规范等资料，查找质量控制要点
1	测量放线	柱位置弹线
2	安装柱钢筋	（1）钢筋连接（电渣压力焊）；（2）绑扎垫块；（3）箍筋加密
3	柱模板安装	模板垂直校正
4	柱混凝土浇筑	（1）底部细石混凝土；（2）分层振捣
5	梁板模板安装	（1）模板支架放置；（2）模板加固
6	梁板钢筋绑扎	（1）钢筋绑扎点要求；（2）受力筋、分布筋；（3）梁加密区示意
7	梁板混凝土浇筑	振捣棒和平板振动器
8	拆模及养护	（1）养护时间；（2）养护方法；（3）拆除程序

综合上述质控要点，按照施工工艺流程，编写施工动画脚本：

（1）测量放线

在混凝土强度达到 2.5MPa 后，由测量人员进行测量放线，主要是轴线和柱边缘线。

（2）安装柱钢筋

柱竖向钢筋的连接方法，在南方主要使用电渣压力焊，在北方主要采用机械连接，本案例采用焊接。注意同一截面内柱钢筋接头面积百分率不超过 50%。

柱加密区长度应取柱截面长边尺寸（或圆形截面直径）、柱净高的 1/6 和 500mm 中的最大值。但最底层（一层）柱子的根部应取不小于 1/3 的该层柱净高。当有刚性地面时，除柱端箍筋加密区外还应在刚性地面上、下各 500mm 的高度范围内加密。

（3）柱模板安装

柱模板采用常见的木模板，在合模前应将柱底部混凝土表面进行清理，对钢筋进行隐蔽验收，柱箍间距根据施工图纸和标准规范确定。模板安装完成，需要进行模板检查，可挂线检查其垂直度、平整度、支撑体系强度等。

（4）柱混凝土浇筑

混凝土采用商品混凝土，搅拌站集中拌和，混凝土罐车运输，插入式振捣器振捣。

混凝土浇筑到梁底面。如果梁负弯矩筋下弯的长度不超过梁高的话，施工缝留置在梁下最好。如果梁负弯矩筋下弯的长度超过梁高的话，施工缝留置要保证负筋的锚固长度。

（5）梁板模板安装

搭设临时钢管脚手架以保证施工人员安装模板及混凝土浇筑的需要。支架搭设符合《建筑施工扣件式钢管脚手架安全技术规范》JGJ 130—2011 等行业标准的规定。梁跨度超过 8m 时，要注意起拱，起拱高度为 1‰～3‰。

（6）梁板钢筋安装

梁箍筋加密区要求：抗震等级为一级时，加密区长度为 2 倍的梁高和 500mm 取大值，抗震等级为二～四级时，加密区长度为 1.5 倍的梁高和 500mm 取大值。

板、次梁与主梁交叉处，板的钢筋在上，次梁的钢筋在中层，主梁的钢筋在下。

（7）梁板混凝土浇筑

混凝土采用商品混凝土，搅拌站集中拌和，混凝土罐车运输，吊车吊斗辅以串筒入模、分层浇筑，筒口距混凝土浇筑面竖向不大于 2m，插入式振捣器振捣。

楼板先用插入式振捣器振捣后，再用平板振动器振捣，最后用木刮尺刮平。浇完后 2～3h 用木抹子将混凝土表面反复压两遍、收光，使混凝土表面密实、平整。

混凝土振捣时，振动棒交错有序，快插慢拔，不漏振，也不过振，振动时间控制在 20～30s。振捣时间以表面混凝土不再显著下沉、不再出现气泡、表面泛起灰浆为准。

（8）拆模与养护

对于模板的拆除，原则是先拆侧模后拆底模；对模板支撑系统的拆除，是先支后拆、后支先拆。侧模板拆模时间，只要拆除时混凝土的强度能保证其表面、棱角不因拆模受损即可。对于承重模板即底模板，则需要根据构件的类型、跨度和达到的强度等因素综合决定。

混凝土结构浇筑完毕，柱梁的侧梁可以先拆，梁板的底模达到规定强度后可以拆除。

2. 制作现浇混凝土结构样板间施工动画

准备工作：模型制作。虽然 BIM-FILM 中也有建模功能，但是使用 Revit 可以更加方便地进行土建建模并导入 BIM-FILM 中，但是钢筋不易导入，因此导入土建模型后，钢筋需要在 BIM-FILM 中制作。在 Revit 中模型制作完成后，导出 fbx 格式的土建模型文件。

按照脚本的八个步骤，在 BIM-FILM 软件中逐一实现八个场景的动画模拟。

（1）第一场景：测量放样

Step 01 打开软件，在软件界面选择新建一个【草地】地形，导入由 Revit 导出的 fbx 格式的土建模型。然后根据施工图纸进行钢筋布置，由于钢筋在混凝土内部，因此需要经常切换混凝土构件的可见性，以便观察钢筋的位置是否布置正确。

Step 02 在"施工部署"→"自定义"→"素材"→"人才机具"→"钢筋"中选择合适的形状加入模型中，将同类钢筋的第一根钢筋放在合适的位置，根据需要复制相应的数量，再采用"施工部署"→"布置排列"→"分布功能"，进行批量钢筋布置。要注意尽量与设计和施工的意图接近，比如箍筋加密区设置、柱竖向受力筋在各层断开处不宜在同一截面等，以便在后续的动画展示时避免误导。

现浇混凝土结构中，钢筋的制作和布置工作量较大，要注意及时将同类钢筋组合为构件组并进行命名。组合原则是，如果某些钢筋在动画中同时参与某个动画，则将其组合为一个构件组。多个构件还可以再组合为一个更大的构件组。构件组命名的原则最好是以其所在位置为名，比如"1号柱底部加密区箍筋""左侧梁下部钢筋"等，以便于利用查找功能快速找到所需要的钢筋组。其他构件也采用类似的命名。钢筋位置和数量准确后，可以进行锁定，以防无意间被挪动。

构件布置完成后，在动画开始制作前，需要将所有在初始画面中不出现的钢筋和混凝土构件添加"显隐动画"，设置为隐藏状态。注意若一个大的构件组中有若干个小构件组，并且若干个小构件组还有独立动画的话，则按小构件组分别进行添加"显隐动画"。其他构件在创建时最好先将其添加"显隐动画"并定义为隐藏状态，待需要时再显示出来，选择合适的位置作为初始画面，如图 3.2.1 所示。

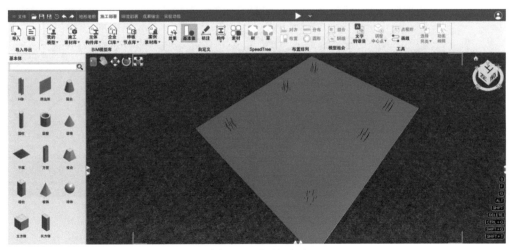

图 3.2.1　初始画面

Step 03 在左侧模型面板里搜索"测量员",找到合适的测量员和立杆员,点击下载后拖拽到预览视口中,调整位置、角度和大小使其合适,如图 3.2.2 所示。

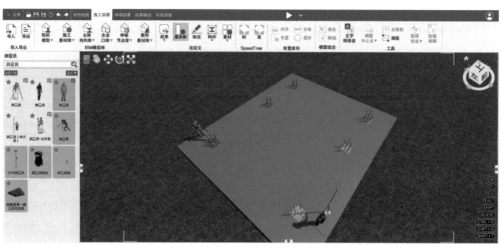

图 3.2.2 测量员和立杆员

Step 04 利用"施工部署"中"工具"的"画线"画出线条表示轴线和柱的边缘线。对于柱边缘线,可以将每个柱的 4 条边缘线进行组合,以便后续操作。先通过显隐动画隐藏轴线和柱边缘线,然后通过伸缩动画分别演示伸长的过程(注:剖切动画暂时无法用于画线工具绘制的线条),如图 3.2.3 所示。也可以用几何体(如圆柱、长方体等)做线条,将其调整为细长形体,颜色调整为黑色,效果相同且可做剖切动画。柱的边缘线可以仅表现一个柱的弹线过程,其他柱一起显示出来即可。可以配合墨斗、盒尺等工具表现得更加细致,如图 3.2.4 所示。

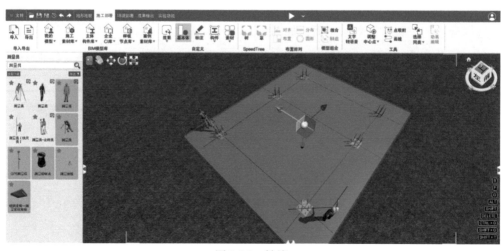

图 3.2.3 轴线

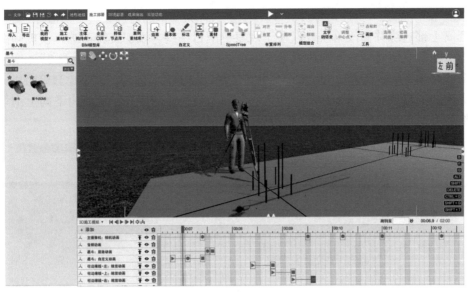

图 3.2.4　墨斗弹线

（2）第二场景：安装柱钢筋

Step 01　切换镜头到某一柱近景，将测量员通过"透明动画"快速隐藏，搜索"钢筋对焊夹具"，选择"钢筋对焊夹具 1"，调整其位置到某一钢筋旁边，将下部夹具部分对准钢筋后，开始"钢筋对焊夹具"自定义动画。首先将下横丝和下横丝调整，表现为夹紧下部钢筋。再将上部对应的一根钢筋用"位移动画"从上部移动到合适的位置，与其下部对应的当中正好对接，再通过自定义动画，将夹具的上横丝和上横丝也拧好。完成钢筋的固定动画，如图 3.2.5 所示。

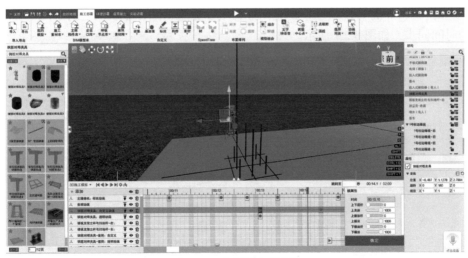

图 3.2.5　电焊压力焊安装

Step 02　加入"钢筋对焊夹具 3"，变更名称为"钢筋对焊夹具—套筒"，调整位置到上下部分结合处，调整镜头到其近处，通过"钢筋对焊夹具—套筒"的自定义动画，演示其合拢的过程。其后用透明动画将其半透明，以便于观察后面加入的药渣。

Step 03　加入"钢筋对焊夹具3",变更名称为"钢筋对焊夹具—药渣斗"。调整位置到套筒上部边缘并修改材质,以便于观察更醒目一些。添加旋转动画,模拟倾倒药渣的过程,注意要调整中心点到药渣斗的出口处。同时加入"钢筋对焊夹具3",变更名称为"钢筋对焊夹具—药渣",调整其大小和位置,位于套筒内部,大小比套筒略小,颜色调整为明显的金属色。添加药渣剖切动画,随着药渣斗的旋转,药渣由下向上剖切,模拟倾倒药渣到充满的过程,如图3.2.6所示。

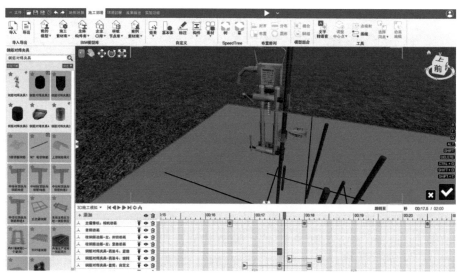

图 3.2.6　电焊压力焊加药渣

Step 04　将镜头稍微拉远以便观察整个夹具,将药渣斗隐藏,通过"钢筋对焊夹具—套筒"的自定义动画,将夹具的上下摇杆转动和上夹块下移少许。同时搜索"电焊",选择"电焊特效",将其位置调整到套筒处,增加显隐动画,显示保留的时间与夹具摇杆转动的时间同步,如图3.2.7所示。

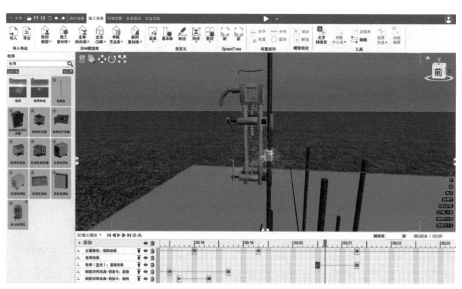

图 3.2.7　电焊压力焊焊接

Step 05　拉近镜头，将夹具、套筒、药渣用透明动画隐藏。搜索"电渣压力焊"，选择"电渣压力焊接头"，调整位置到上下钢筋交接处，调整大小与钢筋粗细使其适合，调整材质为略有光泽的金属，如图3.2.8所示。

图3.2.8　电焊压力焊接头

Step 06　拉远镜头，将此柱的其他钢筋用位移动画从上向下移动。再次搜索"电渣"，选择"电渣"效果（注意：金黄色的特效），将其位置调整到上下钢筋连接处，增加显隐动画，当上部钢筋与下部钢筋接近时，进行短时间的显示。再拉远镜头，将其他柱的钢筋也移动下来并显示电渣效果，以模拟其他钢筋的焊接情况，如图3.2.9所示。

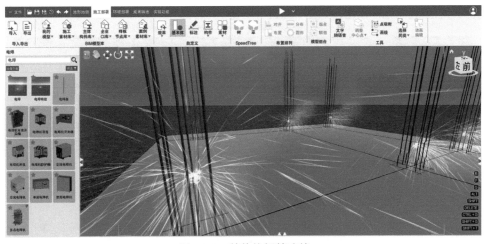

图3.2.9　其他柱钢筋连接

Step 07　拉近镜头到柱前，将编组的"柱下部加密区钢筋"组合，由下向上进行剖切动画，随后进行闪烁动画。在"施工部署"→"自定义"→"标注"中，选择模型文字，位置在柱旁边，修改名称为"柱下部箍筋加密区—模型文字"，调整旋转Z轴角度为

90°，使其垂直，再调整 Y 轴合适角度，使其面对镜头。调整缩放值到合适大小，使其高度与箍筋的加密区高度匹配，调整颜色使其更醒目一些，添加模型文字缩放动画，使文字比例由小到大变化。

　　拉近镜头到箍筋前，拖入"长度标注"，修改名称为"加密区箍筋间距标注"，调整旋转 Z 轴角度为 90°，再调整 Y 轴合适角度，使其面对镜头。文字属性改为"100"，调整端点大小，使其比较明显，调整缩放值并进行位移，使两端点位置对应两个箍筋的边缘，如图 3.2.10 所示。

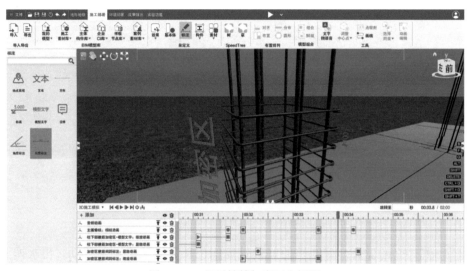

图 3.2.10　显示箍筋加密区和间距

Step 08　依次在柱中部将非加密区的箍筋、上部加密区的箍筋用剖切动画、闪烁动画进行展示，分别加入相应的模型文字"非加密区""加密区"，然后将模型文字进行隐藏并展示其他柱箍筋的绑扎，如图 3.2.11 所示。

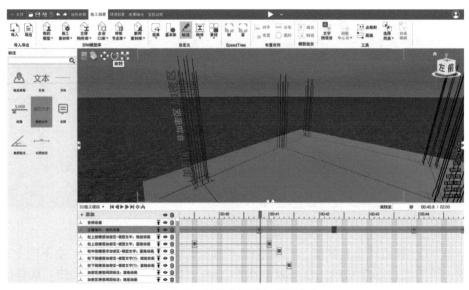

图 3.2.11　显示柱箍筋加密区分布

（3）第三场景：柱模板安装

Step 01 搜索"水管"，选择"水管"并调整合适位置。打开自定义动画，选择合适的自定义参数并勾选喷水特效，以模拟清理的效果，如图 3.2.12 所示。

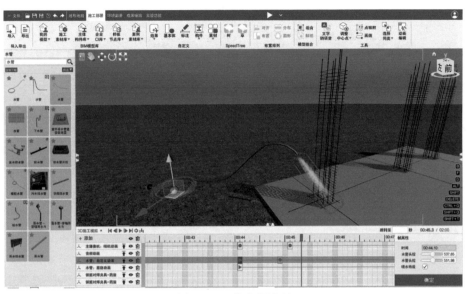

图 3.2.12 柱底部清理

Step 02 搜索"垫块"，选择"保护层垫块"，修改其颜色为塑料金黄色以显示醒目，调整到合适的位置后再复制出 3 块，修改 Y 轴角度，调整到柱其他三个面的合适位置；将 4 个垫块组合成一个垫块组，再将垫块组复制出合适数量，将各组分别调整到不同高度，最后将所有组再组合为一个"保护层垫块"大组，以便动画制作。选择"保护层垫块"大组，添加缩放动画，将动画 X 和 Z 起始缩放系数定为 3 或其他合适值，最终系数值均为 1，可以显示各个垫块从四周向中心收拢并到达指定位置的效果，如图 3.2.13 所示。

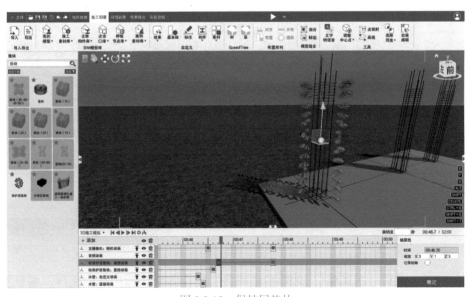

图 3.2.13 保护层垫块

Step 03 搜索"柱模板",选择合适的"柱模板"构件,根据工程要求调整柱模板的大小(缩放系数)和位置等参数。添加由下至上剖切动画,生成柱模板。如需表达柱模板的安装细节,可以将柱模板二级开关解锁,做出更详细的动画,如图 3.2.14 所示。

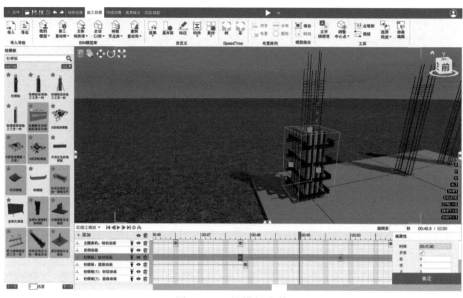

图 3.2.14 柱模板安装

Step 04 搜索"吊线坠",选择有自定义动画的"吊线坠"两个,调整视图到合适位置,使模板某个面大致垂直于观察者,将吊线坠位置调整到这个面的上方。添加吊线坠自定义动画,分别调整其线坠下落值,形成垂线以校正柱模板的垂直度,如图 3.2.15 所示。

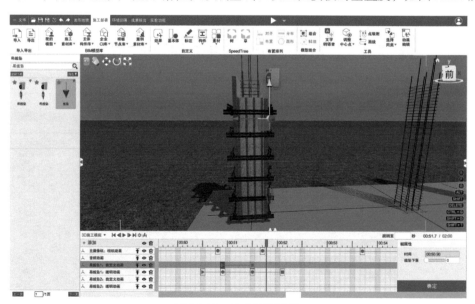

图 3.2.15 柱垂直度校正

Step 05 搜索"斜支撑",选择合适的斜支撑作为柱模板的加固支撑,调整到合适位置,添加剖切动画,将其布置到支撑柱模板的位置,如图 3.2.16 所示。

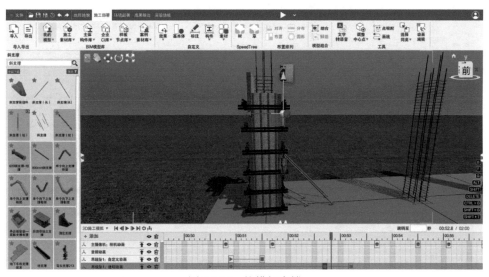

图 3.2.16　柱模板支撑

Step 06　调整角度，选择另一个与刚才相互垂直的面，再次进行垂直校正和支撑加固。（也可以采用脚手架作为柱模板的加固措施，如果柱与梁板混凝土一起浇筑，则柱模板与梁板模板一起安装，相互支撑，就不一定需要单独的支撑或加固措施）。

Step 07　最后用剖切动画完成所有柱模板的安装，如图 3.2.17 所示。

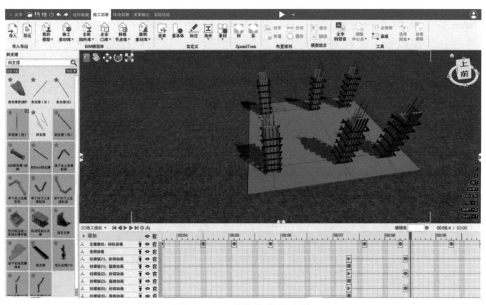

图 3.2.17　其他柱模板安装

（4）第四场景：柱混凝土浇筑

Step 01　分别搜索"混凝土"和"泵车"，选择合适的混凝土罐车和混凝土泵车。分别添加位移动画，泵车从远处移动到工程施工处后，罐车出现并倒行接近泵车。添加泵车自定义动画，通过几个步骤逐步伸出钢臂，设置出料口到柱模板上方，勾选浇筑特效，如图 3.2.18 所示。

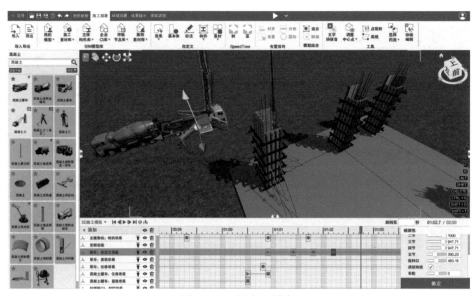

图 3.2.18　泵车和罐车

Step 02　为观察和展示混凝土浇筑的情况，选择柱某一侧的模板（有 4 块垂直木枋和 1 片模板）添加透明动画，在混凝土浇筑前逐步变为透明。

Step 03　搜索"振捣"，选择"插入式振捣棒"，调整其位置到柱模板上方。先添加闪烁动画，再添加自定义动画，将振动棒伸缩到柱的底部并进行振动模拟。

Step 04　选择对应的柱构件，添加由下至上的剖切动画，可分阶段进行。首先上升很小的部分，模拟施工前在底部先铺一层细石混凝土，以防柱根部出现蜂窝麻面的质量通病；再逐段上升一部分并停止，进行分层浇筑和振捣；最后上升到梁的底部（即上升高度不可能 100%，柱最上部分的混凝土与梁板混凝土一起浇筑完成）。浇筑完成后，注意将透明部分的模板恢复为不透明，如图 3.2.19 所示。

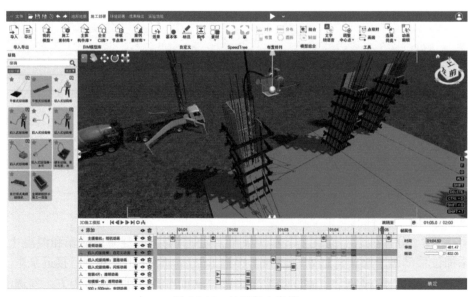

图 3.2.19　柱混凝土浇筑

Step 05 最后展示一下其他柱的混凝土也逐步浇筑完成。

（5）第五场景：梁板模板安装

Step 01 搜索"模板支架"，选择"模板支架立杆与扫地杆"构件，调整其高度与工程相匹配，分别在4根框架柱中间各设1个模板支架，共设2个。添加剖切动画完成展示，如图3.2.20所示。

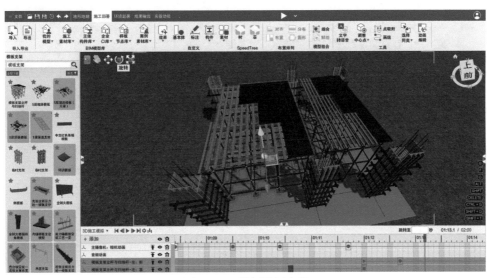

图 3.2.20 楼板模板支撑

Step 02 搜索"梁模板"，可以选择支架和上部梁模板分别设置的2类构件，也可以选择合成为一体的构件。本案例选择了一体化的构件"梁模板支设模型"，调整好其位置、高度等参数值，要注意位于边缘的模型两侧均有模板且模板高度不同，差值为楼板的高差，位于中间的模型则其两侧的模板高度一致，均与楼板高度一致。将7根梁分别添加剖切动画完成梁模板的布置，如图3.2.21所示。

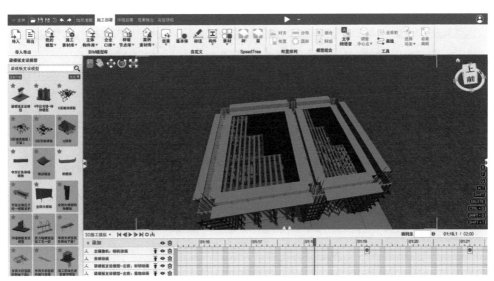

图 3.2.21 梁模板及支撑

Step 03　为了表现梁模板和楼板模板的一致性，从"梁模板支设模型"中抽取一片"胶合板"二级构件并复制出来作为楼板的模板，调整其高度和大小，位于梁模板中间，分别添加剖切动画完成楼板模板的布置，如图 3.2.22 所示。

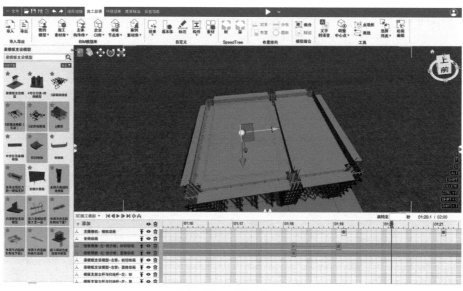

图 3.2.22　梁板模板

（6）第六场景：梁板钢筋绑扎

Step 01　搜索"钢筋"，以方便查找各类型钢筋。调整镜头，选择较长的一根左侧梁作为表现重点。同时将此梁的模板添加透明动画，将其调整到几乎透明的程度，以便展示钢筋，如图 3.2.23 所示。

Step 02　将左侧梁的钢筋添加剖切动画后，分别将两侧加密区的钢筋和中间非加密区的钢筋添加闪烁动画，同时添加模型文字的显隐动画，以展示钢筋间距情况，如图 3.2.23 所示。

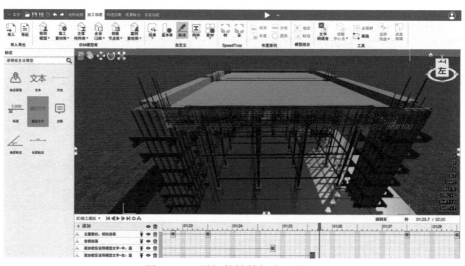

图 3.2.23　梁钢筋箍筋加密区设置

Step 03 梁箍筋加密区展示结束后，将模板从透明变为正常，同时将模型文字隐藏。拉远镜头，将其他几根梁添加移动动画，分别从高处下落到梁模板中。注意在操作位移动画时，先确定时间，后期再将钢筋整体上移后确定时间靠前的帧，如图 3.2.24 所示。

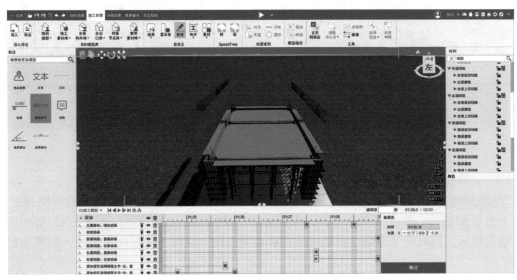

图 3.2.24 其他梁钢筋安装

Step 04 拉近镜头，将板底部钢筋（两个方向）分别添加移动动画，从上部下落到正确的位置，如图 3.2.25 所示。

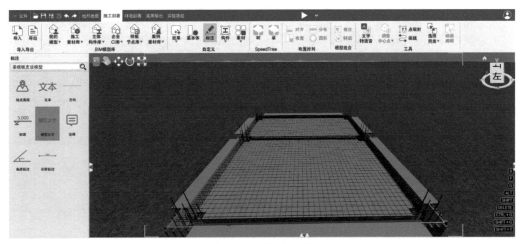

图 3.2.25 板底部钢筋

Step 05 依次将部分板负筋添加移动动画，从上部下落到正确位置，如图 3.2.26 所示。

Step 06 推进镜头，再将剩余的负筋添加移动动画，从上部下落到正确位置。

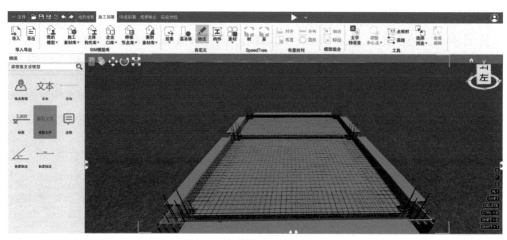

图 3.2.26　边梁处板负筋布置

（7）第七场景：梁板混凝土浇筑

Step 01　左转镜头，将泵车从显隐动画中显示出来，并提前用位移动画移动到左侧第一根框架柱处，依次将左上方柱、左前方梁、中间柱、右前方梁、右上方柱用剖切动画进行展示，同时将泵车用位移动画从左移动到右侧，混凝土罐车同步位移，如图 3.2.27 所示。

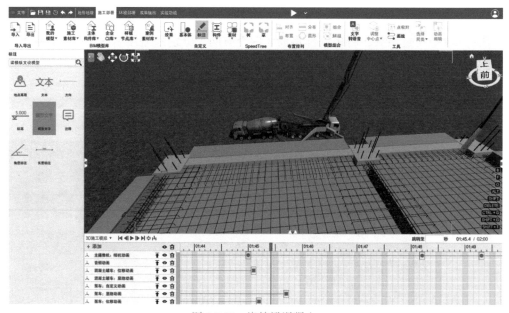

图 3.2.27　浇筑梁混凝土

Step 02　搜索"振捣"，选"插入式振捣棒"（带有人物和内置动画），添加移动动画，从左侧移动到右侧，模拟梁的振捣，如图 3.2.28 所示。

Step 03　后退镜头，剩余的梁、柱依次用剖切动画逐步显示。

Step 04　同时将混凝土板用剖切动画逐步铺满楼面，如图 3.2.29 所示。

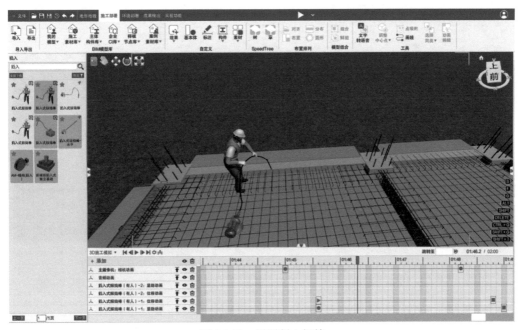

图 3.2.28 梁混凝土振捣

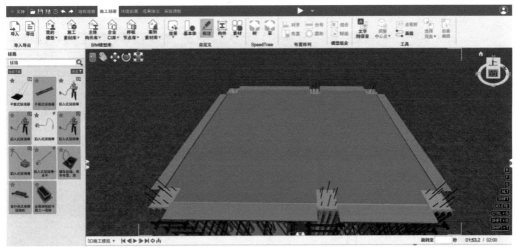

图 3.2.29 完成梁板混凝土浇筑

Step 05 如果想使用前面已经加入的构件，必须将"插入式振捣棒"（带有人物和内置动画）提前在隐藏状态下做旋转动画和位移动画，在楼板完成前位移到左侧，然后调用显隐动画进行显示，用位移动画从左向右进行位移，表现振捣梁混凝土的过程。也可以重新搜索同一个"插入式振捣棒"构件，重新做显隐动画和位移动画，如图 3.2.30 所示。

Step 06 搜索"混凝土工"，选择"混凝土工（抹平）"，添加位移动画，从左到右模拟混凝土收光、抹平的过程，如图 3.2.31 所示。

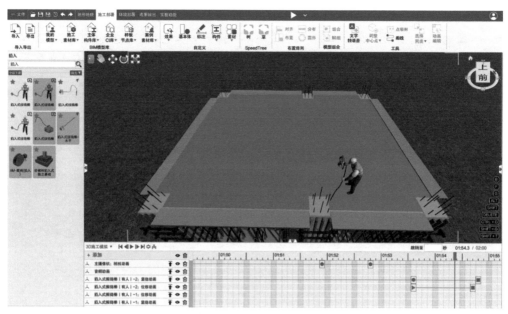

图 3.2.30 梁混凝土振捣

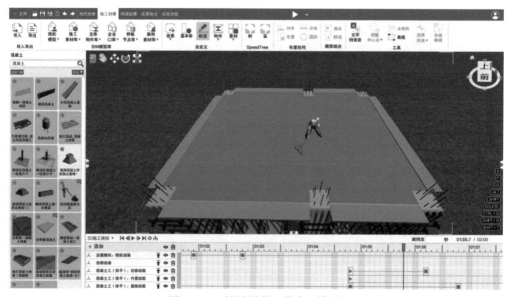

图 3.2.31 楼板混凝土收光、抹平

（8）第八场景：拆模与养护

Step 01 搜索"喷水"，选择"喷水"（带有人物和内置动画），添加内置动画，模拟混凝土洒水养护，如图 3.2.32 所示。

Step 02 根据拆模的原则"先拆侧模，后拆底模"调用柱模板剖切动画，由上到下逐步剖切柱模板，露出混凝土柱，如图 3.2.33 所示。

Step 03 再用剖切动画逐步拆除外部梁模板、楼板模板和内部梁模板，如图 3.2.34 所示。

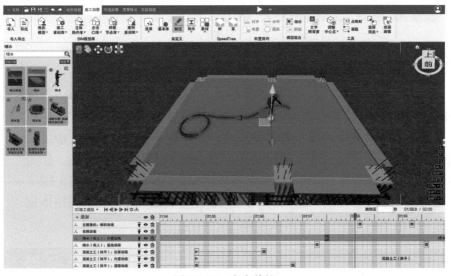

图 3.2.32　浇水养护

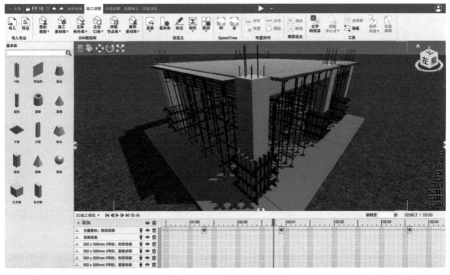

图 3.2.33　拆除侧模板

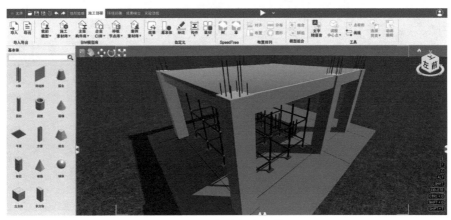

图 3.2.34　拆除部分底模板

3.3　装配式混凝土结构构件吊装施工模拟

3.3.1　装配式混凝土结构工程概述

　　北方某装配式高层住宅楼，建筑高度 68.7m，地上 22 层（主体结构），地下 1 层，一个楼梯间层，5～22 层采用预制构件。为了确保施工安全质量，使施工人员更为详细地了解施工流程、作业过程中的重点难点及应注意的问题，提前预警施工中可能存在的危险，用一个房间的施工流程动画（图 3.3.1）进行可视化交底。作为负责该住宅楼的技术人员，请识读该住宅楼墙体和叠合板的平面图（图 3.3.2）及其他施工图（扫码查看），利用 BIM-FILM 软件为装配式住宅楼房间整体施工制作施工模拟动画，为完成可视化交底做好准备。

二维码

装配式房间整体施工模拟

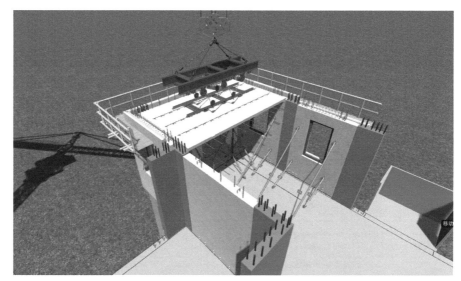

图 3.3.1　装配式住宅楼房间整体施工动画模拟

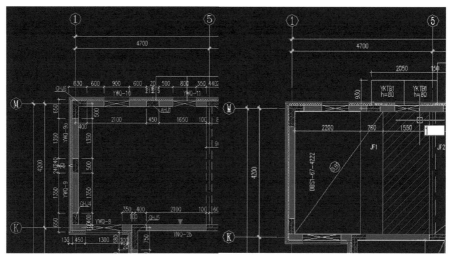

图 3.3.2　墙体和叠合板的平面图

142

为完成装配式住宅楼房间整体施工动画，首先需了解和掌握装配式混凝土结构工程的相关知识和施工方法，查阅现行行业标准《装配式混凝土结构技术规程》JGJ 1—2014，参考装配式混凝土结构工程施工技术交底文件，编写装配式住宅楼房间整体施工动画脚本，再根据脚本利用 BIM-FILM 软件制作装配式住宅楼房间整体施工动画。

1. 材料要求

（1）钢筋

① 装配式结构用钢筋宜采用专业化生产的成型钢筋。

② 装配式结构的钢筋连接方式应根据设计要求和施工条件选用。采用直螺纹钢筋灌浆套筒时，钢筋直螺纹连接部分应符合现行行业标准《钢筋机械连接技术规程》JGJ 107 的规定。

③ 预制构件的外露钢筋应防止弯曲变形，并在预制构件吊装完成后，对其位置进行校核与调整。

（2）混凝土

① 装配式结构施工应采用预拌混凝土，预拌混凝土应符合现行相关标准的规定。

② 装配式结构施工中的结合部位或接缝处混凝土的工作性能应符合设计与施工规定。

（3）模板与支撑

① 装配式结构的模板与支撑应根据施工过程中的各种工况进行设计，应具有足够的承载力、刚度，并应保证其整体稳固性。

② 预制构件接缝处宜采用与预制构件可靠连接的定型模板。定型模板与预制构件之间应粘贴密封条，在混凝土浇筑节点处模板不应产生明显变形和漏浆。

2. 构件进场、运输与堆放

（1）构件进场

① 预制构件进场前，应对构件生产单位设置的构件编号、构件标识进行验收。

② 预制构件进场时，构件生产单位应提供相关质量证明文件，包括：出厂合格证、混凝土强度检验报告、钢筋复验单、钢筋套筒等其他构件与钢筋连接类型的工艺检验报告等。预制构件进场时，混凝土强度应符合设计要求。当设计无具体要求时，混凝土同条件立方体抗压强度不应小于混凝土强度等级的 75%。

③ 预制构件、连接材料、配料等应按国家现行相关标准的规定进行进场验收，未经验收或验收不合格的产品不得使用。

（2）构件运输

① 构件支承的位置和方法、构件端部的挑出长度应根据其受力情况经计算确定，不得出现混凝土超应力或损伤构件的现象。相同构件叠放时，各层构件的支点应在同一垂直线上，防止构件被压坏或变形。

② 构件装运时应绑扎牢固，防止移动、倾倒或变形；对构件端部或与链索接触处的混凝土，应采用衬垫以保护构件不损坏；用塑料薄膜包裹垫块，避免污染预制构件外观；薄弱构件、构件薄弱部位和门窗洞口应采取防止变形开裂的临时加固措施；在运输细长构件时，行车应平稳，并可根据需要对构件设置临时水平支撑。制定专门的质量安全保证措施用于超高、超宽、形状特殊的大型预制构件的运输和存放。

③ 构件装卸车时，应缓慢、平稳地进行。构件应逐件搬运，能进行多件搬运的，起

吊时应加垫木或软物隔离，以防受到破坏。

（3）构件堆放

① 现场运输道路和存放堆场应平整坚实，并有排水措施。运输车辆进入施工现场的道路，应满足预制构件的运输要求。卸放、吊装工作范围内不应有障碍物，并应有满足预制构件周转使用的场地。

② 预制构件运送到施工现场后，应按规格、品种、使用部位、吊装顺序分类设置存放场地。存放场地宜设置在塔式起重机有效起重范围内，并设置通道。

③ 应根据构件的受力情况，确定构件平放或立放，并应保持稳定。一般板、柱类构件采用平放；墙板、梁类采用立放（平卧浇筑的梁要翻身后堆放）；若构件的断面高宽比大于2.5，堆放时下部应加支撑或有坚固的堆放架，上部应拉牢固定，以免倾倒。

④ 预制墙板可采用插放或靠放的方式，堆放工具或支架应有足够的刚度，并保证稳固。采用靠放方式时，预制外墙板宜对称靠放、饰面朝外，且与地面倾斜角度不宜小于80°。构件上部宜用木块隔开，靠放架一般宜用金属材料制作，使用前要认真检查和验收，靠放架的高度应为构件高度的2/3以上。

⑤ 预制水平类构件可采用叠放方式，层与层之间应垫平、垫实，各层支垫应上下对齐，叠放层数不宜大于5层。垫木距板端不大于200mm，且间距不大于1600mm，最下面一层支垫应通长设置，堆放时间不宜超过两个月。

⑥ 重叠堆放的构件，吊环应向上，标志应向外，面上有吊环的构件，两层构件之间的垫木应高于吊环。构件中有预留钢筋的，叠堆层不允许钢筋相互碰撞；其堆垛高度应根据构件与垫木的承载能力及堆垛的稳定性确定。各层垫木的位置应在一条垂直线上，最大偏差不应超过垫木截面宽度的1/2。构件支承点按结构要求以不起反作用为准，构件悬臂一般不应大于500mm。

⑦ 预制构件成品外露保温板应采取防止开裂措施，外露钢筋应采取防弯折措施，外露预埋件和连接件等外露金属件应按不同环境类别进行防护或防腐、防锈。预埋螺栓孔宜采用海绵棒进行填塞，保证吊装前预埋螺栓孔的清洁；钢筋连接套筒、预埋孔洞应采取防止堵塞的临时封堵措施。露骨料粗糙面冲洗完成后应对灌浆套筒的灌浆孔和出浆孔进行透光检查，并清理灌浆套筒内的杂物。冬期生产和存放的预制构件的非贯穿孔洞应采取措施防止雨雪水进入发生冻胀损坏。

⑧ 预制构件堆放时，预制构件与支架、预制构件与地面之间宜设置柔性衬垫保护。

⑨ 预应力构件需按其受力方式进行存放，不得颠倒其堆放方向。

3. 施工工艺

（1）工艺流程

装配式混凝土结构施工流程见图3.3.3。

（2）一般规定

① 预制构件应按照施工方案吊装顺序提前编号，吊装时严格按编号顺序起吊；预制构件吊装就位并校准定位后，应及时设置临时支撑或采取临时固定措施。

② 预制构件起吊宜采用标准吊具均衡起吊就位，吊具可采用预埋吊环或埋置式接驳器的形式。专用内埋式螺母或内埋式吊杆及配套的吊具，应根据相应的产品标准和应用技术规定选用。

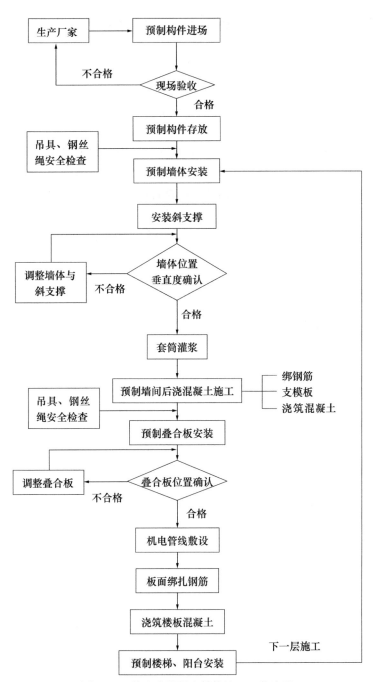

图 3.3.3 装配式混凝土结构施工工艺流程

③ 应根据预制构件形状、尺寸及重量和作业半径等要求选择适宜的吊具和起重设备；在吊装过程中，吊索与构件的水平夹角不宜小于 60°，不应小于 45°。

④ 预制构件吊装应采用慢起、快升、缓放的操作方式；构件吊装校正，可采用起吊、静停、就位、初步校正、精细调整的作业方式；起吊应一次逐级增加速度，不应越挡操作。

⑤ 竖向预制构件安装采用临时支撑，每个预制构件应按照施工方案设置稳定可靠的临时支撑。对预制柱、墙板的上部斜支撑，其支撑点距离板底不宜小于柱、板高的 2/3，

145

且不应小于柱、板高的1/2。下部支撑垫块应与中心线对称布置。构件安装就位后，可通过临时支撑对构件的位置和垂直度进行微调。

⑥ 施工前宜选择有代表性的单元或构件进行试安装，根据试安装结果及时调整完善施工方案。

⑦ 预制构件吊装、安装施工应严格按照施工方案执行，各工序的施工，应在前一道工序质量检查合格后进行，工序质量应符合规范和设计要求。

⑧ 吊装完成后，预制构件清水面如有砂浆等污染应及时处理干净。宜采用木条或其他覆盖方式对竖向构件阳角、楼梯踏步口进行保护。预制外墙安装完毕，墙板内预置的门、窗框应采用槽型木框保护。预制构件、预埋件的水电及设备管线盒在构件外表面的，应采用贴膜或胶带予以保护。后浇混凝土强度达到1.2MPa前，不得在其上踩踏或安装模板及支撑。未经设计允许，不得对预制构件进行切割、开洞。

⑨ 装配式结构安装完毕后，预制构件安装尺寸允许偏差应符合表3.3.1要求。

预制构件安装尺寸允许偏差及检验方法　　　　　　　　　表 3.3.1

项　　目			允许偏差（mm）	检验方法
构件中心线对轴线位置	基础		15	尺量检查
	竖向构件（柱、墙板、桁架）		10	
	水平构件（梁、板）		5	
构件标高	梁、板底面或顶面		±5	水准仪或尺量检查
	柱、墙板顶面		±3	
构件垂直度	柱、墙板	<5m	5	经纬仪量测
		≥5m 且<10m	10	
		≥10m	20	
构件倾斜度	梁、桁架		5	垂线、尺量检查
相邻构件平整度	板端面		5	钢尺、塞尺量测
	梁、板下表面	抹灰	5	
		不抹灰	3	
	柱、墙板侧表面	外露	5	
		不外露	10	
构件搁置长度	梁、板		±10	尺量检查
支座、支垫中心位置	板、梁、柱、墙板、桁架		±10	尺量检查
接缝宽度			±5	尺量检查

（3）预制墙板安装

施工工艺流程：基层清理→测量放线→外露连接钢筋校正→安装垫片并调整标高→起吊预制墙板、就位→安装临时支撑→调节水平位置及垂直度→临时支撑固定→摘钩→封堵、灌浆。

① 清理干净外墙基础面，保证与接头接触面无灰渣、无油污。环境温度高且干燥时，将基础面清理干净后可适当喷淋水进行湿润处理，但不得有积水连接钢筋端头，不得有

影响安装的翘曲，钢筋表面不得有严重锈蚀，不得粘有泥土、水泥灰浆或油污等对连接性能有影响的污物。

② 根据图纸上轴线关系放出外墙定位线，同时放出外墙安装控制线，保证外墙安装的精确度。

③ 在墙身顶部设置一个插筋钢板定位器检查钢筋位置，对超过允许偏差的钢筋进行处理。钢板定位器按照拟安装的预制混凝土剪力墙的套筒位置精确开孔，当外露连接钢筋倾斜时，应进行校正，便于预制墙板顺利就位。

④ 为防止灌浆料溢出污染外墙，同时起到补充缝隙的保温，将 40mm 宽弹性像素棉条粘贴在外墙基础面上，像素棉条顺直且厚度略大于墙下缝高，以确保不漏浆。

⑤ 根据施工图纸，准确把握外墙预制构件拼缝的标高，采用 20mm 高垫片进行找平，垫片一般置于离构件端 1/6～1/5 的水平总尺寸及中部，在垫片找平前用墨斗在放垫片的位置进行标示。

⑥ 墙板吊装采用吊装梁，根据预制墙板的吊环位置设置合理的起吊点，用卸扣将钢丝绳与外墙板的预留吊环连接后，起吊至距地面 500mm 处，检查构件外观质量及吊环连接无误后方可继续起吊。起吊缓慢匀速，以确保不损坏预制墙板边缘。

⑦ 将预制墙板平稳运行至距楼面 300mm 左右时停止降落，操作人员手扶外墙板引导降落，用镜子观察下层预留连接钢筋是否对准预制墙体底部钢筋套筒，缓慢降落到垫片；检查钢筋是否全部对孔完毕；用控制线检查墙体是否安放在墙体线上；检查墙体安装的垂直度；待斜支撑安放好且墙垂直度及水平度调整好后将吊钩脱钩，垂直度偏差应控制在 5mm 内，构件轴线位置偏差应控制在 10mm 内。

⑧ 采用可调节斜支撑将墙板临时固定。用支撑杆将墙上和板上 U 形卡座相连接。斜支撑与板间采用螺母连接。每件预制墙板的临时斜支撑不宜少于 4 道，临时斜支撑宜设置调节装置，支撑点距离底部不宜小于高度的 2/3；长短螺栓可调节长度为 ±100mm。

⑨ 调整水平位置和垂直度时，通过短钢管斜支撑对墙板根部进行微调来控制墙体位置；通过长钢管斜支撑上的可调节装置改变墙板顶部的水平位移以控制其垂直度。

（4）预制墙板套筒连接及灌浆

① 预制墙体下口缝隙采用在缝隙口先用木方进行塞缝，塞缝完成后在木方外围用水泥砂浆做成一个圆弧形进行封堵，缝隙应封堵严实、顺直。

② 将搅拌好的浆料倒入注浆泵，依次用橡胶塞封堵下排灌浆孔，在每个分仓单元留一个下排灌浆孔不封堵，在此灌浆孔插入注浆管嘴启动注浆泵，待浆料成柱状流出时封堵出浆孔，依次封堵所有出浆孔，拔出注浆管，封堵最后一个注浆孔。灌浆须饱满，饱满与否以是否从出浆孔冒出柱状浆体为标准；如出现饱压后有出浆孔未冒浆现象，应选择该套筒的注浆孔进行补浆。灌浆施工过程一旦出现漏浆现象须及时有效封闭并二次灌浆饱满。

（5）预制墙板间后浇混凝土节点施工

① 预制墙板间后浇节点安装模板前应将墙内杂物清扫干净，在模板下口抹砂浆找平层，防止漏浆。

② 预制墙板间后浇节点宜采用工具式定型模板。模板通过螺栓或预留孔洞拉结的方式与预制构件可靠连接，模板安装时应避免遮挡预制楼板下部灌浆预留孔洞，夹心墙板的外叶板应采用螺栓拉结或夹板等加强固定，墙板接缝部分及与定型模板接缝处均应采

用可靠的密封、防漏浆措施。

③ 预制墙体间后浇节点主要有一字形、L形、T形等几种形式。节点处钢筋施工工艺流程：安放封闭箍筋→连接竖向受力筋→安放开口筋、拉筋→调整箍筋位置→绑扎箍筋。预制墙体间后浇节点钢筋施工时，可在预制板上标记封闭箍筋的位置，预先把箍筋交叉就位，先对预留竖向连接钢筋位置进行校正，然后再连接上部竖向钢筋。

④ 连接节点、水平拼缝应连续浇筑，边缘构件、竖向拼缝应逐层浇筑，采取可靠措施确保混凝土浇筑密实。

（6）预制叠合板安装

施工工艺流程：基层清理→测量放线→支撑体系→标高调节→吊装叠合楼板→复核标高→板缝处理→机电管线敷设→钢筋绑扎→混凝土浇筑→模板支撑拆除。清理安装部位的结构基层，做到无油污、杂物。墙上外露连接钢筋不正不直时，及时进行处理，以免影响叠合板的安装就位。

① 独立钢支柱主要由外套管、内插管、微调节装置、微调节螺母等组成，是一种可伸缩微调的独立钢支柱，主要用于预制构件水平结构作垂直支撑，能承受梁板结构自重和施工荷载。内插管上每间隔150mm有一个销孔，插入回形钢销可调整支撑高度。外套管上焊有一节螺纹管，同微调螺母配合，微调范围170mm。

② 折叠三脚架采用薄型钢管焊接制作折叠三脚架的腿部，核心部分有1个锁具，依据偏心原理锁紧。折叠三脚架打开后，抱住支撑杆，为使支撑杆独立、稳定，可敲击卡棍抱紧支撑杆。搬运时，收拢三脚架的3条腿，可手提搬运或码放入箱中集中吊运。

③ 按照平面布置方案放置独立钢支撑和方钢，独立钢支撑间距为1500mm×1500mm，支架调到相应标高，放置主龙骨，方钢采用60mm×60mm×4mm型。独立钢支撑第一道应距墙边500mm开始设置。

④ 构件安装前进行标高校核，调节板下的可调支撑，使其在同一水平高度。叠合板起吊至设计位置前，在作业层上空500mm处略作停顿，施工人员手扶楼板调整方向，对准板的边线与墙上的安放位置线，应避免构件上的预留钢筋与墙体钢筋发生冲突，放下时要停稳慢放，严禁快速猛放，冲击力过大会造成板面振折裂缝。调整板位置时，应加垫小木块，不可直接使用撬棍，以免损坏板边角。须保证搁置允许偏差不大于5mm。根据墙体标高控制线对叠合板安装位置进行标高复核，有偏差应采用独立支撑架进行调整。

⑤ 钢筋绑扎前清理干净叠合板上的杂物，根据钢筋间距弹线绑扎，上部受力钢筋带弯钩时，弯钩向下摆放，应保证钢筋搭接和间距符合设计要求。

⑥ 混凝土浇筑前应清除叠合面上的杂物、浮浆及松散骨料，浇筑前应洒水润湿，洒水后不得留有积水。浇筑时宜采取由中间向两边的方式。

叠合阳台板安装与叠合板安装基本相同，可参照叠合板工序进行操作。

（7）预制楼梯安装

施工工艺流程：施工准备→预制楼梯吊装→预制楼梯安装就位→灌浆→成品保护。

① 楼梯吊装前，在楼梯上下梯梁及平台位置放出梯段纵横位置控制线，标高1.000m的控制线。根据设计要求，在预制楼梯安装前需在梯梁位置（水平面上）采用20mm厚的M15水泥砂浆找平压光，此工序应在吊装前完成，且吊装时水泥砂浆强度应满足设计要求。

② 预制构件安装前，应将梯梁基层清理干净，在下梯梁位置刷素水泥浆并铺两层塑

料薄膜，安装好 50mm 厚的聚苯板条。梯板应按从上垂直向下的顺序安装，在作业层上空 500mm 位置处略作停顿，施工人员手扶楼梯板调整方向，将楼梯板边线与梯梁上的安放位置控制线及插筋与插筋预留孔一并对准后，缓慢放下楼梯，待楼梯基本就位后再用撬棍微调楼梯板，直到位置正确，搁置平实。安装楼梯板时应特别注意标高是否正确，应校正后再脱钩。待楼板安装完成后，对楼梯上端的插筋预留孔及端部缝隙进行灌浆。

3.3.2 预制混凝土构件吊装施工模拟

学习并掌握装配式混凝土结构的施工方法后，依据北方某装配式高层住宅楼的施工图，查阅现行行业标准《装配式混凝土结构技术规程》JGJ 1—2014 等资料，先编写房间整体施工动画脚本，然后根据编写的脚本利用 BIM-FILM 软件制作施工动画。

1. 编写装配式住宅楼房间整体施工动画脚本

装配式住宅楼具体施工流程及质量控制要点见表 3.3.2。

装配式住宅楼房间整体施工流程及质量控制要点　　　　　　　　　　表 3.3.2

序号	施工工艺流程	查阅规范等资料，查找质量控制要点
1	放线及检查	（1）外墙边线；（2）预埋螺栓位置
2	安放垫片	（1）垫片数量；（2）垫片位置；（3）垫片高度
3	吊装外墙	（1）起吊点；（2）外墙安装位置；（3）标高及水平度
4	安装斜支撑	（1）预设连接件；（2）墙板位置调整后，紧固斜支撑
5	实测验收	（1）边线；（2）端线；（3）垂直度；（4）竖缝宽度
6	安装内墙	（1）内墙位置；（2）塞缝灌浆
7	浇筑节点混凝土	（1）钢筋绑扎；（2）混凝土强度；（3）模板拆除
8	安装叠合板	（1）独立支撑位置；（2）叠合板底标高；（3）选择正确吊点；（4）避免预留钢筋与墙体的竖向钢筋碰撞

综合上述质量控制要点，按照施工工艺流程，编写样板间整体施工动画脚本为：

（1）放线及检查

在楼面板上根据定位轴线放出预制外墙定位边线。校核楼板预埋螺栓位置，施工前清理施工层地面，检查连接钢筋位置、长度和垂直度、表面清洁情况。检查墙板构件有无破损。

（2）安放垫片

预制墙底部粘贴像素棉条，根据要求在楼板面已画墙板位置两端部预先安放标高调整垫片，高度按 20mm 计算。

（3）吊装外墙

将外防护架组装在预制板外叶板上。墙板构件吊装应根据吊点设置位置在吊装梁上采用合适的吊点。构件起吊至距地面 500mm 处时静停，检查吊绳、吊具连接无误后继续起吊，起吊要缓慢进行。构件距离安装面约 1000mm 时悬停，消除构件摆动，安装人员手扶构件缓速降落至安装位置。构件距离地面约 300mm 时，应由安装人员辅助轻推构件，根据定位线初步定位，使用镜子观察，待插筋全部准确插入套筒后缓慢降下构件。墙板就位后，通过 500mm 标高线检查墙板标高及水平度。

（4）安装斜支撑

外墙标高满足设计要求后应及时安装斜支撑，并与预设连接件连接；墙板稳固后可摘除吊钩。调整斜支撑的长度，以精确调整墙板的水平位置及垂直度。水平位置以楼板上弹出的墙板水平位置定位线为准进行检查；垂直度通过靠尺进行检查。墙板位置精确调整后，紧固斜支撑连接。

（5）实测验收

继续本段其他墙板的安装。构件安装完成后，还应对构件竖缝宽度进行实测实量验收。

（6）安装内墙

完成内墙吊装，并安装调节斜支撑，塞缝灌浆。

（7）浇筑节点混凝土

竖向钢筋绑扎固定，模板绑扎并加固，墙体混凝土一次浇筑完成。混凝土达到设计强度后，拆除墙体模板。

（8）安装叠合板

定位放线，确认支撑杆位置，独立支撑应距离叠合板端500mm处设置。根据叠合板底标高调节横梁高度。吊装前将支座基础面楼板底面清理干净，避免点支撑。检查楼板构件外观质量有无裂缝和破损。叠合板吊装要根据施工图选择正确吊点，使之均匀受力。吊装过程中，在作业层上空500mm处静停，根据叠合板位置调整叠合板方向进行定位。吊装过程中，注意避免叠合板上的预留钢筋与墙体的竖向钢筋碰撞，参照控制线，引导叠合板缓慢降落至横梁上。

2. 制作样板间整体施工动画

按照脚本的八个步骤，在BIM-FILM软件中逐一实现八个场景的动画模拟。

（1）第一场景：放线及检查

Step 01 打开软件，新建一个【草地】地形，进入新建的"施工部署"界面，在左侧模型面板里搜索"装配式七号楼"和"预制外墙"，分别点击下载后拖拽到预览视口中，并将二者的位置摆放正确。如图3.3.4所示。

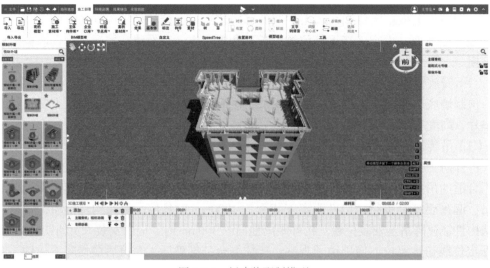

图3.3.4 新建装配制模型

Step 02　在右侧结构列表中展开模型子集，除了 YWQ-8、YWQ-9、YWQ-9a、YWQ-10、YWQ-11 之外的所有外墙均隐藏，如图 3.3.5 所示。

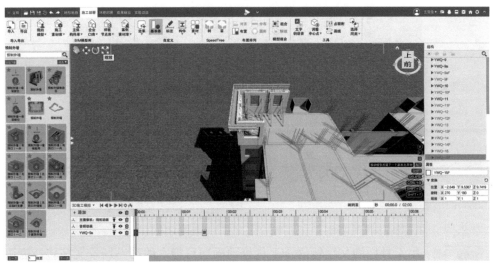

图 3.3.5　展开子集隐藏部分预制外墙

Step 03　在左侧模型面板里搜索"斜支撑预埋件""螺栓"和"小垃圾"，分别点击下载后拖拽到预览视口中，将一个"斜支撑预埋件"和 3 个"螺栓"打组为 1 个预埋件。按照 YWQ-9a 在楼板上的预埋件位置，将四个预埋件摆放好，如图 3.3.6 所示。为 YWQ-8、YWQ-9、YWQ-10、YWQ-11、YWQ-9a 添加显隐动画，开始先隐藏，后面再显现。

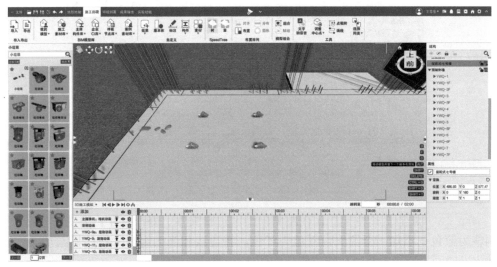

图 3.3.6　正确放置预埋件

Step 04　点击工具栏标注，在左侧模型区选择文本，修改文字内容为"房间整体施工流程"，颜色调整为红色。采用缩放功能将文本大小从 X、Y、Z 三向 0.01 变为 0.2，采用工具栏的文字转语音工具将动画题目的文字转换为语音，如图 3.3.7 所示；添加音频动画。

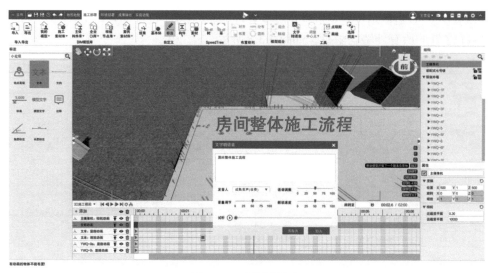

图 3.3.7 文字转语音

Step 05 用工具栏的文字转语音工具将动画题目脚本的第一场景文字转换为语音，添加音频动画，并将脚本场景标题或正文添加到音频动画的帧属性下的字幕框中，如图 3.3.8 所示。

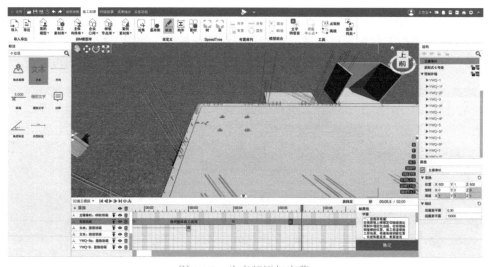

图 3.3.8 为音频添加字幕

Step 06 点击工具栏标注，在左侧模型区选择文本，修改文字内容为"边线"，颜色调整为蓝色；添加一个箭头，颜色为红色。将边线和箭头组合，添加显隐动画，同时添加相机动画拉近镜头凸显边线位置，如图 3.3.9 所示。

Step 07 在左侧模型面板里搜索"盒尺"，点击下载后拖拽到预览视口中，分别调整两个盒尺的位置和角度，添加显隐动画和内置动画，如图 3.3.10 所示。

Step 08 在左侧模型面板里搜索"扫帚"，点击下载后拖拽到预览视口中，调整扫帚的位置和角度，为小垃圾添加显隐动画，为扫帚添加显隐动画和内置动画，同时添加相机动画拉近镜头凸显扫帚，如图 3.3.11 所示。

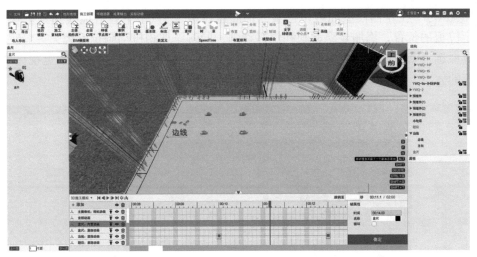

图 3.3.9 边线与箭头

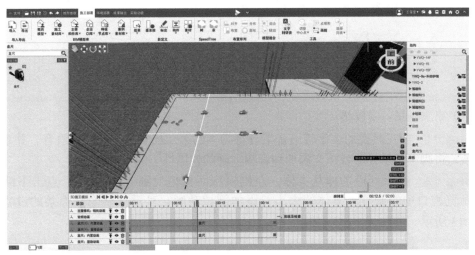

图 3.3.10 盒尺动画

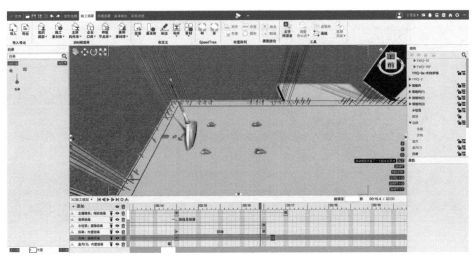

图 3.3.11 扫帚清理垃圾动画

Step 09　在左侧模型面板里搜索"钢筋定位板",点击下载后拖拽到预览视口中,调整定位板的位置,添加显隐动画和位移动画,同时添加相机动画拉近镜头突显定位板。在工具栏选择基本体,左侧模型面板里找到"圆管",点击下载后拖拽到预览视口中,调整圆管的大小,添加显隐动画、位移动画和旋转动画,如 3.3.12 所示。

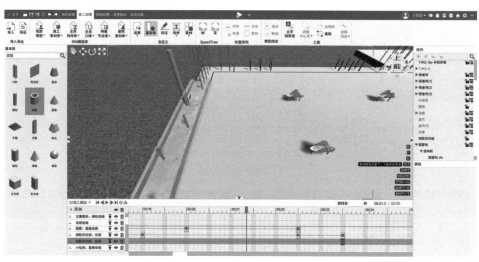

图 3.3.12　确定钢筋的位置和垂直度

（2）第二场景:安放垫片

Step 01　用工具栏的文字转语音工具将脚本的第二场景文字转换为语音,并添加音频动画,将脚本场景标题或正文添加到音频动画的帧属性下的字幕框中。

Step 02　在工具栏选择基本体,左侧模型面板里找到"长方体",点击下载后拖拽到预览视口中,调整长方体的大小,添加剖切动画,显示粘贴像素棉条的过程,如图 3.3.13 所示。

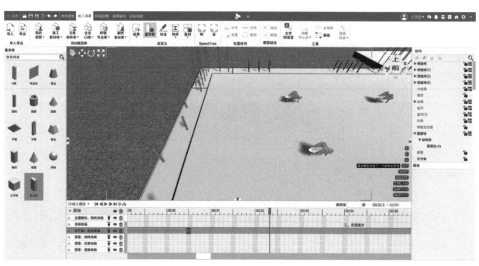

图 3.3.13　粘贴像素棉条

Step 03　点击工具栏标注,在左侧模型区选择距离,修改文字内容为"20mm",颜色调整为蓝色，调整大小和位置。添加显隐动画，同时添加相机动画拉近镜头凸显边线位置，如图 3.3.14 所示。

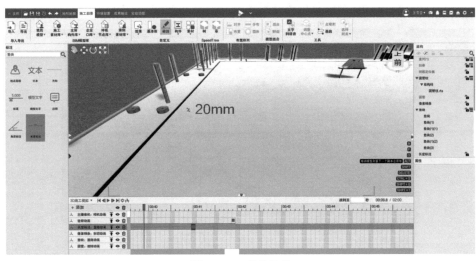

图 3.3.14　安放垫片

（3）第三场景：吊装外墙

Step 01　用工具栏的文字转语音工具将脚本的第三场景文字转换为语音，并添加音频动画，将脚本场景标题或正文添加到音频动画的帧属性下的字幕框中。字数较多时，可分为多段文字转语音。

Step 02　在左侧模型面板里搜索"YWQ-9a- 外加防护"和"支撑"，点击下载后拖拽到预览视口中，调整位置。将相机动画镜头拉到草坪上的预制外墙上。为 YWQ-9a- 外加防护中的外防护架添加显隐动画，如图 3.3.15 所示 。

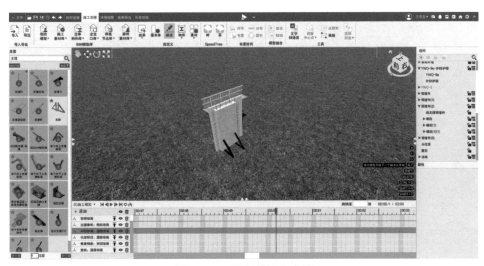

图 3.3.15　预制外墙和支撑

Step 03　在左侧模型面板里搜索"塔式起重机"和"吊梁扁担"，点击下载后拖拽到预览视口中，调整位置，添加显隐动画和自定义动画。同时添加"吊梁扁担"跟随"塔式起重机"的动画。注意先设置塔式起重机动画，然后在跟随动画中再设置吊梁扁担的位置，以保证吊梁扁担与塔式起重机的吊钩相连。在塔式起重机的自定义动画中添加向上运动、静停的过程，最后将外墙吊到安装位置附近。如图 3.3.16 所示。

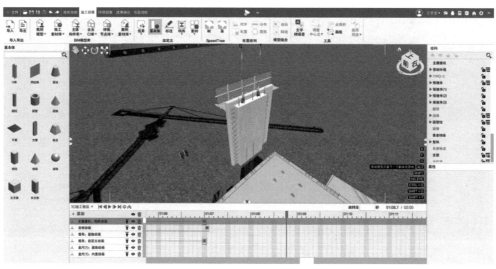

图 3.3.16　将外墙吊装到安装位置附近

Step 04　在左侧模型面板里搜索"吊装工"，点击下载"手扶墙（右）"和"手扶墙（左）"后拖拽到预览视口中，调整位置，添加显隐动画和内置动画。添加相机动画拉近镜头凸显吊装工的动作，如图 3.3.17 所示。在塔式起重机的自定义动画中添加向下运动。

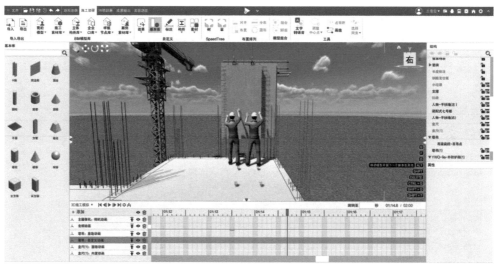

图 3.3.17　吊装工手扶预制外墙缓慢下降

Step 05　在左侧模型面板里搜索"镜子"，点击下载后拖拽到预览视口中，调整位置，添加显隐动画。添加相机动画拉近镜头凸显镜子，如图 3.3.18 所示。在塔式起重机的自定义动画中添加向下运动，使外墙落到楼面的正确位置上。

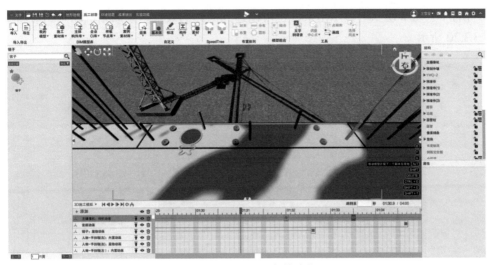

图 3.3.18　用镜子观察外墙位置

Step 06　在左侧模型面板里搜索"盒尺",拖拽到预览视口中,调整位置,添加显隐动画和内置动画。在左侧模型面板里搜索"激光水平仪",点击下载后拖拽到预览视口中,调整位置,添加显隐动画。添加相机动画凸显激光水平仪和盒尺,如图 3.3.19 所示。

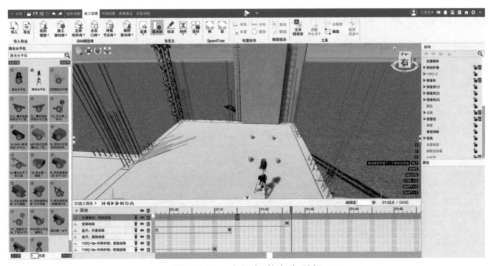

图 3.3.19　盒尺与激光水平仪

（4）第四场景：安装斜支撑

Step 01　用工具栏的文字转语音工具将脚本的第四场景文字转换为语音,并添加音频动画,将脚本场景标题或正文添加到音频动画的帧属性下的字幕框中。字数较多时,可分为多段文字转语音。

Step 02　可以在左侧模型面板里搜索"斜支撑",点击下载长、短斜支撑后拖拽到预览视口中,调整位置,添加显隐动画。按住【Ctrl】＋C 键和【Ctrl】＋V 键再复制一根长斜支撑和一根短斜支撑。或者将"YWQ-9a- 外加防护"隐藏,将预制外墙中带斜支撑和外防护的"YWQ-9a"显示出来，也可以达到同样的效果。添加相机动画凸显斜支撑，如图 3.3.20 所示。

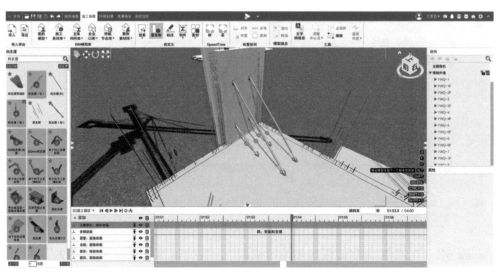

图 3.3.20 安装斜支撑

Step 03 在左侧模型面板里搜索"人物 – 摘除吊钩"，点击下载后拖拽到预览视口中，调整位置，添加显隐动画和内置动画。添加相机动画拉近镜头凸显摘除吊钩的动作，如图 3.3.21 所示。然后将人物与吊梁扁担一起隐藏。

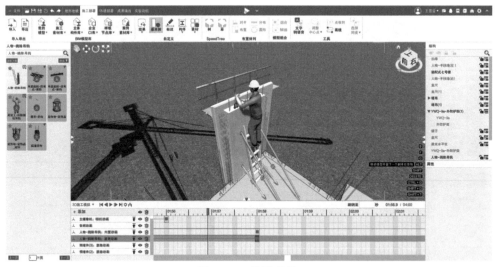

图 3.3.21 摘除吊钩

Step 04 在工具栏选择基本体，左侧模型面板里找到"长方体"，拖拽到预览视口中，调整长方体的大小及位置，添加显隐动画和闪烁动画，显示水平位置定位线，添加相机动画拉近镜头凸显水平位置定位线，如图 3.3.22 所示。

Step 05 在左侧模型面板里搜索"靠尺"，点击下载后拖拽到预览视口中，调整位置，添加显隐动画。添加相机动画拉近镜头凸显靠尺，如图 3.3.23 所示。

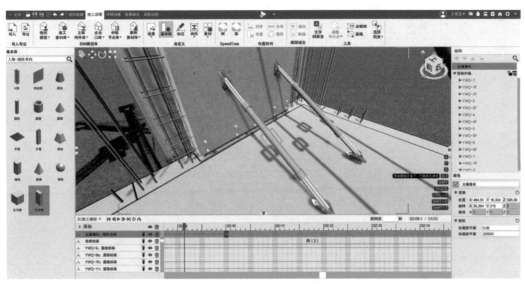

图 3.3.22　水平位置定位线

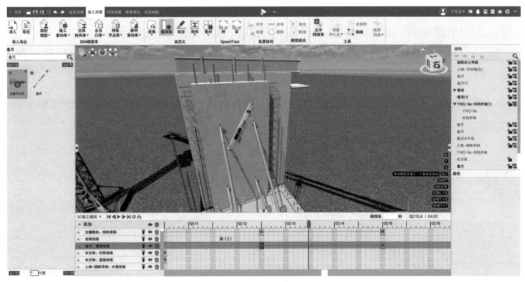

图 3.3.23　靠尺

（5）第五场景：实测验收

Step 01　用工具栏的文字转语音工具将脚本的第五场景文字转换为语音，并添加音频动画，将脚本场景标题或正文添加到音频动画的帧属性下的字幕框中。

Step 02　将 YWQ-8、YWQ-9、YWQ-10、YWQ-11、YWQ-9a 依次显示出来。

Step 03　在左侧模型面板里搜索"塞尺"，点击下载后拖拽到预览视口中，调整位置，添加显隐动画和位移动画。添加相机动画拉近镜头凸显塞尺，如图 3.3.24 所示。

（6）第六场景：安装内墙

Step 01　用工具栏的文字转语音工具将脚本的第六场景文字转换为语音，并添加音频动画，将脚本场景标题或正文添加到音频动画的帧属性下的字幕框中。

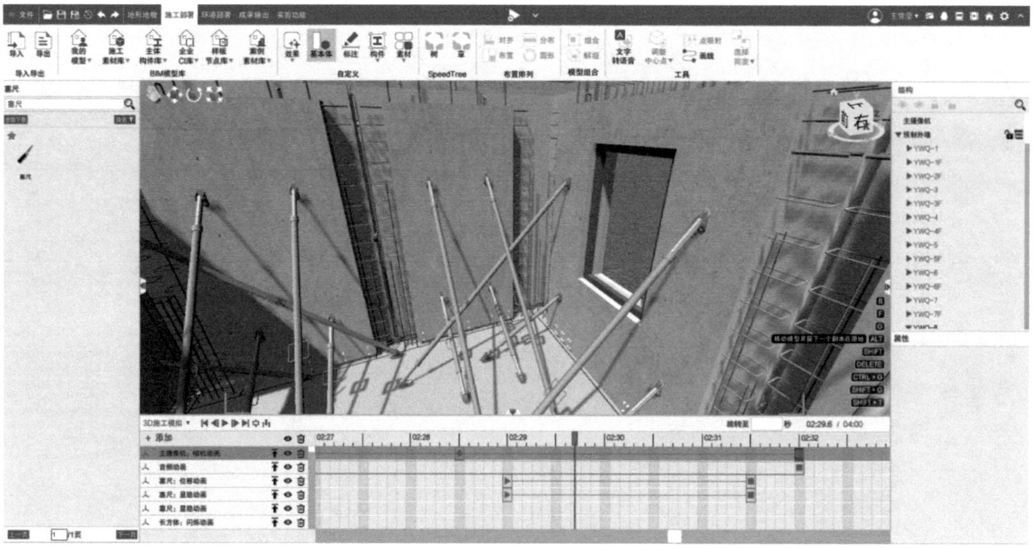

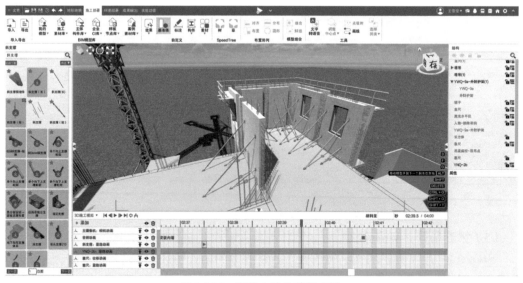

图 3.3.24　塞尺测竖缝

Step 02　在左侧模型面板里搜索"YNQ-2b"，点击下载后拖拽到预览视口中，调整位置，添加显隐动画。添加相机动画凸显内墙的位置，如图 3.3.25 所示。

Step 03　在左侧模型面板里搜索"斜支撑"，拖拽到预览视口中，调整位置，添加显隐动画，如图 3.3.25 所示。

图 3.3.25　安装内墙及其斜支撑

Step 04　在工具栏选择基本体，左侧模型面板里找到"长方体"，拖拽到预览视口中，调整长方体的大小及位置，作为塞缝。添加显隐动画，添加相机动画拉近镜头凸显塞缝。在左侧模型面板里搜索"灌浆机"，选择带自定义动画的灌浆机拖拽到预览视口中，调整位置、角度，添加显隐动画和自定义动画；自定义动画中调整灌浆口的左右和前后位置。添加相机动画将镜头调整至合适位置，如图 3.3.26 所示。

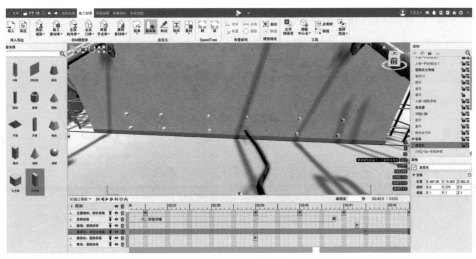

图 3.3.26　塞缝灌浆

（7）第七场景：浇筑节点混凝土

Step 01　用工具栏的文字转语音工具将脚本的第七场景文字转换为语音，并添加音频动画，将脚本场景标题或正文添加到音频动画的帧属性下的字幕框中。

Step 02　在工具栏点击素材，选择人材机具中的钢筋，在左侧模型面板中选择纵筋，拖拽到预览视口中，调整长度和位置。按照图纸放置相应数量的钢筋，并将所有纵筋组合在一起，如图 3.3.27 所示。

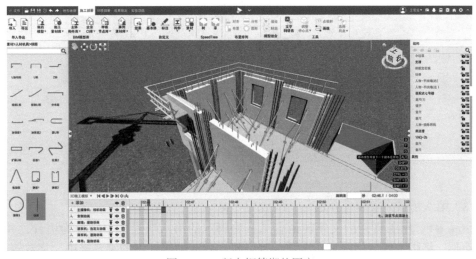

图 3.3.27　竖向钢筋绑扎固定

Step 03　在工具栏点击素材，选择人材机具中的板材，在左侧模型面板中选择"红胶合板"，拖拽到预览视口中，调整长度和位置。按照图纸放置相应数量的模板，并将所有模板组合在一起，如图 3.3.28 所示。

Step 04　在工具栏选择基本体，左侧模型面板里找到"长方体"，拖拽到预览视口中，调整长方体的大小及位置，作为节点混凝土，可以设置材质为混凝土。添加剖切动画，在模拟浇筑混凝土即剖切动画前，为模板添加透明动画，添加相机动画拉近镜头凸显混凝土浇筑的过程，如图 3.3.29 所示。

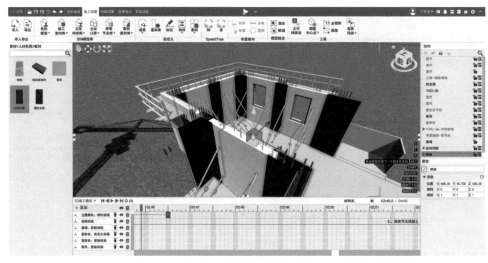

图 3.3.28 放置模板

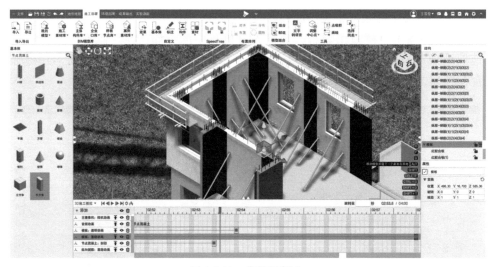

图 3.3.29 浇筑混凝土

（8）第八场景：安装叠合板

Step 01 用工具栏的文字转语音工具将脚本的第八场景文字转换为语音，并添加音频动画，将脚本场景标题或正文添加到音频动画的帧属性下的字幕框中。字数较多时，可分为多段文字转语音。

Step 02 用显隐动画隐藏所有斜支撑，添加相机动画将镜头调整至本层的正上方。在工具栏选择基本体，左侧模型面板里找到"长方体"，拖拽到预览视口中，调整长方体的大小及位置，作为确定叠合板支撑三脚架位置的放线，将三条线组合，添加显隐动画。同时在工具栏中选择标注，在左侧模型面板里找到"长度标注"，拖拽到预览视口中，调整大小和位置，文字内容为"500mm"，颜色为红色，表示出在两个方向上三脚架与叠合板端的距离。如图 3.3.30 所示。

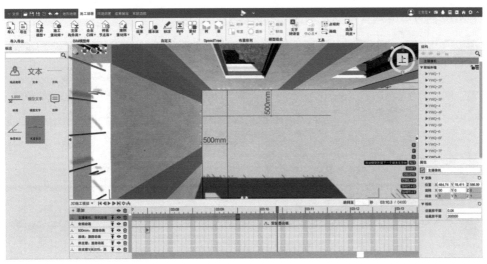

图 3.3.30　三脚架与叠合板端的距离

Step 03　在左侧模型面板里找到"支撑三脚架",选择有自定义动画的三脚架下载并拖拽到预览视口中,调整三脚架的位置,添加显隐动画和自定义动画,添加相机动画将镜头调整至凸显三脚架。在工具栏选择基本体,左侧模型面板里找到"H 体",拖拽到预览视口中,调整长方体的大小及位置,作为横梁,添加显隐动画、位移动画。两个三脚架的自定义动画和横梁的位移动画使得横梁随支撑头到正确位置。"H 体"添加闪烁动画,添加相机动画将镜头凸显横梁上表面,如图 3.3.31 所示。

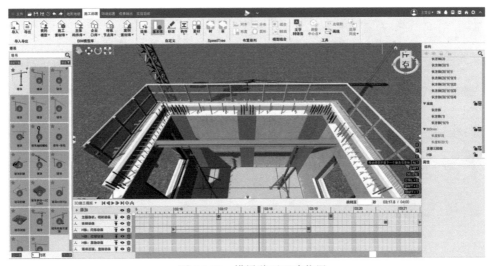

图 3.3.31　横梁移至正确位置

Step 04　在左侧模型面板里找到"叠合板",点击下载后拖拽到预览视口中,添加显隐动画,添加相机动画将镜头调整至观察叠合板有无裂缝和破损。

Step 05　在左侧模型面板里找到"吊梁扁担",点击下载后拖拽到预览视口中,添加显隐动画和自定义动画。添加塔式起重机自定义动画,让塔式起重机的吊钩缓慢下落,然后添加"吊梁扁担"和"叠合板"跟随"塔式起重机"动画。添加相机动画将镜头调

163

整至观察吊梁扁担吊起叠合板，如图 3.3.32 所示。

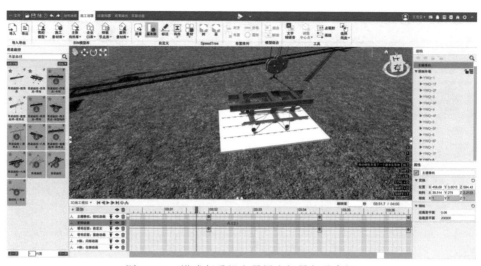

图 3.3.32　塔式起重机和吊梁扁担吊起叠合板

Step 06　继续添加塔式起重机自定义动画，从地面将叠合板起吊到楼面上 500mm 悬停。添加相机动画将镜头凸显叠合板位置及调整方向。最后添加塔式起重机的自定义动画，将叠合板缓慢降落至横梁上，如图 3.3.33 所示。

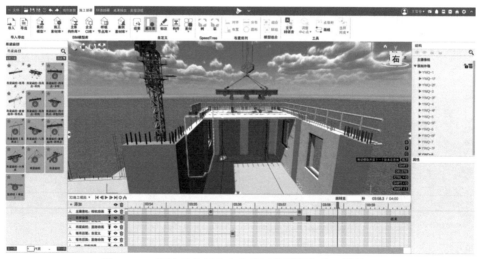

图 3.3.33　调整叠合板方向和位置并缓慢降落至横梁上

3.4　装配式钢结构施工模拟

3.4.1　装配式钢结构施工概述

某项目部预进行《××装配式钢结构住宅小区》钢结构吊装工程施工，为了确保施工安全质量，更好地指导工人施工，决定采用可视化交底。作为负责该项目钢结构施工的技术人员，请识读该项目钢结构柱梁结构施工图（图 3.4.1），并通过查阅《钢结构工程施工规范》GB 50755—2012 等资料，利用 BIM-FILM 软件为 ×× 装配式钢结构住宅小区钢结构吊装工程施工制作施工模拟动画，为完成可视化交底做好准备。

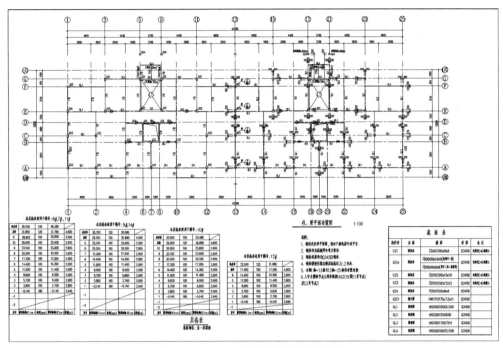

图 3.4.1　×× 钢结构柱梁结构施工图

前期已经完成《×× 装配式钢结构住宅小区》筏板基础施工，接下来要进行钢结构吊装施工。为完成 ×× 装配式钢结构吊装施工动画，首先需了解和掌握钢结构柱梁吊装施工方法，查阅《钢结构工程施工规范》GB 50755—2012 等相关标准规范、参考钢结构施工技术交底文件，编写钢结构柱梁吊装施工动画脚本，然后根据脚本利用 BIM-FILM 软件制作钢结构柱梁吊装施工动画。

1. 材料要求

（1）一般要求

① 在多层与高层钢结构现场施工中，安装用的材料，如焊接材料、高强度螺栓、压型钢板、栓钉等应符合现行国家产品标准和设计要求。

② 多层与高层建筑钢结构用钢材，主要采用 Q235 碳素结构钢和 Q345 低合金高强度结构钢。其质量标准应分别符合我国现行国家标准《碳素结构钢》GB/T 700 和《低合金高强度结构钢》GB/T1591 的规定。当有可靠根据时，可采用其他牌号的钢材。当设计文件采用其他牌号的结构钢时，应符合相对应的现行国家标准。

③ 钢板和型钢表面允许有不妨碍检查表面缺陷的薄层氧化铁皮、铁锈、由于压入氧化铁皮脱落引起的不显著的粗糙和划痕、轧辊造成的网纹和其他局部缺陷，但凹凸度不得超过厚度负公差的一半。对低合金钢板和型钢的厚度还应保证不低于允许最小厚度。

④ 钢板和型钢表面缺陷不允许采用焊补和堵塞处理，应用凿子或砂轮清理。清理处应平缓无棱角，清理深度不得超过钢板厚度负偏差的范围，对低合金钢还应保证不薄于

165

其允许的最小厚度。

⑤ 厚度方向性能钢板，要求钢板在厚度方向有良好的抗层状撕裂性能，依据国家标准《厚度方向性能钢板》GB/T 5313—2010 和行业标准《高层建筑结构用钢板》YB 4104—2000 中的相关规定。

（2）现场安装材料准备

① 根据施工图测算各主耗材料（如焊条、焊丝等）数量，做好订货安排，确定进场时间。

② 各施工工序所需临时支撑、钢结构拼装平台、脚手架支撑、安全防护、环境保护器材数量确认后，安排进场制作及搭设。

③ 根据现场施工安排，编制钢结构件进场计划，安排制作、运输计划。对于特殊构件的运输，如有放射性、腐蚀性的，要做好相应的措施，并到当地的公安、消防部门登记；如超重、超长、超宽的构件，还应规定好吊耳的设置，并标出重心位置。

2. 主要机具

在多层与高层钢结构施工中，常用的主要机具有：塔式起重机、汽车式起重机、履带式起重机、交直流电焊机、CO_2 气体保护焊机、空压机、碳弧气刨、砂轮机、超声波探伤仪、磁粉探伤、着色探伤、焊缝检查量规、大六角头和扭剪型高强度螺栓扳手、高强度螺栓初拧电动扳手、栓钉机、千斤顶、葫芦、卷扬机、滑车及滑车组、钢丝绳、索具、经纬仪、水准仪、全站仪等。

3. 作业条件

① 参加图纸会审，与业主、设计、监理充分沟通，确定钢结构各节点、构件分节细节及工厂制作图已完毕。

② 根据结构深化图纸，验算钢结构框架安装时的构件受力情况，科学预估其可能的变形情况，并采取相应合理的技术措施保证钢结构安装的顺利进行。

③ 各专项工程施工工艺确定，编制具体的吊装方案、测量监控方案、焊接及无损检测方案、高强度螺栓施工方案、吊装设备装拆方案、临时用电用水方案、质量安全环保方案并审核完成。

④ 组织必要的工艺试验，如焊接工艺试验、压型钢板施工及栓钉焊接检测工艺试验。尤其是对新工艺、新材料，要做好工艺试验，作为指导生产的依据。对于高强度螺栓，要做好高强度螺栓连接副和抗滑移系数的检测合格。

⑤ 对土建单位做的钢筋混凝土基础进行测量技术复核，如轴线、标高。如螺栓预埋在钢结构施工前由土建单位已完成的，还需复核每个螺栓的轴线、标高，对超过规范要求的，必须采取相应的补救措施。

⑥ 对现场周边交通状况进行调查，确定大型设备及钢构件进场路线。

⑦ 施工临时用电用水铺设到位。

⑧ 劳动力进场。所有生产工人都要进行上岗前培训，取得相应资质的上岗证书，做到持证上岗。尤其是焊工、起重工、吊装设备操作工、吊装设备指挥工等特殊工种。

⑨ 施工机具安装调试验收合格。

⑩ 构件进场：按吊装进度计划配套进场，运至现场指定地点，构件进场验收检查。

⑪ 对周边相关部门进行协调，如治安、交通、绿化、环保、文保、电力、气象等，

并到当地的气象部门了解以往年份的气象资料，做好防台风、防雨、防冻、防寒、防高温等措施。

4. 施工工艺

（1）工艺流程

多层、高层钢结构吊装施工工艺流程见图 3.4.2。

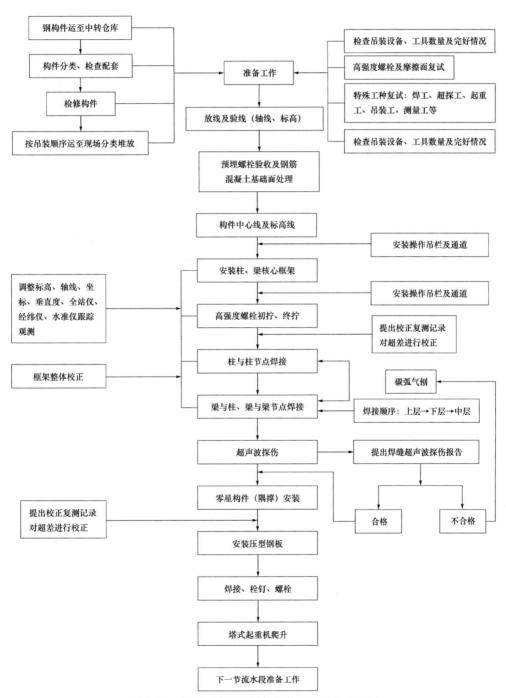

图 3.4.2　多层、高层钢结构吊装施工工艺流程图

（2）钢结构吊装顺序

多层与高层钢结构吊装一般需划分吊装作业区域，钢结构吊装按划分的区域，平行顺序同时进行。当一片区吊装完毕后，即进行测量、校正、高强度螺栓初拧等工序，待几个片区安装完毕后，对整体再进行测量、校正、高强度螺栓终拧、焊接。焊后复测完，接着进行下一节钢柱的吊装。

（3）螺栓预埋

螺栓预埋很关键，柱位置的准确性取决于预埋螺栓位置的准确性。预埋螺栓标高偏差控制在＋5mm 以内，定位轴线的偏差控制在 ±2mm。

（4）第一节钢柱吊装

① 吊点设置：

吊点位置及吊点数，根据钢柱形状、断面、长度、起重机性能等具体情况确定。一般钢柱弹性和刚性都很好，吊点采用一点正吊。吊点设置在柱顶处，柱身竖直，吊点通过柱重心位置，易于起吊、对线、校正。

② 起吊方法。

多层与高层钢结构工程中，钢柱一般采用单机起吊。对于特殊或超重的构件，也可采取双机抬吊，双机抬吊应注意的事项：尽量选用同类型起重机；根据起重机能力，对起吊点进行荷载分配；各起重机的荷载不宜超过其相应起重能力的 80%；在操作过程中，要互相配合，动作协调，如采用铁扁担起吊，尽量使铁扁担保持平衡，倾斜角度小，以防一台起重机失重而使另一台起重机超载，造成安全事故；信号指挥时，分指挥必须听从总指挥。

起吊时钢柱必须垂直，尽量做到回转扶直、根部不拖。起吊回转过程中应注意避免同其他已吊好的构件相碰撞，吊索应有一定的有效高度。

第一节钢柱是安装在柱基上的，钢柱安装前应将登高爬梯和挂篮等挂设在钢柱预定位置并绑扎牢固，起吊就位后临时固定地脚螺栓，校正垂直度。钢柱两侧装有临时固定用的连接板，上节钢柱对准下节钢柱柱顶中心线后，即用螺栓固定连接板做临时固定。

钢柱安装到位，对准轴线，必须等地脚螺栓固定后才能松开吊索。

③ 钢柱校正。钢柱校正要做三件工作：柱基标高调整，柱基轴线调整，柱身垂直度校正。

A. 柱基标高调整。

放上钢柱后，利用柱底板下的螺母或标高调整块控制钢柱的标高（因为有些钢柱过重，螺栓和螺母无法承受其重量，故柱底板下需加设标高调整块——钢板调整标高），精度可达到 ±1mm 以内。柱底板下预留的空隙，可以用高强度、微膨胀、无收缩砂浆以捻浆法填实。如图 3.4.3 所示。当使用螺母作为调整柱底板标高时，应对地脚螺栓的强度和刚度进行计算。

B. 第一节柱底轴线调整。

对线方法：在起重机不松钩的情况下，将柱底板上的四个点与钢柱的控制轴线对齐并缓慢降落至设计标高位置。

C. 第一节柱身垂直度校正。

采用缆风绳校正方法。用两台 90° 的经纬仪找垂直。在校正过程中，不断微调柱底板下调节螺母，直至校正完毕，将柱底板上面的两个螺母拧上，缆风绳松开不受力，柱身呈自由状态，再用经纬仪复核，如有微小偏差，再重复上述过程，直至无误，将上螺母拧紧。

图 3.4.3　柱基标高调整示意

地脚螺栓上螺母一般用双螺母，可在螺母拧紧后，将螺母与螺杆焊实。

D. 柱顶标高调整和其他节框架钢柱标高控制。

柱顶标高调整和其他节框架钢柱标高控制可以用两种方法：一种是按相对标高安装，另一种是按设计标高安装，一般采用相对标高安装。钢柱吊装就位后，用大六角高强度对拉螺栓固定连接上下钢柱的丝杠对接器，松开紧固螺母，调整丝杠对接器调节螺母，通过丝杠的力量，可微调柱间间隙。量取上下柱顶预先标定的标高值，符合要求后拧紧紧固螺母，防止钢柱下落，考虑到焊缝焊接收缩变形，标高偏差调整至 4mm 以内，如图 3.4.4 所示。

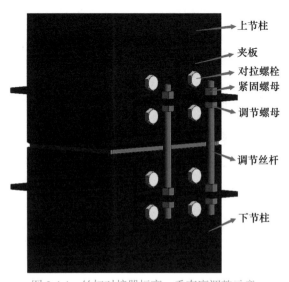

图 3.4.4　丝杠对接器标高、垂直度调整示意

E. 第二节柱轴线调整。

为使上下柱不出现错口，尽量做到上下柱中心线重合。如有偏差，钢柱中心线偏差调整每次控制 3mm 以内，如偏差过大，分 2～3 次调整。

注意：每一节钢柱的定位轴线决不允许使用下一节钢柱的定位轴线，应从地面控制线引至高空，以保证每节钢柱安装正确无误，避免产生过大的积累误差。

F. 第二节钢柱垂直度校正。

钢柱垂直度校正的重点是对钢柱有关尺寸预检，即对影响钢柱垂直度因素预先控制。

经验值测定：梁与柱一般焊缝收缩值小于 2mm；柱与柱焊缝收缩值一般在 3.5mm。为确保钢结构整体安装质量精度，在每层都要选择一个标准框架结构体（或剪力筒），依次向外发展安装。安装标准化框架的原则是指建筑物核心部分，几根标准柱能组成不可变的框架结构，便于其他柱安装及流水段的划分。

标准柱的垂直度校正：采用两台经纬仪对钢柱及钢梁安装跟踪观测。钢柱垂直度校正可分为两步。

第一步，采用丝杠对接器校正。调整钢柱偏斜方向一侧的丝杠对接器调节螺母，微调钢柱的垂直度，如图 3.4.4 所示。

第二步，将标准框架体的梁安装上。先安装上层梁，再安装中、下层梁，安装过程会对柱垂直度有影响，可采用钢丝绳缆索（只适宜跨内柱）、千斤顶、钢楔和手拉葫芦进行。其他框架柱依标准框架体向四周发展，其做法与标准框架相同。

（5）框架梁安装工艺

① 钢梁吊装宜采用专用卡具，而且必须保证钢梁在起吊后为水平状态。

② 一节柱一般有 2 层、3 层或 4 层梁，原则上竖向构件由上向下逐件安装，由于上部和周边都处于自由状态，易于安装且保证质量。一般在钢结构安装实际操作中，同一列柱的钢梁从中间跨开始对称地向两端扩展安装。同一跨钢梁，先安装上层梁再安装中下层梁。

③ 在安装柱与柱之间的主梁时，会把柱与柱之间的开档撑开或缩小。测量必须跟踪校正，预留偏差值，留出节点焊接收缩量。

④ 柱与柱节点和梁与柱节点的焊接，以互相协调为好，一般可以先焊一节柱的顶层梁，再从下向上焊接各层梁与柱的节点。柱与柱的节点可以先焊，也可以后焊。

⑤ 次梁根据实际施工情况逐层安装完成。

（6）柱底灌浆

在第一节柱及柱间钢梁安装完成后，即可进行柱底灌浆。

（7）补漆

① 补漆采用人工涂刷，在钢结构按设计安装就位后进行。

② 补漆前应清渣、除锈、去油污，自然风干，并经检查合格。

3.4.2　装配式钢结构构件吊装施工模拟

已经学习并掌握钢结构柱梁吊装施工方法，依据《××装配式钢结构住宅小区》钢结构柱梁结构施工图，查阅《钢结构工程施工规范》GB 50755—2012 等资料，先编写××钢结构柱梁吊装施工动画脚本，然后根据编写的脚本利用 BIM-FILM 软件制作钢结构柱梁吊装施工动画。

1. 编写钢结构柱梁吊装施工动画脚本

钢结构柱梁吊装施工流程及质量控制要点见表 3.4.1。

钢结构柱梁吊装施工流程及质量控制要点　　　　　　　　　　表 3.4.1

序号	施工工艺流程	查阅规范等资料，查找质量控制要点
1	调节螺母安装	（1）安装螺母；（2）调整螺母标高
2	第一节钢柱吊装	（1）吊装设备选型；（2）吊装注意事项
3	柱基节点连接	（1）柱基标高垂直度调整；（2）浇筑灌浆层
4	钢梁吊装	（1）吊绳选型；（2）吊装注意事项
5	柱梁节点连接	（1）高强螺栓安装；（2）节点焊接
6	第二节钢柱吊装	（1）吊装注意事项；（2）丝杠对接器安装；（3）柱对接节点焊接

综合上述质量控制要点，按照施工工艺流程，编写 ×× 钢结构柱梁吊装施工动画脚本。

（1）调节螺母安装

安装调节螺母，由测量人员用水准仪，按照设计标高调整调节螺母标高。

（2）第一节钢柱吊装

采用 50T 汽车吊吊装第一节钢柱；距地面约 1m 高处停止降落，由操作人员手扶引导降落；待柱底板孔对准地脚螺栓后，缓慢降落至调节螺母上。

（3）柱基节点连接

安装压块；安装紧固螺母并初拧；用扳手细调调节螺母，调整钢柱标高垂直度；终拧紧固螺母后安装防松螺母并拧紧；清理柱脚杂物后，用高强度、微膨胀、无收缩砂浆以捻浆法填实。

（4）钢梁吊装

用双吊点钢丝绳吊装钢梁，保证钢梁在起吊后为水平状态。

（5）柱梁节点连接

安装扭剪型高强螺栓；安装焊接托板；焊接柱梁节点；先吊装上层钢梁，再吊装下层钢梁。

（6）第二节钢柱吊装

吊装第二节钢柱；安装丝杠对接器；用高强对拉螺栓固定上下柱；松开紧固螺母；用扳手旋转调节螺母，调整上节柱标高和垂直度；柱对接节点焊接。

2. 制作装配式钢结构构件吊装施工动画

按照脚本的六个步骤，在 BIM-FILM 软件中逐一实现六个场景的施工动画模拟。

（1）第一场景：调节螺母安装

Step 01　打开软件，在主菜单栏点击"新建"，选择【土地】地貌，创建一个土地地貌。

Step 02　在左侧模型素材栏搜索"一层施工场景"，点击下载后拖拽到预览视图中，并修改其属性栏中位置"X/Y/Z"值为"495/0.01/537"，旋转"X/Y/Z"值为"0/0/0"（属性值可根据工程实际情况进行适当调整）。

Step 03　导入模型：点击素材工具栏"导入"，将"筏板基础""第一节柱""地脚螺栓 1"模型导入视图中。其中"筏板基础"导入设置合并选项时选择"按材质合并"，勾选Z轴向上，单位转换选择英尺（1英尺＝30.48cm，余同）；"第一节柱""地脚螺栓1"导入设置合并选项时选择"保留合并选项"，勾选Z轴向上，单位转换选择英尺；点击"确定"，导入后分别选中模型在属性窗口修改其位置"X/Y/Z"值为"500/0.15/500"，如图3.4.5所示。

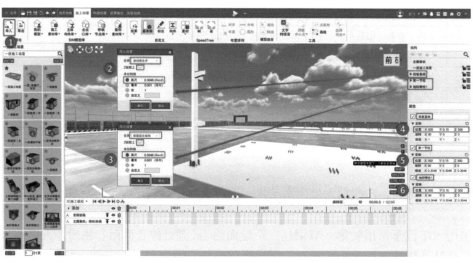

图3.4.5 导入模型

Step 04 赋予材质：分别为导入的模型赋予不同的材质，如图3.4.6所示。

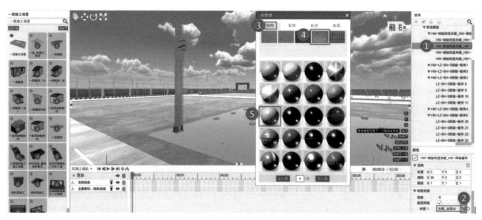

图3.4.6 赋予材质

Step 05 模型层级结构调整：通过拖拽、组合，重命名等命令对"第一节柱"和"地脚螺栓1"进行层级结构调整。

Step 06 导入汽车吊模型：在素材库搜索"汽车吊"，点击下载并拖入到视图区，选中汽车吊修改其属性值调整到合适位置，如图3.4.7所示。

Step 07 先将不需要的模型隐藏，将相机视图调整到适当位置（能将汽车吊和第一节柱放到视图的蓝色框中），在主摄像机对应的动画时间轴1s处，双击添加一个关键帧；接着选中"调节螺母"调整其中心点为模型中心，并按键盘【F】键聚焦，使相机镜头对准地脚螺栓，然后在主摄像机对应的动画时间轴1.5s处双击添加一个关键帧，如图3.4.8所示。

图 3.4.7　导入汽车吊模型

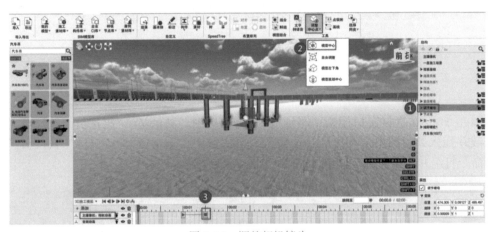

图 3.4.8　调整相机镜头

Step 08　在音频动画对应时间轴 2s 处双击插入对应的音频文件，并在弹出的帧属性对话框输入名称和相应解说词，如图 3.4.9 所示。

图 3.4.9　插入安装调节螺母解说词和字幕

Step 09　选中"调节螺母"，分别添加显隐动画和位移动画。在对应的显隐动画时间轴 2s 处，双击添加一个关键帧；在其对应的位移动画时间轴 4s 处，双击添加结束关键帧；接着选中"调节螺母"绿色坐标轴向上移动一定距离，在其对应的位移动画时间轴2s处，双击添加起始关键帧。动画效果就是"调节螺母"在2s开始出现，在2~4s从上向下安装就位，如图3.4.10所示。

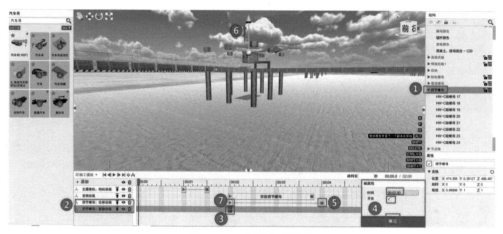

图3.4.10　安装调节螺母

Step 10　在素材窗口搜索"测量员"，分别选中"测量员""测量员（扶尺员）"点击下载并拖入到视图中，调整到合适位置。再次选中"测量员""测量员（扶尺员）"用组合命令打组并重命名为"调整标高"，如图3.4.11所示。

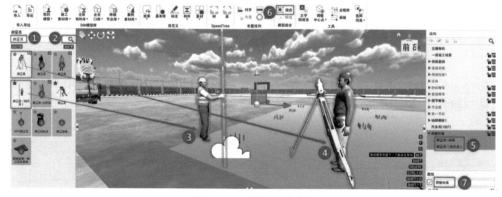

图3.4.11　导入测量员

Step 11　将相机视图调整到适当位置（能将测量员放到视图的蓝色框中），在主摄像机对应的动画时间轴5s处，双击添加一个关键帧；然后双击1.5s相机关键帧，在4.5s处双击添加1个相机关键帧（相当于复制了1.5s的相机关键帧），如图3.4.12所示。

Step 12　在音频动画对应的时间轴5.5s处双击插入对应的音频文件，并在弹出的帧属性对话框输入名称和相应解说词，如图3.4.13所示。

Step 13　选中"调整标高"，为其添加显隐动画，在对应的显隐动画时间轴5.5s/9s处，分别双击添加一个关键帧，并修改其帧属性值；然后选中"测量员-动画"为其添加内置动画，在对应的内置动画时间轴0s处，双击添加一个关键帧；动画效果是测量员从5.5s出现至9s消失，用水平仪调整调节螺母的标高，如图3.4.14所示。

图 3.4.12 调整相机镜头（测量员）

图 3.4.13 插入调整调节螺母标高解说词和字幕

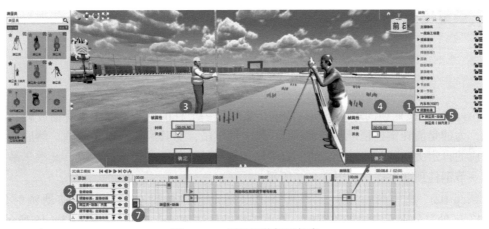

图 3.4.14 调整调节螺母标高

（2）第二场景：第一节钢柱吊装

Step 01 在主摄像机对应的动画时间轴 9.5s 处，双击添加一个关键帧；然后双击 1s 相机关键帧，在 10s 处双击添加 1 个相机关键帧（相当于复制了 1s 的相机关键帧），选中第一节柱将其显示，如图 3.4.15 所示。

图 3.4.15　显示第一节柱

Step 02　在音频动画对应的时间轴 11s/15.5s/22s 处分别双击插入对应的音频文件，并在弹出的帧属性对话框输入名称和相应解说词，如图 3.4.16 所示。

176

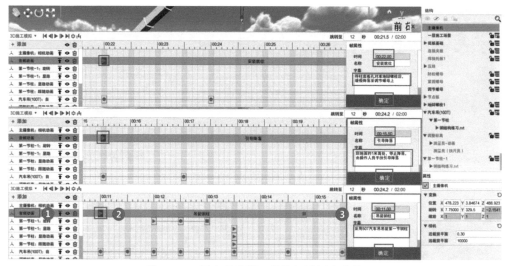

图 3.4.16　插入吊装第一节柱解说词和字幕

Step 03　按照逆向思维，从后向前倒着做第一节柱的拆装动画（正着播放就是吊装动画，为的是能让钢柱精准吊装就位）。选中汽车吊，为其添加自定义动画，然后在汽车吊对应的自定义动画时间轴 28s 处，双击添加关键帧，修改关键帧属性值，使汽车吊吊钩与第一节钢柱顶部平齐，如图 3.4.17 所示。

Step 04　选中第一节柱，为其添加跟随动画，然后在对应的跟随动画时间轴 28s/13.5s 处，分别双击添加关键帧，修改关键帧属性值，点击确定，如图 3.4.18 所示。

Step 05　在汽车吊对应的自定义动画时间轴 24s/22s /17s/15.5s/14.5s/13.5s 处，分别双击添加关键帧，修改关键帧属性值。动画效果是第一节柱跟随汽车吊吊钩从 13.5s 开始起吊，到 14.5s 钢柱开始下降，到 15.5s 停止下降，从 17s 开始采用人工引导缓慢降落，到 22s 再次停止下降，待柱底板孔对准地脚螺栓后，从 24～28s 缓慢降落至调节螺母上，如图 3.4.19 所示。

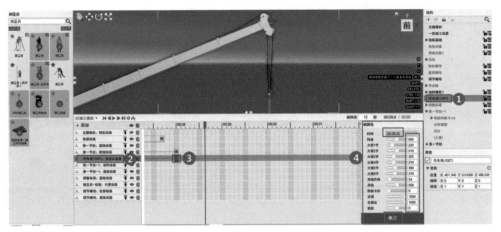

图 3.4.17 调整汽车吊至拆装状态

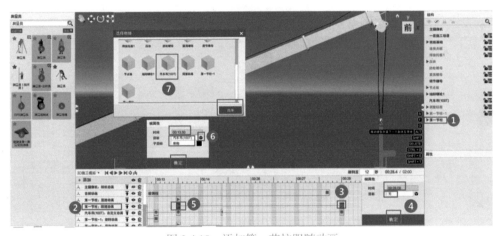

图 3.4.18 添加第一节柱跟随动画

图 3.4.19 第一节柱安装就位

Step 06 为了实现第一节柱由水平转为竖直动画，需将动画时间轴跳转至 13.5s 处（输入 13.5，回车键确认），然后选中汽车吊内部的第一节柱，复制一个第一节柱并重命名为"第一节柱 –1"，如图 3.4.20 所示。

Step 07 分别选中第一节柱和第一节柱 –1，分别为其添加显隐动画，在各自对应的显隐动画时间轴 13.5s 处，分别双击添加关键帧，并修改其属性值。动画效果是第一节柱在 13.5s 处出现，第一节柱 –1 在 13.5s 处消失，如图 3.4.21 所示。

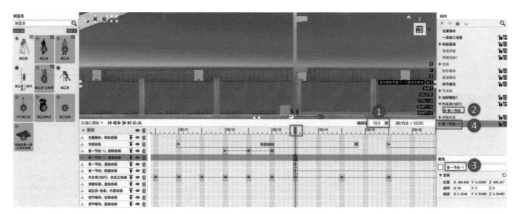

图 3.4.20　复制第一节柱

图 3.4.21　完成第一节柱 –1 向第一节柱转化

Step 08　选中第一节柱 –1，为其添加旋转动画，在对应的旋转动画时间轴 13s/12.5s/12s 处，分别双击添加关键帧，并修改其属性值。动画效果是第一节柱 –1 在 12～13s，由水平状态转为竖直状态，如图 3.4.22 所示。

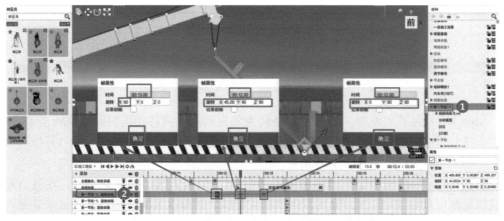

图 3.4.22　调整第一节柱由水平状态转为竖直状态

Step 09 在汽车吊对应的自定义动画时间轴处 13s/12.5s/12s/11.5s/11s/10.5s/10s，分别双击添加关键帧，修改关键帧属性值。动画效果是汽车吊在 10~12s 支撑腿展开并落钩，在 12~13.5s 将钢柱由水平状态转为竖直状态，如图 3.4.23 所示。

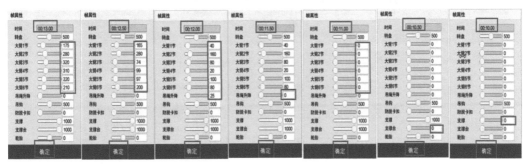

图 3.4.23　起吊第一节柱

Step 10 在素材栏搜索"吊装工"，选中"人物 – 手扶墙（右）"点击下载并拖入到视图中，调整到合适位置。再次选中"人物 – 手扶墙（右）"为其添加显隐动画和内置动画，在其对应显隐动画时间轴 15.5s/28.5s 处，分别双击添加关键帧，并修改其属性值，在其对应内置动画时间轴 12s 处，双击添加关键帧，默认关键帧属性。动画效果是吊装工从 15.5s 处出现，手扶引导钢柱安装就位，在 28.5s 处消失，如图 3.4.24 所示。

179

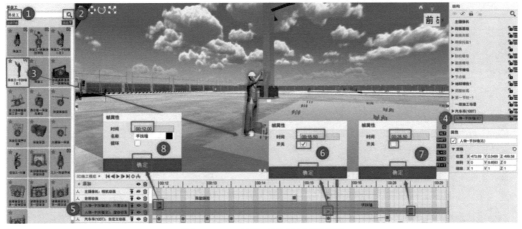

图 3.4.24　吊装工手扶引导降落

Step 11 点击"标注"，选中"长度标注"将其拖入到视图合适位置，修改其属性值。再次选中"长度标注"，为其添加显隐动画，在其对应显隐动画时间轴 15.5s/17s 处，分别双击添加关键帧，并修改其属性值。动画效果是长度标注在 15.5s 出现，持续 1.5s，在 17s 消失，如图 3.4.25 所示。

Step 12 在主摄像机对应的动画时间轴 14s 处，双击添加一个关键帧，然后将相机视图调整到适当位置（能将安装工放到视图的蓝色框中），在主摄像机对应的动画时间轴 15s 处，双击添加一个关键帧。

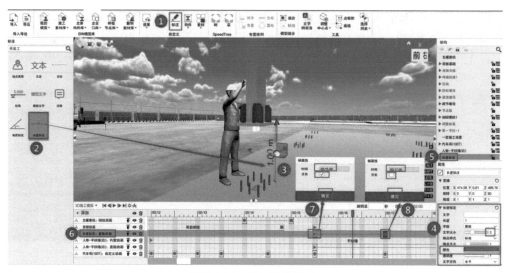

图 3.4.25　添加标注说明

（3）第三场景：柱基节点连接

Step 01　在主摄像机对应的动画时间轴 29s 处，双击添加一个关键帧，然后双击 1.5s 相机关键帧，接着在 29.5s 再次双击添加相机关键帧（相当于复制了 1.5s 处的相机关键帧，将相机视图放大到地脚螺栓位置），如图 3.4.26 所示。

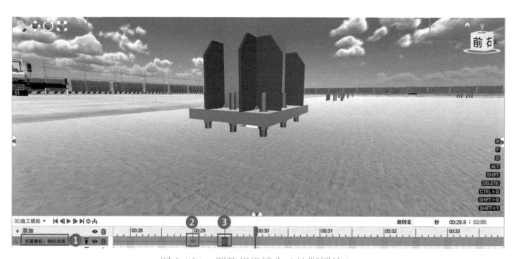

图 3.4.26　调整相机镜头（地脚螺栓）

Step 02　在音频动画对应的时间轴 29.5s/31.5s/33.5s/39s/41s 处分别双击插入对应的音频文件，并在弹出的帧属性对话框输入名称和相应解说词，如图 3.4.27 所示。

Step 03　选中"压块"，为其添加显隐动画和位移动画，在对应显隐动画时间轴 30s 处，双击添加关键帧，修改其帧属；在对应位移动画时间轴 31.5s 处，双击添加结束关键帧；接着选中压块蓝色坐标轴向上移动一定距离后，在对应位移动画时间轴 30.5s 处，双击添加起始关键帧。动画效果是压块在 30s 处出现，在 30.5～31.5s 向下安装就位，如图 3.4.28 所示。

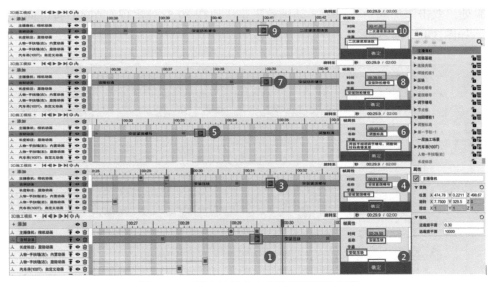

图 3.4.27 插入柱基节点安装解说词和字幕

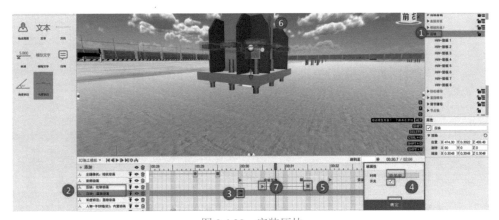

图 3.4.28 安装压块

Step 04 选中"紧固螺母"为其添加显隐动画和位移动画，在对应显隐动画时间轴32s处，双击添加关键帧，修改其帧属性；在对应位移动画时间轴33.5s处，双击添加结束关键帧；接着选中紧固螺母绿色坐标轴向上移动一定距离后，在对应位移动画时间轴32.5s处，双击添加起始关键帧。动画效果是紧固螺母在32s处出现，在32.5~33.5s向下安装就位，如图3.4.29所示。

Step 05 在素材栏搜索"扳手"，选中"活口扳手"点击下载并拖入到视图中，调整到合适位置。再次选中"活口扳手"为其添加显隐动画和旋转动画，在其对应显隐动画时间轴34s/39s处，分别双击添加关键帧，并修改其属性值；在其对应旋转动画时间轴34.5s/35s/35.5s/36s/36.5s/37s/37.5s/38s/38.5s处，分别双击添加关键帧，并修改其属性值。动画效果是扳手在34s出现，反复旋转调节螺母，在39s消失，如图3.4.30所示。

Step 06 选中"防松螺母"，为其添加显隐动画和位移动画，在对应显隐动画时间轴39.5s处，双击添加关键帧，修改其帧属性；在对应位移动画时间轴41s处，双击添加结束关键帧；接着选中防松螺母绿色坐标轴向上移动一定距离后，在对应位移动画时间轴 40s 处，双击添加起始关键帧。动画效果是压块在 39.5s 处出现，在 40～41s 向下安装就位，如图 3.4.31 所示。

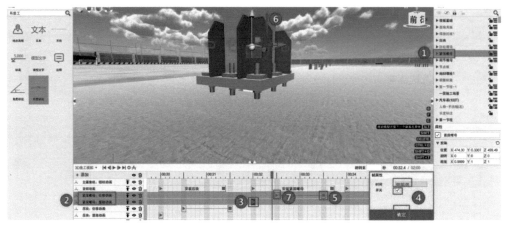

图 3.4.29 安装紧固螺母

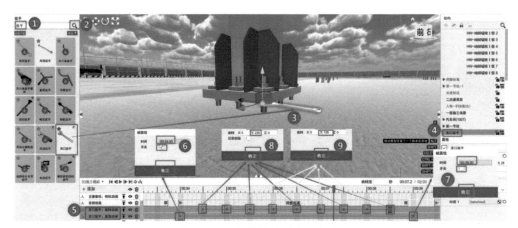

图 3.4.30 调整柱基标高垂直度

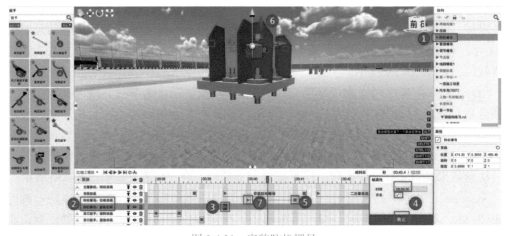

图 3.4.31 安装防松螺母

Step 07　用基本体制作二次灌浆层，点击基本体选中"长方体"拖入视图中，重命名为"二次灌浆层"并修改其属性值，将其放置在柱底座板底部；选中二次灌浆层为其添加位移动画，在对应时间轴 43.5s 处，双击添加结束关键帧；接着选中二次灌浆层绿色坐标轴向下移动至没入筏板基础后，在对应位移动画时间轴 41.5s 处，双击添加起始关键帧。动画效果是二次灌浆层在 41.5～43.5s 从无到有浇筑完成，如图 3.4.32 所示。

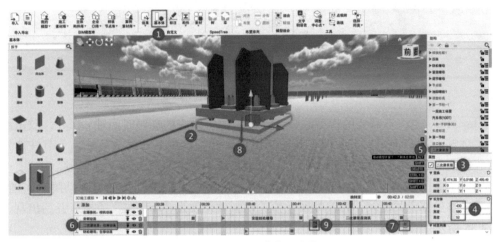

图 3.4.32　二次灌浆层浇筑

（4）第四场景：钢梁吊装

Step 01　导入模型：点击素材工具栏"导入"，将"下节柱""下节柱牛腿""钢梁""柱梁连接螺栓""剩余第一节柱""1F 钢梁""2F 钢梁"模型导入视图中，导入设置合并选项时选择"按材质合并"，勾选 Z 轴向上，单位转换选择英尺；点击"确定"，导入后分别选中模型在属性窗口修改其位置"X/Y/Z"值为"500/0.15/500"，如图 3.4.33 所示。

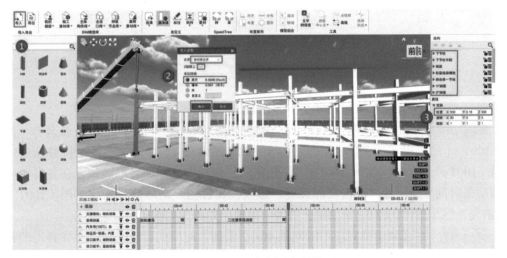

图 3.4.33　导入钢梁及相关模型

Step 02　赋予材质：分别为导入的模型赋予不同材质。

Step 03　模型层级结构调整：通过拖拽、重命名等命令对"下节柱"和"下节柱牛腿"进行层级结构调整,如图 3.4.34 所示。

图 3.4.34　模型层级结构调整

Step 04　先将不需要的模型隐藏,在主摄像机对应的动画时间轴 44s 处,双击添加一个关键帧;接着将相机视图调整到适当位置(能将汽车吊和第一节柱、下节柱放到视图的蓝色框中),在主摄像机对应的动画时间轴 44.5s 处双击添加一个关键帧。

Step 05　选中"下节柱",添加其"显隐动画",接着在对应的显隐动画时间轴 45s 处,双击添加一个关键帧,修改帧属性值。动画效果就是"下节柱"在 45s 开始出现,如图 3.4.35 所示。

图 3.4.35　安装下一节钢柱

Step 06　选中"汽车吊(100T)",复制一个"汽车吊(100T)"并重命名为"汽车吊(100T)(吊装梁)",删除"汽车吊(100T)(吊装梁)"自定义动画;接着选中"汽车吊(100T)"和"汽车吊(100T)(吊装梁)",分别为其添加显隐动画,在各自对应的显隐动画时间轴 44s 处,双击添加关键,修改帧属性值。动画效果是汽车吊(100T)在 44s 消失,汽车吊(100T)(吊装梁)在 44s 出现,如图 3.4.36 所示。

Step 07　在音频动画对应的时间轴 46s 双击插入对应的音频文件,并在弹出的帧属性对话框输入名称和相应解说词,如图 3.4.37 所示。

Step 08　在素材窗口搜索"吊绳",选中"吊绳 – 双吊点"点击下载并拖拽到视图中,调整到合适位置。同时选中"钢梁"和"吊绳 – 双吊点",用组合命令打组并重命名为"吊装梁"。

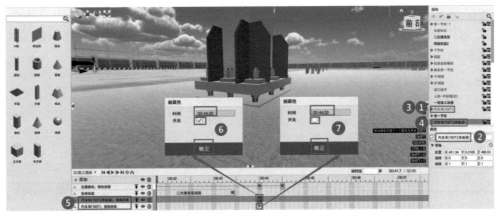

图 3.4.36 布置汽车吊（吊装梁）

图 3.4.37 插入吊装梁讲解语音和字幕

Step 09 选中"吊绳 – 双吊点"为其添加自定义动画，在其对应自定义动画时间轴45s处，双击添加关键帧，并修改其属性值，使吊绳处于吊装梁的状态，如图3.4.38所示。

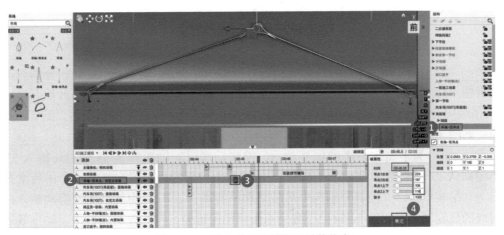

图 3.4.38 插入并调整吊绳至吊装状态

Step 10 按照逆向思维,从后向前倒着做钢梁的拆装动画,选中汽车吊(100T)(吊装梁)为其添加自定义动画,然后在对应的自定义动画时间轴57s处,双击添加关键帧,修改关键帧属性值,使汽车吊吊钩套入吊绳环中,如图3.4.39所示。

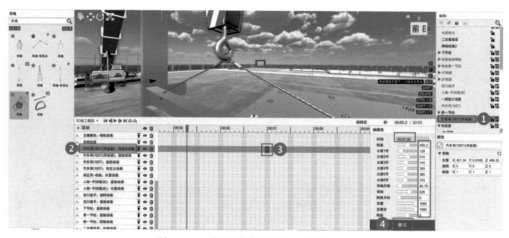

图 3.4.39 调整汽车吊吊钩至拆装状态

Step 11 选中"吊装梁",为其添加跟随动画,然后在对应的跟随动画时间轴52.5s/57s处,分别双击添加关键帧,修改关键帧属性值,点击确定,如图3.4.40所示。

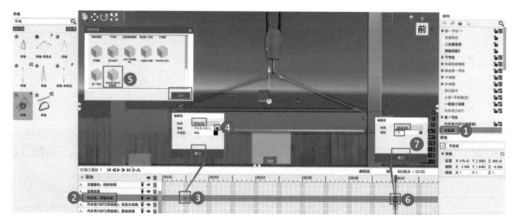

图 3.4.40 添加钢梁跟随动画

Step 12 在汽车吊对应的自定义动画时间轴56s/55.5s/54.5s/53.5s处,分别双击添加关键帧,修改关键帧属性值。动画效果是吊装梁跟随汽车吊吊钩从53.5s开始起吊,到54.5s吊装梁开始转到两钢柱之间,到55.5s停顿0.5s,从56s开始缓慢降落,到57s安装就位,如图3.4.41所示。

Step 13 为了实现吊绳的细节动画,需将动画时间轴跳转至53.5s处(输入53.5,回车键确认),然后选中汽车吊(100T)(吊装梁)内部的吊装梁,复制一个吊装梁并重命名为"吊装梁–1"。接着分别选中吊装梁和吊装梁–1,分别为其添加显隐动画,在各自对应的显隐动画时间轴52.5s处,分别双击添加关键帧,并修改其属性值。动画效果是吊装梁在52.5s处出现,吊装梁–1在52.5s处消失。

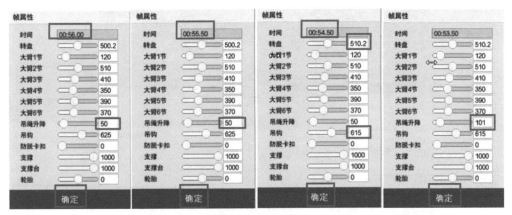

图 3.4.41 吊装钢梁

Step 14 选中吊装梁 –1 内的吊绳 – 双吊点，为其添加自定义动画，然后在对应的自定义动画时间轴 52.5s/52s/51.5s/51s/50.5s 处，分别双击添加关键帧，修改关键帧属性值。动画效果是吊绳在 50.5～52.5s 逐步展开，吊环螺栓套入到钢梁螺栓孔中，如图 3.4.42 所示。

图 3.4.42 吊绳展开

Step 15 为吊绳 – 双吊点添加位移、显隐动画，在对应的位移动画时间轴 50s 处，双击添加结束关键帧；然后选中吊绳 – 双吊点中心点红色区域斜上方拖动一段距离，在对应的位移动画时间轴 49.5s 处双击添加起始关键帧；接着在对应的显隐动画时间轴 49.5s 处，双击添加关键帧，修改其属性值。动画效果是吊绳在 49.5s 出现，在 49.5～50s 从斜上方套入吊钩中，如图 3.4.43 所示。

Step 16 在汽车吊对应的自定义动画时间轴 50.5s/50s/49.5s/49s/48s/47s/46s/45.5s 处，分别双击添加关键帧，修改关键帧属性值。动画效果是汽车吊 45.5s 开始展开，到 50.5s 处吊钩落钩就位，如图 3.4.44 所示。

Step 17 在主摄像机对应的动画时间轴 47.5s 处，双击添加一个关键帧；接着将相机镜头向前推进（能看清吊绳安装细节为宜），在 48.5s/53.5s 处分别双击添加相机关键帧。

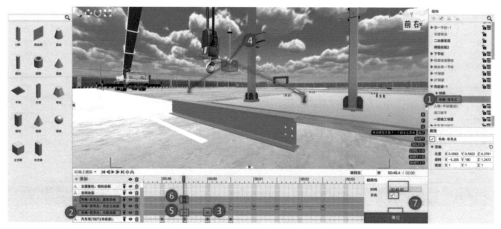

图 3.4.43　安装吊绳

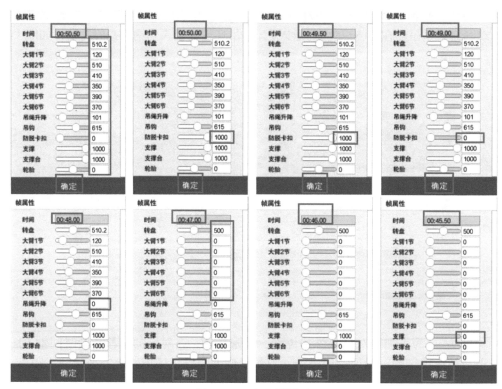

图 3.4.44　汽车吊展开

Step 18　将相机镜头向前推（能看清钢梁吊装过程为宜），在 54.5s/57.5s 处分别双击添加一个关键帧。

（5）第五场景：柱梁节点连接

Step 01　将相机视图推进（能看清柱梁连接节点为宜），在对应的相机动画时间轴 58s 处，双击添加一个关键帧。

Step 02　在音频动画对应的时间轴 58s/1:01.5/1:03.5 处分别双击插入对应的音频文件，并在弹出的帧属性对话框输入名称和相应解说词，如图 3.4.45 所示。

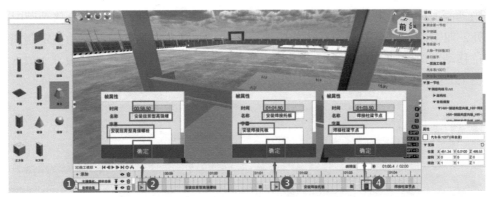

图 3.4.45　插入柱梁节点解说词和字幕

Step 03　选中"连接夹板"为其添加显隐动画，在对应的显隐动画时间轴 58.5s 处，双击添加关键帧，修改其帧属性；接着选中 LZ–BH–5 刚接 – 板件 24、LZ–BH–5 刚接 – 板件 25，分别为其添加位移动画，在对应位移动画时间轴 59.5s 处，分别双击添加结束关键帧；接着选中 LZ–BH–5 刚接 – 板件 24 绿色坐标轴向前移动一定距离，选中 LZ–BH–5 刚接 – 板件 25 绿色坐标轴向后移动一定距离后，在对应位移动画时间轴 59s 处，分别双击添加起始关键帧。动画效果是连接夹板在 58.5s 处出现，在 59～59.5s 分别从前、后安装就位，如图 3.4.46 所示。

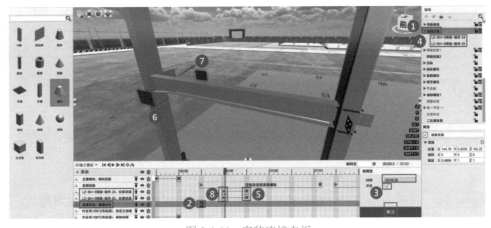

图 3.4.46　安装连接夹板

Step 04　选中"柱梁连接螺栓"为其添加显隐动画，在对应的显隐动画时间轴 58.5s 处，双击添加关键帧，修改其帧属性；接着选中螺栓颜色、螺母颜色，分别为其添加位移动画，在对应位移动画时间轴 1:01 处，分别双击添加结束关键帧；接着选中螺栓颜色绿色坐标轴向前移动一定距离，选中螺母颜色绿色坐标轴向后移动一定距离后，在对应位移动画时间轴 1:00 处，双击分别添加起始关键帧。动画效果是柱梁连接螺栓在 58.5s 处出现，在 1:00～1:01 分别从前、后安装就位，如图 3.3.47 所示（注意：在位移动画前应将模型的中心点位置调整到模型中心，余同）。

Step 05　选中焊接托板 2 拖入焊接托板 1 中（使焊接托板 2 成为焊接托板 1 的子级对象，方便统一制作动画）。接着选中焊接托板 1 为其添加显隐动画、位移动画，在对应

189

的显隐动画时间轴 1:01.5 处，双击添加关键帧，修改其帧属性，在对应位移动画时间轴 1:03 处，双击添加结束关键帧；接着选中焊接托板 1 蓝色坐标轴向前移动一定距离，在对应位移动画时间轴 1:02 处，双击添加起始关键帧。动画效果是焊接托板在 1:01.5 处出现，在 1:02～1:03 从前面安装就位，如图 3.3.48 所示。

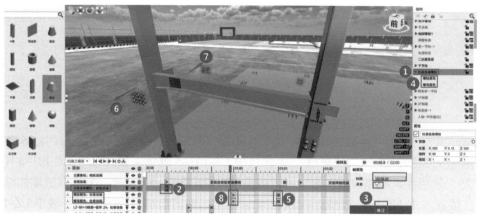

图 3.4.47　安装扭剪型高强螺栓

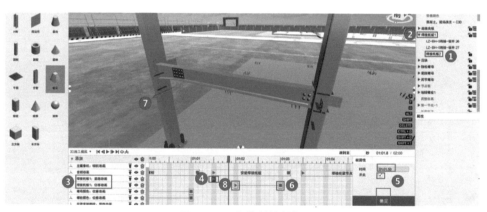

图 3.4.48　安装焊接托板

Step 06　接着点击效果—特效动画，在素材栏选择焊接，分四次（也可拖入一次后复制三个）拖入到视图合适位置（柱梁节点上下翼缘处）。同时选中四个焊接，用组合命令打组并重命名为"焊接特效"。

Step 07　选中"焊接特效"为其添加显隐动画、位移动画，在对应的显隐动画时间轴 1:03.5/1:05.5 处，分别双击添加关键帧，修改其帧属性；接着在对应的位移动画时间轴 1:04 处，双击分别添加起始关键帧，选中焊接特效蓝色坐标轴向后移动一定距离，在对应的位移动画时间轴 1:05 处，双击分别添加结束关键帧。动画效果是在 58.5s 开始焊接，在 1:04～1:05 从前端焊接到后端，到 1:05.5 处焊接结束，如图 3.3.49 所示。

Step 08　在对应的相机动画时间轴 1:06 处，双击添加相机关键帧，接着调整相机视图（能看到所有钢柱为宜），在对应的相机动画时间轴 1:06.5 处，双击添加相机关键帧。

Step 09　在音频动画对应的时间轴 1:07/1:10/1:12.5 处分别双击插入对应的音频文件，并在弹出的帧属性对话框输入名称和相应解说词，如图 3.3.50 所示。

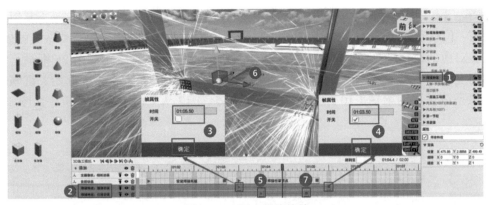

图 3.4.49　插入焊接特效

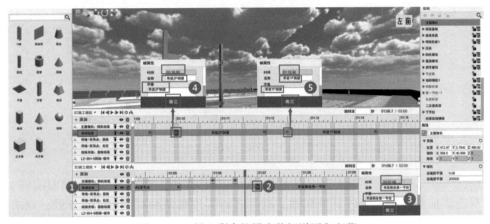

图 3.4.50　插入剩余柱梁安装解说词和字幕

Step 10　选中剩余第一节柱为其添加显隐动画、位移动画，在对应显隐动画时间轴 1:07 处，双击添加关键帧，修改其帧属性；接着在对应位移动画时间轴 1:09.5 处，双击添加结束关键帧，选中剩余第一节柱蓝色坐标轴向上移动一定距离，在对应位移动画时间轴 1:07.5 处，双击添加起始关键帧。动画效果是剩余第一节柱在 1:07 开始出现，在 1:07.5～1:09.5 从上向下安装就位，如图 3.3.51 所示。

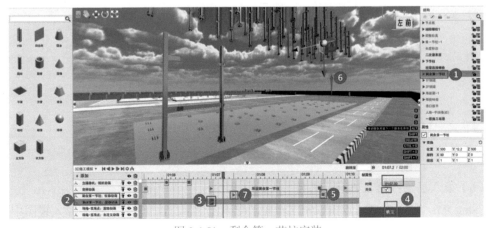

图 3.4.51　剩余第一节柱安装

Step 11 　按照先吊装上层梁再安装中层、下层梁的原则，选中 2F 钢梁为其添加显隐动画、位移动画，在对应的显隐动画时间轴 1:10 处，双击添加关键帧，修改其帧属性；接着在对应的位移动画时间轴 1:12 处，双击添加结束关键帧，选中剩余 2F 钢梁蓝色坐标轴向上移动一定距离，在对应的位移动画时间轴 1:10.5 处，双击添加起始关键帧。动画效果是第二层钢梁在 1:10 开始出现，在 1:10.5～1:12 从上向下安装就位，如图 3.3.52 所示。

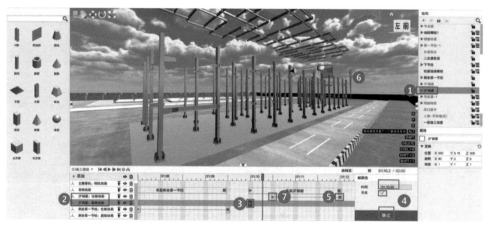

图 3.4.52　第二层钢梁安装

Step 12 　选中 1F 钢梁为其添加显隐动画、位移动画，在对应显隐动画时间轴 1:12.5 处，双击添加关键帧，修改其帧属性；接着在对应位移动画时间轴 1:14.5 处，双击添加结束关键帧，选中 1F 钢梁蓝色坐标轴向上移动一定距离，在对应位移动画时间轴 1:13 处，双击添加起始关键帧。动画效果是第一层钢梁在 1:12.5 开始出现，在 1:13～1:14.5 从上向下安装就位，如图 3.3.53 所示。

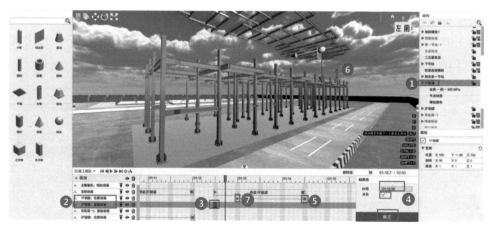

图 3.4.53　第一层钢梁安装

（6）第六场景：第二节钢柱吊装

Step 01 　导入模型：点击素材工具栏"导入"，将"第二节柱"模型导入视图中，导入设置合并选项时选择"按材质合并"，勾选 Z 轴向上，单位转换选择英尺；点击"确定"，导入后分别选中模型在属性窗口修改其位置"X/Y/Z"值为"500/0.15/500",如图 3.4.54 所示。

图 3.4.54 模型导入

Step 02 赋予材质:分别为导入的模型赋予不同材质。

Step 03 在主摄像机对应的动画时间轴 1:15 处,双击添加相机关键帧,接着将相机视图调整到适当位置(能将汽车吊和第二节柱放到视图的蓝色框中),在主摄像机对应的动画时间轴 1:15.5 处双击添加相机关键帧。

Step 04 选中"汽车吊(100T)(吊装梁)",复制一个,并重命名为"汽车吊(二节柱)",删除"汽车吊(二节柱)"自定义动画。接着选中"汽车吊(二节柱)",在对应的显隐动画时间轴先删除 44s/58s 处的关键帧,然后在 1:15 处双击添加关键,修改帧属性值。动画效果是汽车吊(二节柱)在 1:15 出现,如图 3.4.55 所示。

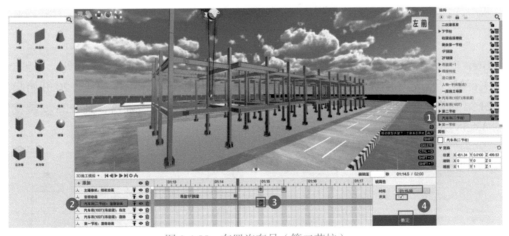

图 3.4.55 布置汽车吊(第二节柱)

Step 05 在音频动画对应的时间轴 1:18 双击插入对应的音频文件,并在弹出的帧属性对话框输入吊装第二节钢柱名称和相应解说词。

Step 06 按照逆向思维,从后向前倒着做二节柱的拆装动画。选中"汽车吊(二节柱)"为其添加自定义动画,然后在对应的自定义动画时间轴 1:23 处,双击添加关键帧,修改关键帧属性值,使汽车吊吊钩第二节柱柱顶平齐,如图 3.4.56 所示。

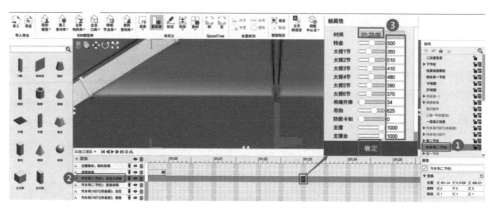

图 3.4.56　调整汽车吊吊钩至拆装状态

Step 07　选中第二节柱为其添加跟随动画，然后在对应的跟随动画时间轴 1:19 /
1:23 处，分别双击添加关键帧，修改关键帧属性值，点击确定，如图 3.4.57 所示。

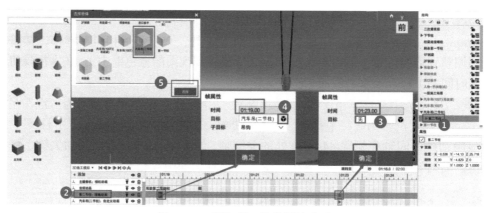

图 3.4.57　添加第二节柱跟随动画

Step 08　在汽车吊对应的自定义动画时间轴 1:22 /1:21.5 /1:21 /1:20 处，分别双击
添加关键帧，修改关键帧属性值。动画效果是第二节柱跟随汽车吊吊钩从 1:20 开始起吊，
到 1:21 第二节柱开始下落，到 1:21.5 停顿 0.5s，从 1:22 开始缓慢降落，到 1:23 安装就位，
如图 3.4.58 所示。

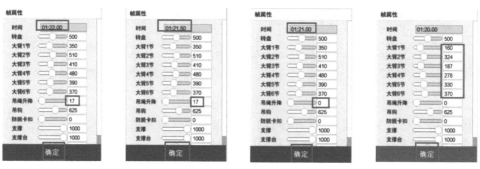

图 3.4.58　吊装第二节柱

Step 09　为了实现第二节柱由水平状态转为竖直状态，需将动画时间轴跳转至 80s

处（输入 80，回车键确认），选中汽车吊（二节柱）内部的第二节柱，复制一个并重命名为"第二节柱（1）"。接着分别选中第二节柱和第二节柱（1），分别为其添加显隐动画，在各自对应的显隐动画时间轴 1:20 处，分别双击添加关键帧，并修改其属性值。动画效果是第二节柱在 1:20 处出现，第二节柱（1）在 1:20 处消失。

Step 10 选中"第二节柱（1）"，为其添加旋转动画，在各自对应的旋转动画时间轴 1:19.5 /1:19 /1:18.5 处，分别双击添加关键帧，并修改其属性值。动画效果是第二节柱（1）在 1:18.5～1:19.5 由水平状态转为竖直状态，如图 3.4.59 所示。

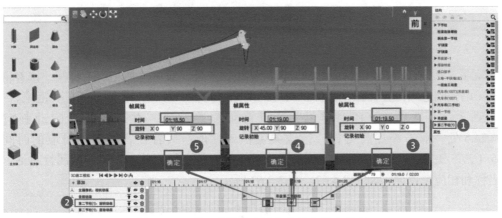

图 3.4.59　第二节柱由水平状态转为竖直状态

Step 11 在汽车吊对应的自定义动画时间轴 1:19.5/1:19/1:18.5/1:18/1:17.5/1:17/1:16.5 处，分别双击添加关键帧，修改关键帧属性值。动画效果是汽车吊从 1:16.5～1:18.5 支撑腿展开并落钩，在 1:18.5～1:19.5 将钢柱由水平状态转为竖直状态，如图 3.4.60 所示。

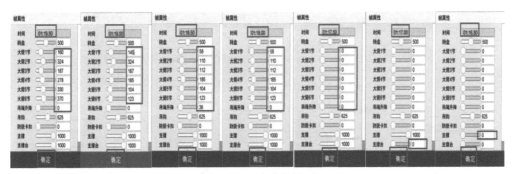

图 3.4.60　汽车吊展开

Step 12 在主摄像机对应的动画时间轴 1:19 处，双击添加相机关键帧，然后将相机视图调整到适当位置，在主摄像机对应的动画时间轴 1:20/1:21 处，分别双击添加相机关键帧。

Step 13 导入模型：点击素材工具栏"导入"，将"柱对接焊缝、丝杠对接器"模型导入视图中。在素材栏搜索"扳手"，选中"活口扳手"点击下载并拖入到视图中，调整到合适位置，如图 3.4.61 所示。

195

图 3.4.61　导入模型（柱对接焊缝、丝杠对接器）

Step 14　在主摄像机对应的动画时间轴 1:23.5 处，双击添加相机关键帧，接着将相机视图调整到适当位置，在主摄像机对应的动画时间轴 1:24 处双击添加相机关键帧。

Step 15　选中"丝杠对接器"为其添加显隐动画，在对应的显隐动画时间轴 1:24.5 处，双击添加关键帧，修改关键帧属性值；接着在音频动画对应的时间轴 1:25/1:27.5/1:31/1:33.5/1:39 处，双击插入对应的音频文件，并在弹出的帧属性对话框输入名称和相应解说词，如图 3.4.62、图 3.4.63 所示。

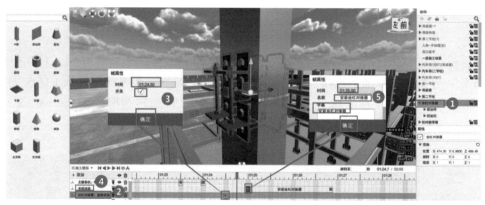

图 3.4.62　安装丝杠对接器（一）

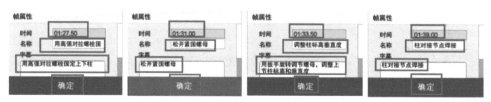

图 3.4.63　插入安装丝杠对接器解说词和字幕

Step 16　选中丝杠对接器下的前丝杠、后丝杠，分别为其添加位移动画。在各自对应的位移动画时间轴 1:27 处，分别双击添加结束关键帧；接着分别选中前丝杠、后丝杠的红色坐标轴向前、向后移动一段距离，然后在各自对应的位移动画时间轴 1:25 处，分别双击添加起始关键帧。动画效果是丝杠对接器从 1:24.5 处出现，在 1:25～1:27 从前、后方向安装就位，如图 3.4.64 所示。

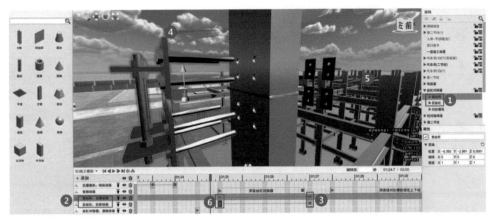

图 3.4.64　安装丝杠对接器（二）

Step 17　选中丝杠对接器下的对拉螺母，为其添加位移动画，在对应的位移动画时间轴 1:30.5 处，双击添加结束关键帧；接着选中对拉螺母的红色坐标轴向后移动一段距离，然后在对应的位移动画时间轴 1:27.5 处，双击添加起始关键帧。动画效果是对拉高强螺栓在 1:25～1:27 从后方安装就位，将丝杠对接器与上、下钢柱固定住，如图 3.4.65 所示。

图 3.4.65　安装对拉螺栓

Step 18　丝杠对接器调节钢柱标高、垂直度的原理是通过调整丝杠对接器上四个角的调节螺母，利用丝杠的力量让调节螺母顶着夹板，夹板带动高强对拉螺栓，高强对拉螺栓再带动上节柱上升和下降，达到调节钢柱标高、垂直度的功能。

本案例假定的工况是，上节柱标高低于设计标高 10mm，选中丝杠对接器下的前丝杠中的丝杠紧固螺母，为其添加位移动画，在对应的位移动画时间轴 1:31 处，双击添加起始关键帧。接着选中丝杠紧固螺母的绿色坐标轴向上移动一段距离，松开鼠标左键在弹出的数值窗口填入 0.01（单位是 m 及 10mm）；然后在对应的位移动画时间轴 1:33 处，双击添加结束关键帧。动画效果是在 1:31～1:33 松开紧固螺母，为调节调节螺母做好准备。

Step 19　分别选中丝杠紧固螺母下的螺母 1、螺母 2，为其添加自转动画，在各自对应的自转动画时间轴 1:31/1:33 处，分别双击添加关键帧，并修改其属性值。动画效果是在 1:31～1:33 紧固螺母旋转着逆时针松开，如图 3.4.66 所示。

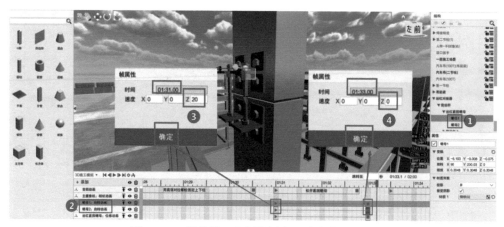

图 3.4.66　调节第二节钢柱标高、垂直度（一）

Step 20　选中丝杠对接器下的前丝杠中的前丝杠上，为其添加位移动画，在对应的位移动画时间轴 1:34 处，双击添加起始关键帧；接着选中前丝杠上的蓝色坐标轴向上移动一段距离，松开鼠标左键在弹出的数值窗口填入 0.01（单位是 m 及 10mm）；然后在对应的位移动画时间轴 1:38.5 处，双击添加结束关键帧。动画效果是在 1:34～1:38.5 上丝杠对接器提升 10mm。

Step 21　分别选中丝杠调节螺母下的螺母 3、螺母 4，为其添加自转动画，在各自对应的自转动画时间轴 1:34/1:38.5 处，分别双击添加关键帧，并修改其属性值。动画效果是在 1:34～1:38.5 调节螺母旋转着逆时针顶升上节钢柱，调整钢柱标高、垂直度，如图 3.4.67 所示。

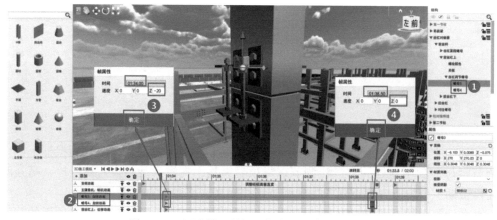

图 3.4.67　调节第二节钢柱标高、垂直度（二）

Step 22　第二节钢柱有跟随动画后不能再加其他动画，否则会出错。需要复制一个第二节柱并重命名为"第二节柱（2）"，选中第二节柱（2），删除其跟随动画；接着分别为第二节柱、第二节柱（2）添加显隐动画，在各自对应的位移动画时间轴 1:33.5 处，双击添加关键帧，并修改其属性值；再选中第二节柱（2），为其添加位移动画，然后在对应的位移动画时间轴 1:34 处，双击添加起始关键帧，选中第二节柱（2）的绿色坐标轴向上移动一段距离，松开鼠标左键在弹出的数值窗口填入 0.01（单位是 m 及 10mm）；然后在对应的位移动画时间轴 1:38.5 处，双击添加结束关键帧。动画效果是在 1:34～1:38.5 钢柱被丝杠提升 10mm，如图 3.4.68 所示。

图 3.4.68　调节第二节钢柱标高、垂直度（三）

Step 23　选中"活口扳手"为其添加显隐动画和旋转动画，在其对应的显隐动画时间轴 1:33.5/1:39 处，分别双击添加关键帧，并修改其属性值；在其对应旋转动画时间轴 1:34/1:34.5/1:35/1:35.5/1:36/1:36.5/1:37/1:37.5/1:38/1:38.5 处，分别双击添加关键帧，并修改其属性值。动画效果是扳手在 1:33.5 出现，反复旋转调节螺母至 1:39 消失。

选中"活口扳手"为其添加位移动画，在对应的位移动画时间轴 1:34 处，双击添加起始关键帧，接着选中活口扳手的绿色坐标轴向上移动一段距离，松开鼠标左键在弹出的数值窗口填入 0.01（单位是 m 及 10mm），然后在对应的位移动画时间轴 1:38.5 处，双击添加结束关键帧。动画效果是在 1:34～1:38.5 用扳手调节调节螺母顶升钢柱，如图 3.4.69 所示。

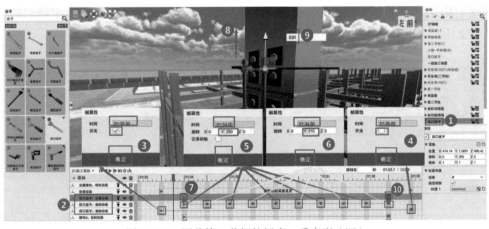

图 3.4.69　调节第二节钢柱标高、垂直度（四）

Step 24　为了看清柱对接焊缝焊接过程，需将上下柱做透明化处理。选中第二节柱（2）、第一节柱，分别为其添加透明动画，在各自对应的透明动画时间轴 1:39/1:39.5/1:43/1:43.5 处，双击分别添加关键帧，并修改其属性值。动画效果是在 1:39.5～1:43 第二节柱（2）、第一节柱透明度为 120。

Step 25 选中柱对接焊缝下的 1–1、1–2，分别为其添加剖切动画，在各自对应的剖切动画时间轴 1:39.5/1:41 处，分别双击添加关键帧，并修改其属性值。动画效果是在 1:39.5～1:41 对称焊接焊缝，如图 3.4.70 所示。

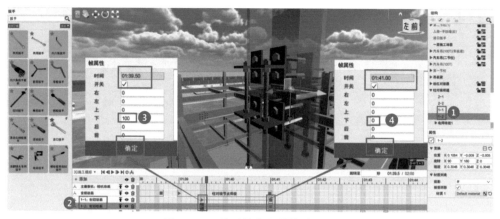

图 3.4.70 柱对接节点焊接（一）

Step 26 选中柱对接焊缝下的 2–1、2–2，分别为其添加剖切动画，在各自对应的剖切动画时间轴 1:41/1:42.5 处，分别双击添加关键帧，并修改其属性值。动画效果是在 1:41～1:42.5 对称焊接焊缝。

Step 27 选中"焊接特效 1"，为其添加显隐动画，在对应的显隐动画时间轴 1:39/1:41 处，双击添加关键帧，并修改其属性值；接着选中焊接特效 1 下的电焊 1–1、电焊 1–2，分别为其添加位移动画，在对应的位移动画时间轴 1:39.4 处，双击添加起始关键帧；接着选中电焊 1–1、电焊 1–2 的蓝色坐标轴，分别向左、向右移动一段距离，松开鼠标左键在弹出的数值窗口填入 0.35（单位是 m 及 350mm），然后在对应的位移动画时间轴 1:40.9 处，双击添加结束关键帧。动画效果是在 1:39.4～1:40.9 对称焊接焊缝，如图 3.4.71 所示。

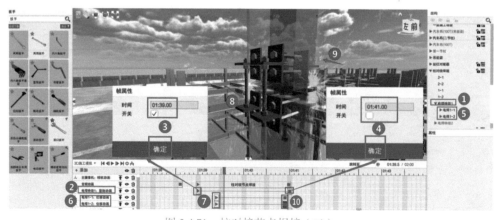

图 3.4.71 柱对接节点焊接（二）

Step 28 选中"焊接特效 2"，为其添加显隐动画，在对应的显隐动画时间轴 1:41/

1:43 处，双击添加关键帧，并修改其属性值；接着选中焊接特效 2 下的电焊 2-1、电焊 2-2，分别为其添加位移动画，在对应的位移动画时间轴 1:41 处，双击添加起始关键帧；接着选中电焊 2-1、电焊 2-2 的红色坐标轴，分别向后、向前移动一段距离，松开鼠标左键在弹出的数值窗口填入 0.2（单位是 m 及 200mm），然后在对应的位移动画时间轴 1:42.5 处，双击添加结束关键帧。动画效果是在 1:41～1:42.5 对称焊接焊缝。

Step 29　选中丝杠对接器，在对应的显影动画时间轴 1:44 处，双击添加关键帧，并修改其属性值，动画效果是在 1:44 拆除丝杠对接器，如图 3.4.72 所示。

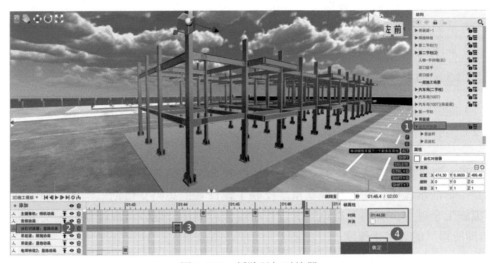

图 3.4.72　拆除丝杠对接器

Step 30　在相机动画时间轴 1:44.5 处，双击添加相机关键帧；接着调整相机视图，在相机动画时间轴 1:45.5/1:45.6 处，分别双击添加相机关键帧，至此装配式钢结构构件吊装施工动画制作完毕，点击空格键观看效果。如图 3.4.73 所示。

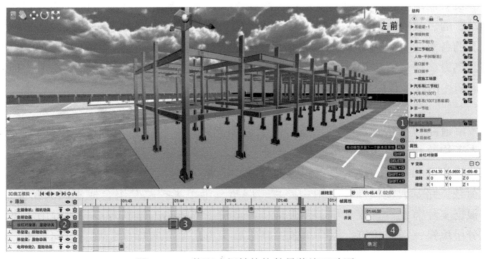

图 3.4.73　装配式钢结构构件吊装施工动画

201

第4章 施工模拟在市政工程中的应用

✎ 知识目标

（1）了解市政工程施工模拟应用现状。
（2）掌握市政工程施工动画脚本编写方法。
（3）掌握运用 BIM-FILM 软件制作施工动画的方法。

✎ 能力目标

（1）能够根据实际工程项目编写施工动画脚本。
（2）能够根据编写的施工动画脚本制作施工动画。

　　本章主要讲述了道路、桥梁、隧道、地铁四个案例的施工动画的制作。施工动画不仅仅是一个演示媒体，它还从视觉角度反映了设计者的思路，借助三维施工动画技术可以模拟施工全过程，有助于避免施工过程中可能遇到的问题，将以往的二维交底提升到"所看即所得"的数字化程度。

4.1 市政工程施工与模拟应用概述

4.1.1 市政工程施工概述

　　市政工程是指市政设施建设工程。在我国，市政设施是指在城市区和镇规划建设范围内设置的、政府为居民提供的、有偿或无偿公共产品或服务的各种建筑设备。城市生活配套的各种公共设施建设都属于市政工程范畴，比如城市道路、桥梁、地铁、隧道、电信、热力、燃气，广场、城市绿化等的建设。本节主要从道路、桥梁、隧道、地铁四个方面阐述市政工程施工模拟应用情况。

1. 道路工程施工技术

　　城市道路包括快速路、主干道、次干道和支路，一般由路基、路面、桥涵、隧道、其他人工构筑物及附属设施等组成。本章案例1主要讲述了路基路面施工模拟，路基是按照路线位置和一定的技术要求修筑的带状构造物，是路面的基础，承受由路面传来的行车荷载。路基典型横断面一般由路堤、路堑、半填半挖路基组合成不同的断面形式，并且根据实际需要设置取土坑、弃土堆、护坡道、碎落台、堆料坪等。路堤施工方法主要有分层填筑、竖向填筑、混合填筑；路堑施工方法主要有横向挖掘、纵向挖掘、混合式挖掘。路面是在路基顶面的行车部分用各种筑路材料铺筑而成的层状结构物，一般由面层、基层、垫层组成，其主要施工方法是采用机械设备进行摊铺、碾压，不同路面结构层的施工均需满足相应的施工要求。

2. 桥梁工程施工技术

桥梁是为了保持道路的连续性，在跨越江河湖泊、山谷深沟或其他线路等障碍时修筑的结构物，是交通运输的命脉，占有重要地位，主要由基础、桥墩、桥台、支座、桥跨结构和附属设施组成。桥梁施工方法主要有就地浇筑法、预制安装法及整体施工法等。桥梁施工方法很多，即使同一种方法也有不同的情况，在确定桥梁施工方法时应根据桥梁的设计要求、施工现场、施工设备等情况综合分析，合理选择最佳施工方法，并充分利用信息化技术、新技术、新设备等进行有效管理，以提高质量、缩短工期、降低造价。本章案例 2 主要讲述了桥梁墩柱施工模拟。

3. 隧道工程施工技术

隧道是一种修建在地下的工程结构物，可分为山岭隧道、水底隧道和地下铁道等，其施工方法一般分为明挖法和暗挖法两大类。明挖法适用于浅埋隧道的施工，此种方法是先开挖形成壕堑，然后在壕堑中修建衬砌形成隧道，最后在隧道顶部回填土石。暗挖法是先在地层中按需要的形状和尺寸开挖出一个孔洞，然后再在其中修建衬砌，常用的暗挖法有矿山法、掘进机法和盾构法。本章案例 3 主要讲述了矿山法二衬施工模拟。

4. 地铁工程施工技术

地铁是在城市中修建的快速、大运量、用电力牵引的轨道交通。它节省土地、减少噪声、减少干扰、节约能源、减小地面交通压力、免去塞车之苦，在许多城市，地铁作为一种便利的交通工具已得到广泛应用。地铁施工主要包括土建施工、站后综合施工。土建施工包含：区间施工、车站施工；站后综合施工包含：轨道、设备、客运设备、站台安全门、供电、通信、信号、监控、门禁、机电、装修等。地铁车站可采用明挖法施工、盖挖施工、浅埋暗挖法施工、钻爆法施工等施工方法，本章案例 4 主要讲述了装配式地铁车站施工模拟。

4.1.2 市政工程施工模拟应用概述

随着我国信息化技术的发展以及建筑工程复杂度的日益提高，一些超长、超复杂，结构工艺困难的地铁、隧道、桥梁等工程不断出现，这对我国建筑行业的设计、施工、管理等都提出了更高的要求。传统的 2D 模式难以实现施工的提前预演，不能满足大型工程所提出的高效、直观的要求。因此，如何利用现代先进的计算机技术，建造具有真实感的 3D 模型，并通过数字化、可视化、智能化的手段进行施工模拟，已成为建筑施工领域的研究课题。

市政工程施工模拟就是将市政工程施工的工序、过程、数据标准、技术规范等利用信息化手段立体地呈现出来，形成直观的视频影像，便于工程的施工安排和配合。随着建筑行业信息化的发展，可视化交底已成为一种高效、立体的交底形式，利用 BIM-FILM 软件模拟施工过程，优化施工流程，进行可视化交底，可提升施工质量，减少或降低实际工程中可能出现的一些不必要的失误所造成的损失。除此之外，施工模拟还可以与施工现场的各种工作相连接，动态模拟施工过程的变化，实现施工现场的 4D 或 5D 可视化管理。

4.2　道路工程施工模拟

4.2.1　道路工程施工概述

　　某项目部预进行"大旺路"沥青混凝土道路工程施工，全线新建沥青混凝土路面。为了确保施工安全质量，更好地指导工人施工，决定采用可视化交底。作为负责该道路施工的技术人员，请识读该道路施工图（图4.2.1、图4.2.2），并查阅《城市道路工程技术规范》GB 51286—2018等资料，利用BIM-FILM软件为"大旺路"沥青混凝土道路施工"制作施工模拟动画，为完成可视化交底做好准备。

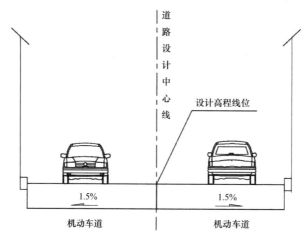

图 4.2.1　"大旺路"沥青混凝土道路标准横断面图

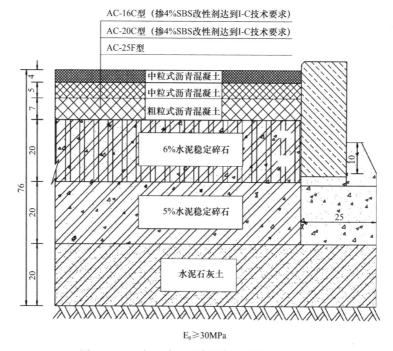

图 4.2.2　"大旺路"沥青混凝土道路路面结构

为完成"大旺路"沥青混凝土道路施工，首先需要了解路面构造及施工方法，查阅现行国家标准《城市道路工程技术规范》，参考道路工程施工流程、施工技术交底文件，编写道路施工动画脚本，然后根据脚本利用 BIM-FILM 软件制作道路施工动画。

1. 道路施工基本要求

① 勘查现场，清除地面及地上障碍物。

② 保护测量基准桩，以保证土方开挖标高位置与尺寸准确无误。

③ 备好开挖机械、人员、施工材料及其他设施。

④ 按图纸要求现场设置路基用地界桩和坡脚、边沟、护坡道等的具体位置桩，标明其轮廓，报请监理人检查批准。

⑤ 测量精度应符合《公路勘测规范》JTG C10—2007 的要求。施工放样还需符合《公路路基施工技术规范》JTG/T 3610—2019 的规定。

2. 道路施工顺序

扫描二维码观看视频，沥青混凝土道路施工工艺流程如图 4.2.3 所示。

二维码

道路工程施工
模拟

205

图 4.2.3　道路施工工艺流程图

3. 路基施工

（1）土方开挖

① 测量放样，按图纸要求进行放样，土方开挖后的坡度要符合设计要求，避免因边坡过陡而造成塌陷。为保证边坡质量，反铲要紧靠坡线开挖，以确保边坡平整度，并尽量避免欠挖及超挖的出现。在开挖边线放样时，应在设计边线外增加 30~50cm，并做明显的标记。基坑底部开挖尺寸，除建筑物轮廓要求外，还应考虑排水设施和安装模板等要求。

② 开挖并完成清理后，应及时恢复桩号、坐标、高程等，并做出醒目的标志。

③ 雨天应在开挖边坡顶设置截水沟，开挖区内设置排水沟和集水井，及时做好排水工作，以防基坑积水。

④ 开挖过程中，应始终保持设计边坡线逐层开挖，避免开挖工程中因临时边坡过陡造成塌方，同时加强边坡稳定性观察。

⑤ 开挖边坡顶严禁堆置重物，避免塌方。

（2）素土回填

① 基底清理。

填土前要清除基底垃圾、树根等杂物，抽除坑穴积水、淤泥，验收基底标高。检验土质：检验回填土料的种类、粒径，有无杂物，是否符合规定，以及各种土料的含水率是否在控制范围内。如含水率偏高可采用翻松、晾晒等措施；如含水率偏低，采用预先洒水润湿等措施。

② 分层铺摊填土。

在压实过程中，土的密度表层大，随深度加深逐渐减小，超过一定深度后，虽经反复碾压，土的密度仍与未压实前一样。各种压实机械的压实影响深度与土的性质、含水量有关。所以填方每层铺土厚度应根据土质、压实的密实要求和压实机械性能确定。碾压时，轮（夯）迹应相互搭接，防止漏压、漏夯。

③ 填土压实。

填土的压实方法一般有碾压法、夯实法、振动压实法等。本工程采用以碾压法为主，其他方法为辅的施工工艺。碾压机械压实填方时，应控制行驶速度，碾压机械开行速度不宜过快，否则影响压实效果。长宽比较大时，填土应分段进行，在地质起伏处应做好接茬，修筑 1∶2 阶梯形边坡，每步台阶可取高 0.5m、宽 1m。分段填筑时，每层接缝处应做成大于 1∶1.5 的斜坡，碾迹重叠 0.50～1.0m，上下层错缝距离不应小于 1m。

④ 压实排水。

压实排水应满足以下要求：填土区如有地下水或滞水时，应在四周设置排水沟的集水井，将水位降低。已填好的土如遭水浸，应将稀泥铲除后，方能进行下道工序。填土区应保持一定的横坡，或中间稍高，两边稍低，以利排水。当天填土，应在当天压实。

4. 路面施工

（1）路面底基层施工

① 施工准备。

试验人员准备各项试验，并将试验报告提交监理工程师批准。对已验收合格的 8% 石灰土处理土基的表面进行检查、清扫，准备铺筑试验段。试验段长度为 200m。通过试验获得碾压时混合料的最佳含水量、压实遍数、碾压速度、最大松铺厚度、压实系数、机械组合、劳力配备、施工工艺等，经监理工程师批准后作为施工的控制依据。

② 选择施工设备。

拌和、摊铺及碾压机械设备的选择拌和设备选用拌和能力为 300t/h 的连续型稳定土拌和机，各种集料的配给数量均由电脑控制，自动计量。

摊铺选用摊铺机，最大宽度为 12.5m，具有自动找平装置。碾压机械双钢轮串联振动压路机，振动压路机。

③ 拌和、运输混合料。

水泥石灰土采用路拌式稳定土拌和机进行拌和，使水泥石灰土不但拌和均匀，而且拌和后的颗粒更细，拌和更充分，从而保证水泥石灰土的施工质量。

④ 运输。

拌和好的混合料尽快运至现场进行摊铺，运输车装载均匀。混合料组织 20 台 15t 自卸车运输。运输时，运输车如果要通过已铺筑路段，速度一定要减缓，以减少不均匀的碾压或车辙。一般以摊铺现场有1~2辆车为宜。车上的混合料覆盖塑料薄膜以防运输过程中水分蒸发，保持装载高度均匀以防离析。运输混合料的自卸车，均匀地在已完成铺筑层整个表面上通过，速度宜缓，以减少不均匀碾压或车辙。

⑤摊铺、整型。

施工现场选用摊铺机进行摊铺，摊铺机开机前，等候卸料的运料车不宜少于5辆。在摊铺混合料的过程中，始终保持摊铺机的螺旋送料器内具有2/3的混合料，这样可有效防止混合料离析。在摊铺机后面设三个小组消除粗细集料离析现象，特别是消除局部粗集料，并用新拌混合料填补。

⑥碾压。

混合料经摊铺整型后，立即在摊铺全宽度范围内进行碾压。碾压时先使用压路机静压一遍，然后压路机起振碾压，由外侧向内侧碾压6~8遍，使表面无明显轮迹。压路机的碾压速度，前两遍以采用1.5~1.7km/h为宜，之后用2~2.5km/h。路面两侧需多压2遍。严禁压路机在已完成或正在碾压的路段上调头或急刹车。

碾压成型后，试验人员立即检查其压实度，如发现不合格立即补压，确保压实度达到要求。两作业段的衔接处，应搭接拌和。第一段拌和后，留528m不进行碾压。第二段施工时，前段留下未压部分与第二段一起拌和整平后进行碾压。

⑦养生。

碾压完成后立即进行洒水养生，时间不少于7d。养生期间封闭交通。

（2）路面基层施工

①工艺流程。

原材料检测→试验配合比→配料→检查水泥剂量、含水量→拌和→运输→测量放样→摊铺→初整→稳压→细整→碾压成型→养生。

②拌和。

水泥稳定碎石采用稳定土厂拌设备拌和方法，在拌和厂配置3台混合料拌和站负责混合料的拌和，每天工作16h确保混合料按期供应。拌和时根据试验确定的配合比进行配料。拌和过程中的加水量略大于最佳含水量，并尽量做到随拌和随运走。拌和前反复调试好机械，以使拌和机运转正常，拌和均匀。

③运输。

拌和好的混合料尽快运至现场进行摊铺，运输车装载均匀。混合料组织20台15t自卸车运输。运输时，运输车如果要通过已铺筑路段，速度一定要减缓，以减少不均匀的碾压或车辙。项目部派专人指挥运输车辆卸料，做到安全生产，并做好相应的记录。从第一次在拌和机内加水拌和到完成压实工作的时间控制为3~4h。混合料运输车配置应根据运距、道路状况、摊铺能力等因素综合确定，以满足摊铺要求为准。一般以摊铺现场有1~2辆车为宜。车上的混合料覆盖塑料薄膜以防运输过程中水分蒸发，保持装载高度均匀以防离析。运输混合料的自卸车，均匀地在已完成铺筑层整个表面上通过，速度宜缓，以减少不均匀碾压或车辙。

④摊铺、整型

水泥稳定碎石基层摊铺时，混合料的含水量应大于最佳含水量0.5%~1.0%，以补偿摊铺及碾压过程中的水分损失。运料车在摊铺机前方 10~30cm 停车，由摊铺机迎上推运卸料，边前进边卸料，卸料速度和摊铺速度相协调。混合料采用 2 台摊铺机摊铺。摊铺机摊铺混合料时，摊铺机前进速度应与供料速度协调，摊铺速度按 3~4m/min 控制。摊铺速度要均匀，摊铺应连续，否则将大大影响平整度。施工中测量员随时检测摊铺后的标高，出现异常马上采取补救措施。派专人用拌和好的水泥稳定碎石，对摊铺后表面粗料集中的部位人工找补，使表面均匀，局部水分不合适的要挖除换填合格材料。多余废料不得抛弃路旁，应用小推车及时清出现场。

⑤ 养生。

碾压完成后立即进行养生，采用洒水、土工布覆盖养生，每天洒水次数以保持基层表面湿润为度，养生期不小于 7d。养生期间封闭交通，如因特殊原因不能封闭交通时，应将车速限制在 15km/h 以下，但严禁重型车辆通行。养生前三天选择洒水车撒水，要注意喷头的角度，以避免对水泥稳定碎石产生冲刷，造成局部坑槽。

（3）沥青混凝土面层施工

摊铺时，沥青混合料必须缓慢、均匀、连续不间断地摊铺，混合料摊铺时应控制标高。在施工安排时，当气温低于 10℃ 时不安排沥青混合料摊铺作业。一旦沥青混合料摊铺整平、表面修整后，立即用平板振动器对其进行全面均匀地振动压实。振压时从外侧开始，每次重叠 30cm，逐步向内侧进行常规碾压，应采用纵向行程平行的办法。接缝、修边和清场沥青混合料的摊铺应尽量连续作业，接铺新混合料时，应在上次行程的末端涂刷适量冷底子油，然后紧贴着先前压好的材料加铺混合料。在基层碾压成型后，表面稍变干燥但尚未硬化的情况下，确定无杂物下再喷洒透层油，时间控制在水稳完成 6h 内，采用乳化沥青撒布。

喷洒粘层油前，将下承面清理干净，采用乳化沥青，均匀撒布。待粘层破乳后，再铺筑沥青混合料，铺筑前将下承面清扫干净。采用摊铺机进行摊铺后，再用钢筒式压路机和轮胎式碾压机组合碾压。待摊铺层完全自然冷却，混合料表面温度低于 50℃ 后，养护 24h 再开放交通。

4.2.2 道路工程施工模拟

学习并掌握沥青混凝土施工方法后，依据道路施工图，查阅相关专业规范资料，先编写大旺路沥青混凝土道路施工动画脚本，然后根据编写的脚本利用 BIM-FILM 软件制作道路施工动画。

1. 编写道路施工动画脚本

道路工程施工流程及质量控制要点见表 4.2.1。

道路工程施工流程及质量控制要点　　　　　　　　　　　　表 4.2.1

序号	施工工艺流程	查阅规范等资料，查找质量控制要点
1	土方开挖	测量放样→确定开挖的顺序和坡度→修边和清底
2	素土回填	基底清理→检验土质→分层铺土→分层碾压→检验密实度→修整找平验收
3	路床整形	施工测量放线→路床开挖、整平→碾压成型→报检、验收
4	水泥石灰土	地层验收→拌和→运输→摊铺→碾压→修整

续表

序号	施工工艺流程	查阅规范等资料，查找质量控制要点
5	水泥稳定碎石	原材料检测→试验配合比→配料→检查水泥剂量、含水量→拌和→运输→测量放样→摊铺→初整→稳压→细整→碾压成型→养生
6	沥青混凝土	沥青混合料的摊铺及碾压方法

综合上述质量控制要点，按照施工工艺流程，编写大旺路沥青混凝土道路施工动画脚本。

（1）挖方路基施工

由测量人员在施工前进行现场测量和固定路线，利用布设的临时控制点，放样定出开挖边线和开挖深度等。路槽挖方应按设计线进行，要保证路基宽度，开挖时要做好排水设施，保证路槽内不积水。根据设计高程涉及坡率1:1.5整修路床，局部机械整修不到之处用人工找补平整。

（2）填方路基施工

填方前应进行清表，厚度50cm，每层土填筑前，用白灰打方格，确定每个方格卸土量，路基填筑宽度两侧较设计增加宽度50cm，确保路基边缘压实度，用推土机粗平，每层虚铺厚度20～30cm，碾压机精平，碾压按先慢后快由边至中原则，否则影响压实效果。长宽比较大时，填土应分段进行，每步台阶可取高0.5m、宽1m。填方全部完成后，表面应进行拉线找平。

（3）路面施工—水泥石灰土底基层施工

沿线路方向每10m放出内外行车道外边缘桩位，外放1.5m的控制桩，在控制桩上标记出水泥石灰土的明显标高，用白灰打网格控制上土量。推土机推平后素土厚度为20cm。土料上完后整平碾压，打方格网控制石灰用量。石灰布料后采用大型路拌机拌和3～4遍，洒水闷料12h以上。打方格网散布水泥，拌和3～4遍，碾压成型必须在3h内完成。碾压成型后及时覆盖洒水保湿养护，时间不少于7d，养护期间封闭交通。

（4）路面施工—水泥稳定碎石基层施工

在路基两侧设置高程指示桩，根据测量标高，支立槽钢模板，槽钢外侧用钢钎固定，防止碾压移位。合格的混合料及时运往施工现场，用2台摊铺机进行摊铺。混合料经摊铺整型后，立即在摊铺全宽度范围内进行碾压，碾压时先使用压路机静压一遍，然后压路机起振碾压，由外侧向内侧碾压。分层施工时应在下层养护7d后方可进行上层摊铺，摊铺成型后用压路机碾压6～8遍，碾压成型后，试验人员立即检查其压实度。碾压完成后立即进行洒水养生，时间不少于7d，养生期间封闭交通。

（5）路面施工—沥青混凝土面层施工

在基层碾压成型后，表面稍变干燥但尚未硬化的情况下，先对基层进行清扫。确定无杂物下再喷洒透层油，时间控制在水稳完成6h内，采用乳化沥青撒布。

喷洒粘层油前，将下承面清理干净，采用乳化沥青，均匀撒布。待粘层破乳后，再铺筑沥青混合料，铺筑前将下承面清扫干净。采用摊铺机进行摊铺后，再用钢筒式压路机和轮胎式碾压机组合碾压。待摊铺层完全自然冷却，混合料表面温度低于50℃后方可开放交通。

2. 制作道路施工动画

按照脚本的五个步骤，在 BIM-FILM 软件中逐一实现五个场景的动画模拟。

（1）第一场景：挖方路基施工

Step 01 打开软件，新建一个【土地】地形。在新建的"施工部署"界面左侧模型面板里搜索"道路"，找到道路施工场景点击下载后拖拽到预览视口中。

Step 02 用工具栏的文字转语音工具将脚本的第一场景文字转换为语音，并添加音频动画，视情况可将脚本场景标题或正文添加到音频动画的帧属性下的字幕框中，如图 4.2.4 所示。

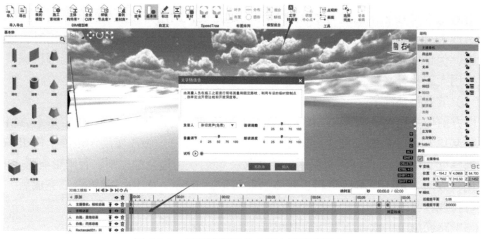

图 4.2.4　文字转换语音（挖方路基施工）

Step 03 在左侧模型面板里搜索"测量员"，找到测量员（全站仪）和立杆员点击下载后拖拽到预览视口中，调整位置、角度和大小使其合适，添加显隐动画，同时调整镜头添加相机动画，如图 4.2.5 所示。

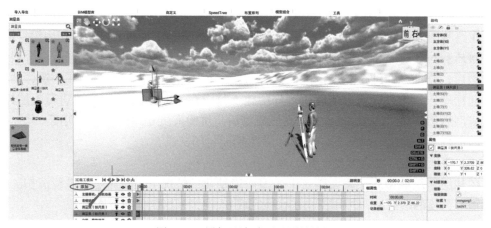

图 4.2.5　添加显隐动画（测量员）

Step 04 在施工部署里的基本体拖拽立方体或长方体后，在右侧属性面板中调整缩放成长条线，颜色设置为白色，添加显隐动画和闪烁动画，同时添加相机动画拉近镜头突显布设的临时控制点，标注文字开挖边线，如图 4.2.6 所示。

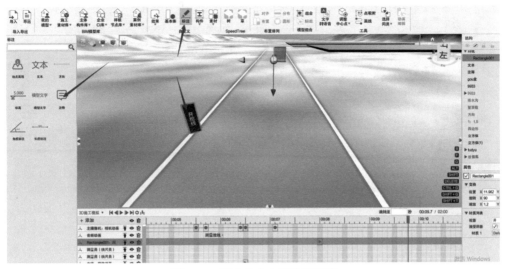

图 4.2.6　建立并文本标注开挖线

Step 05　土方开挖，在 Revit 建好模型后导入 BIM–FILM 中，在右侧面板调整比例，并进行文字标注，如图 4.2.7 示。

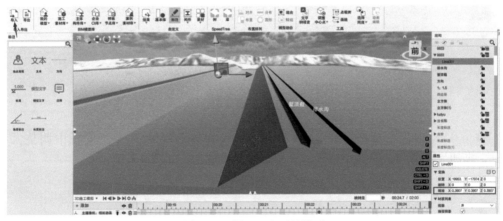

图 4.2.7　导入土方开挖模型

Step 06　在左侧模型面板里搜索"挖掘机"，选择带自定义动画的挖掘机点击下载并拖拽到预览视口中，调整位置、角度和大小使其合适，添加显隐动画、位移动画及自定义动画使挖掘机到土坡位置附近，添加相机动画将镜头调整至合适位置，如图 4.2.8 所示。

（2）第二场景：填方路基施工

Step 01　在施工部署里的基本体拖拽立方体或长方体后，在右侧属性面板中调整缩放并附上材质，调整材质 UV。

Step 02　在左侧模型面板里搜索"碾压机"，将羊足碾压机下载并拖拽到预览视口中，调整位置、角度和大小使其合适，添加显隐动画、移动动画和内置动画；添加相机动画将镜头调整至碾压机动作，如图 4.2.9 所示。

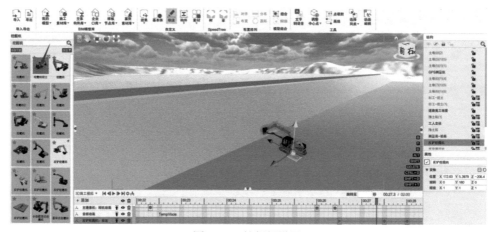

图 4.2.8　挖掘机设置

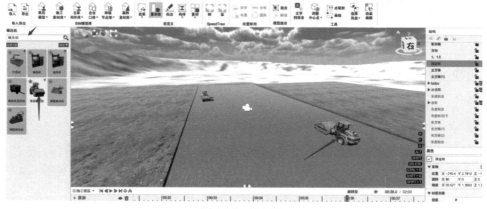

图 4.2.9　碾压机

Step 03　白色石灰格，在 Revit 建模后导入 BIM-FILM，在左侧面板中调整大小、位置，添加显隐动画、闪烁动画等，并调整摄像机视角，如图 4.2.10 所示。

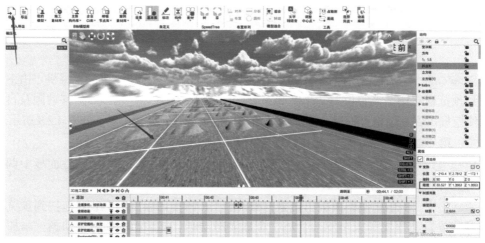

图 4.2.10　导入白色石灰格

Step 04 把土堆按顺序摆在格子中间，再设置2台推土机。推土机经过处，土堆设置显隐动画消失，如图4.2.11、图4.2.12所示。

图 4.2.11 土堆摆放设置

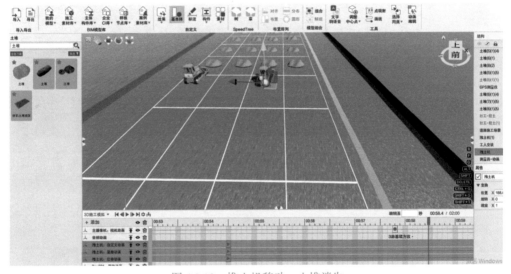

图 4.2.12 推土机移动，土堆消失

Step 05 碾压机精平。将之前的模型隐藏，在左侧模型面板里搜索"碾压机"，将羊足碾压机拖拽到预览视口中，调整位置、角度和大小使其合适，添加显隐动画、移动动画和内置动画；添加相机动画将镜头调整至碾压机动作，如图4.2.13所示。

Step 06 台阶设置。在左侧模型面板里搜索"台阶"，将台阶下载并拖拽到预览视口中，调整位置、角度和大小使其合适，添加显隐动画，更改贴图纹理，文本标注尺寸；添加相机动画将镜头调整动作，如图4.2.14所示。

Step 07 拉线找平。在施工部署里的基本体拖拽立方体或长方体后，在右侧属性面板中调整缩放成长条线，颜色设置为白色，添加显隐动画，同时添加相机动画设置镜头角度，如图4.2.15所示。

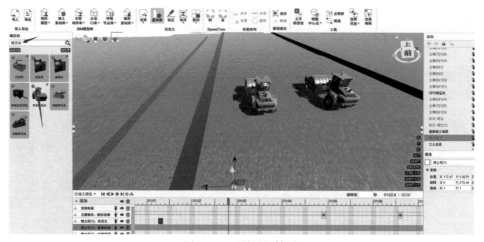

图 4.2.13　碾压机精平

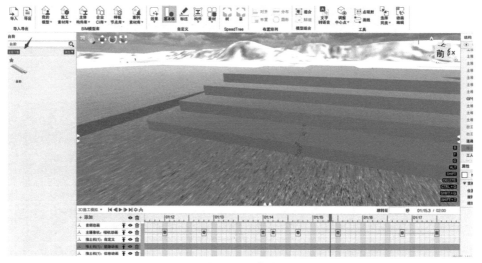

图 4.2.14　台阶

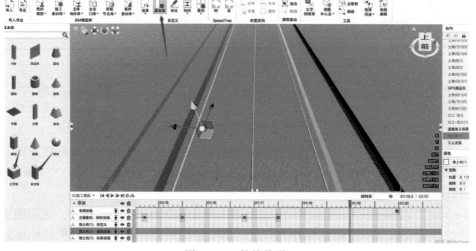

图 4.2.15　拉线找平

（3）第三场景：路面施工—水泥石灰土底基层施工

Step 01　沿线路方向外边缘桩位模型，控制桩在左右两侧，确定好间距，在施工部署里的基本体拖拽圆柱体后，在右侧属性面板中调整缩放并附上贴图材质。如果材质库找不到想要的贴图，可以在浏览器里搜索需要的贴图，如图 4.2.16 所示。

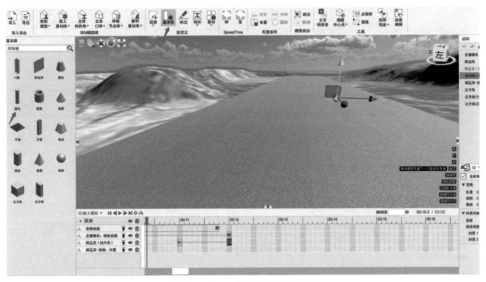

图 4.2.16　建立控制桩模型

Step 02　在右侧属性面板的材料列表中材质里把贴图粘贴在模型上，调整 UV 大小。复制模型时按住【Alt】键，再移动模型，输入间距数值，如图 4.2.17、图 4.2.18 所示。

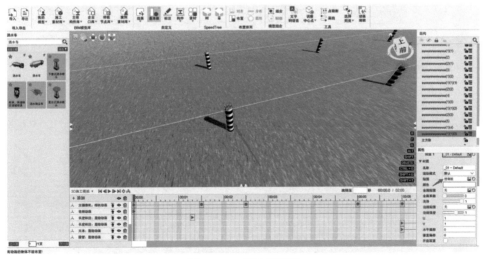

图 4.2.17　调整贴图纹

Step 03　依据脚本，在外行车道外边缘桩位外放 1.5m 的控制桩，左右需要按尺寸放置两排控制桩，如图 4.2.19 所示。

Step 04　白色石灰格。在 Revit 建模后导入 BIM-FILM，在左侧面板中调整大小、位置，并调整摄像机视角，如图 4.2.20 所示。

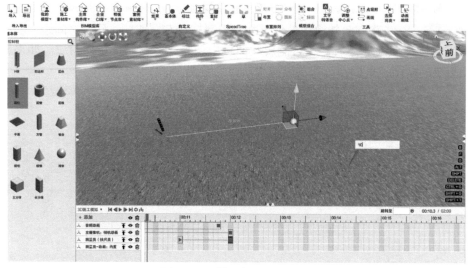

图 4.2.18 模型复制输入数值

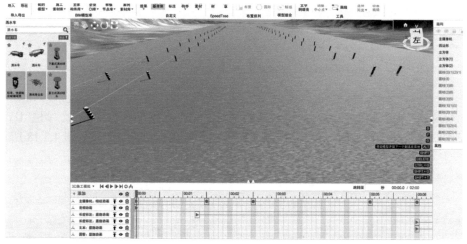

图 4.2.19 模型控制桩场景布置

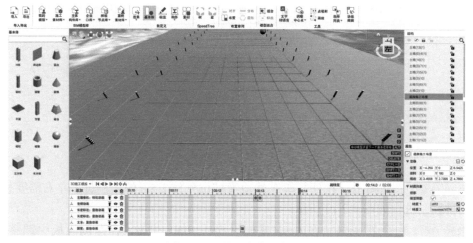

图 4.2.20 导入白色石灰格

Step 05　把土堆按顺序摆在格子中间，多个土堆可复制，再设置 2 台推土机，推土机经过处，土堆设置显隐动画消失；之后如有类似动作按此步骤操作即可。如图 4.2.21 所示。

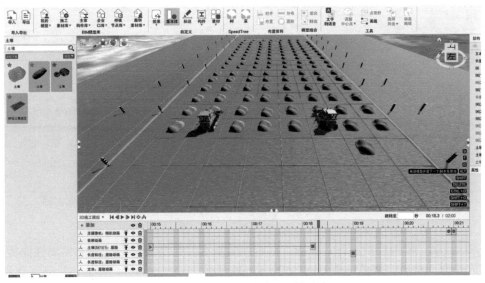

图 4.2.21　推土机移动，土堆消失

Step 06　按照脚本"3.路面施工—水泥石灰土"中素土需要摊铺的厚度，推土机推平后厚度为 20cm。要把素土厚度做出来，在 BIM-FLIM 软件的施工部署里的基本体拖拽立方体或长方体后，在右侧属性面板中调整缩放成扁平状的长方体并附上材质，找到洒水车模型，拖拽到预览视口中，调整位置、角度和大小使其合适，添加显隐动画、移动动画和内置动画；添加相机动画将镜头调整至洒水车动作，如图 4.2.22 所示。

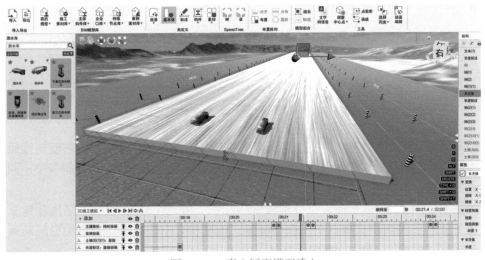

图 4.2.22　素土厚度模型建立

（4）第四场景：路面施工—水泥稳定碎石基层施工

Step 01　在第三场景中，建立的两排控制桩左右各删除最外侧一排，强调控制桩可添加闪烁动画；如图 4.2.23 所示。

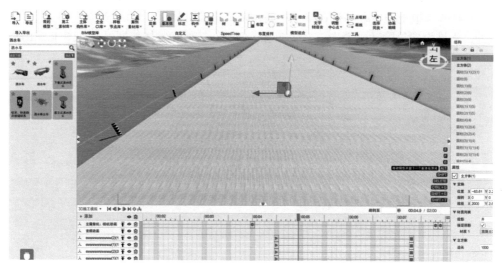

图 4.2.23　水泥稳定碎石场景的建立

Step 02　槽钢模型制作。在施工部署里的基本体拖拽 H 体后，在右侧属性面板中调整缩放并附上材质，调整材质 UV，如图 4.2.24 所示。

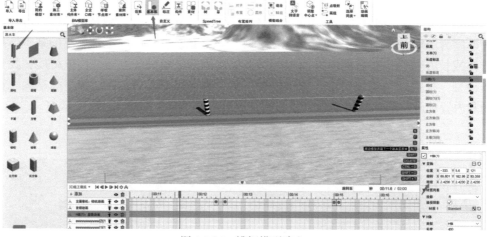

图 4.2.24　槽钢模型建立

Step 03　钢钎模型制作。在施工部署里的基本体拖拽圆柱体后，在右侧属性面板中调整缩放并附上材质，调整材质 UV 后，添加显隐动画、移动动画，再复制多个，调整位移动画的位置，如图 4.2.25 所示。

Step 04　在左侧模型面板里分别搜索"石子"和"货车"，找到石子堆和货车后分别点击下载后拖拽到预览视口中，调整位置、角度和大小使其合适，添加显隐动画，同时调整镜头添加相机动画，如图 4.2.26 所示。

Step 05　在施工部署里的基本体拖拽立方体或长方体后，在右侧属性面板中调整缩放成扁平状的长方体并附上材质，添加显隐动画、剖切动画；找到摊铺机模型，拖拽到预览视口中，调整位置、角度和大小使其合适，添加相机动画将镜头调整至摊铺机动作，如图 4.2.27 所示。

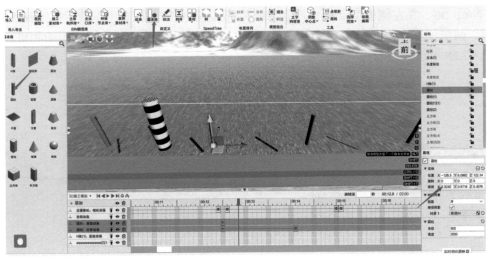

图 4.2.25 钢钎模型建立

图 4.2.26 混合料运到施工场地情景

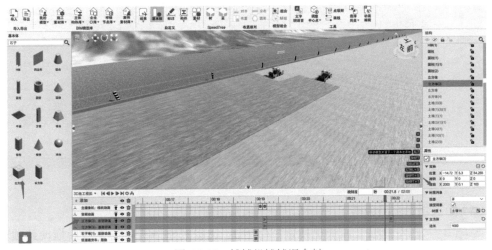

图 4.2.27 摊铺机摊铺混合料

Step 06 在左侧模型面板里搜索"压路机"，找到压路机点击下载后拖拽到预览视口中，调整位置、角度和大小使其合适，添加显隐动画，同时调整镜头添加相机动画，如图 4.2.28 所示。

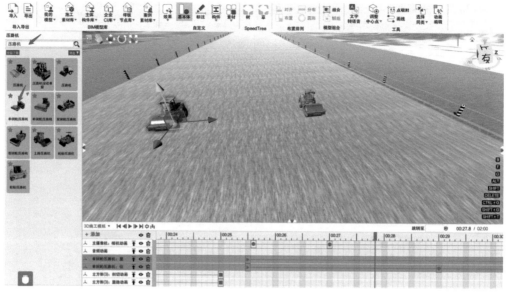

图 4.2.28　添加压路机动画

Step 07 在左侧模型面板里搜索"工人"，找到工人点击下载后拖拽到预览视口中，调整位置、角度和大小使其合适，添加显隐动画、内置动画，同时调整镜头添加相机动画，如图 4.2.29 所示。

图 4.2.29　添加工人动画

（5）第五场景：路面施工—沥青混凝土面层施工

Step 01 在左侧模型面板里搜索"碾压机"，找到碾压机点击下载后拖拽到预览视口中，调整位置、角度和大小使其合适，添加显隐动画、内置动画、移动动画，同时调整镜头添加相机动画,如图4.2.30所示。

图4.2.30 添加碾压机动画

Step 02 在左侧模型面板里搜索"摊铺机",找到摊铺机点击下载后拖拽到预览视口中,调整位置、角度和大小使其合适,添加显隐动画、内置动画、移动动画,同时调整镜头添加相机动画。在施工部署里的基本体拖拽立方体或长方体后,在右侧属性面板中调整缩放成扁平状的长方体并附上材质,添加显隐动画、剖切动画,如图4.2.31所示。

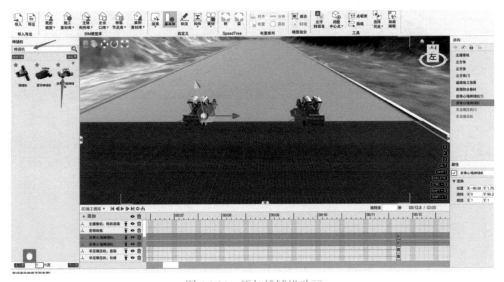

图4.2.31 添加摊铺机动画

Step 03 在左侧模型面板里搜索"压路机"和"碾压机",找到后点击下载并拖拽到预览视口中,调整位置、角度和大小使其合适,添加显隐动画、内置动画、移动动画,同时调整镜头添加相机动画,如图4.2.32所示。

Step 04 在施工部署里的标注,在左侧面板选择文本,右侧属性面板输入文字,添加显隐动画,同时调整镜头添加相机动画,如图4.2.33所示。

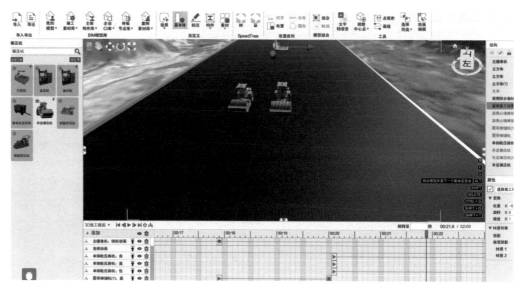

图 4.2.32 组合碾压动画制作

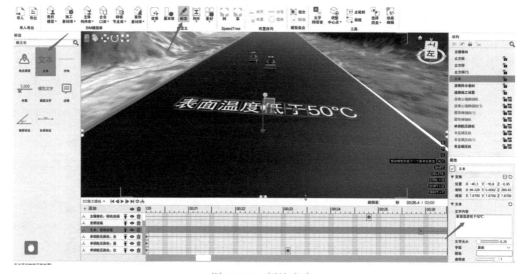

图 4.2.33 标注文本

4.3 桥梁工程施工模拟

4.3.1 桥梁工程施工概述

某项目部预进行 2 号桥墩柱工程施工（图 4.3.1），为了确保施工安全质量，更好地指导工人施工，决定采用可视化交底。作为负责该桥施工的技术人员，请识读该桥墩柱施工图（图 4.3.2），并通过查阅《公路桥涵施工技术规范》JTG/T 3650—2020 等资料，利用 BIM-FILM 软件为 2 号桥墩柱施工制作施工模拟动画，为完成可视化交底做好准备。

图 4.3.1 　2 号桥墩柱施工现场

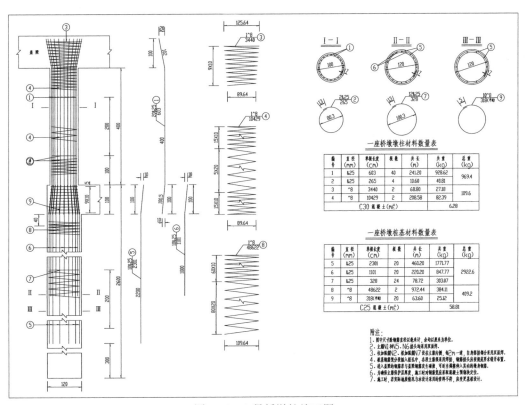

图 4.3.2 　2 号桥墩柱施工图

前期已经完成 2 号桥的基础及系梁施工，接下来就要进行墩柱施工。为完成 2 号桥墩柱施工动画，首先需要了解和掌握墩、台身施工方法，并查阅《公路桥涵施工技术规范》JTG/T 3650—2020，参考墩柱施工技术交底文件，编写墩柱施工动画脚本，再根据脚本利用 BIM-FILM 软件制作墩柱施工动画。

墩、台身的施工方法通常分为两大类：一类是现场浇筑或砌筑；一类是预制安装。

1. 现场浇筑墩台施工

（1）施工基本要求

① 墩、台身施工前，应对其施工范围内基础顶面的混凝土进行凿毛处理，并应将表面的松散层、石屑等清理干净；对分节段施工的墩、台身，其接缝应做相同的凿毛和清洁处理。

② 墩、台身高度超过 10m 时，可分节段施工，节段高度宜根据混凝土施工条件和钢筋定尺长度等因素确定。上一节段施工时，已浇筑节段的混凝土强度应不低于 2.5MPa。

③ 在模板安装前，应在基础顶面放出墩、台身的轴线及边缘线；对分节段施工的墩、台身，其首节模板安装的平面位置和垂直度应严格控制。模板在安装过程中应通过测量监控措施保证墩、台身的垂直度，并应有防倾覆的临时措施；对高墩且风力较大地区的墩身模板，应考虑其抗风稳定性。

④ 应采取措施，缩短墩、台身与盖梁之间浇筑混凝土的间隔时间，间歇期不宜大于 10d。施工时还应将首节墩台身与承台之间的施工间隙期尽量缩短，以避免因混凝土龄期相差过大而产生裂缝。

⑤ 浇筑混凝土时，串筒、溜槽等的布置应方便摊铺和振捣，并应明确划分工作区域。混凝土浇筑完成后，应及时进行养护，养护时间不得少于 7d。

⑥ 墩、台身施工质量应符合表 4.3.1 的规定。

墩、台身施工质量标准　　　　　　　　表 4.3.1

项目	规定值或允许偏差		项目	规定值或允许偏差
混凝土强度（MPa）	在合格标准内		断面尺寸（mm）	±20
竖直度（mm）	H ≤ 30m	H/1500，且不大于 20	顶面高程（mm）	±10
	H > 30m	H/3000，且不大于 30		
节段间错节（mm）	5		轴线偏位（mm）	10
预埋件位置（mm）	10		大面积平整度（mm）	5

注：H 为墩身或台身高度。

（2）施工顺序

扫描二维码观看视频，现浇墩柱的施工工艺流程如图 4.3.3 所示。

二维码

桥梁工程施工模拟

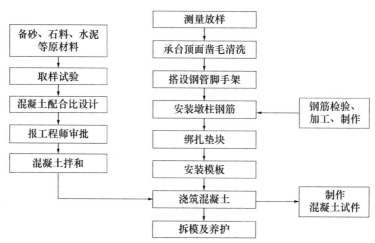

图 4.3.3　墩柱施工工艺流程图

2. 砌体墩台施工

砌体墩台具有就地取材和经久耐用等优点，在石料丰富地区建造墩台时，在施工期限许可的条件下，可考虑砌体墩台方案。其施工应符合下列规定：

① 砌体墩台所用的石料、混凝土预制块、砂浆及小石子混凝土等材料应符合设计及规范规定。

② 在砌筑前应按设计图放出实样，挂线砌筑。

③ 不同类型的砌块、不同的结构形式，相应的砌筑方法也略有不同，实际施工应按相关的规范进行。

砌体墩台施工要点为：

① 砌块在使用前应浇水湿润，砌块表面如有泥土、水锈，应清洗干净。

② 砌体应分层砌筑，砌体较长时可分段分层砌筑，但相邻工作段的砌筑高差不宜超过 1.2m；分段位置宜设在沉降缝或伸缩缝处，各段的水平砌缝应一致。

③ 各砌层应先砌外圈定位排列，再砌筑里层，其外圈砌块应与里层砌块交错连成一体。砌体外露面石料的镶面种类应符合设计规定，对有流冰或有漂流物河中的墩台，其镶面宜选用较坚硬的石料或较高强度等级混凝土预制块进行镶砌。砌体里层应砌筑整齐，分层应与外圈一致，应先铺一层适当厚度的砂浆再安放砌块和填塞砌缝。砌体的外露面应进行勾缝，并应在砌筑时靠外露面预留深约 20mm 的空缝作勾缝用。砌体隐蔽面的砌缝可随砌随刮平，不另勾缝。

④ 各砌层的砌块应安放稳固，砌块间的砂浆应饱满，粘结牢固，不得直接贴靠或脱空。砌筑时，实浆应铺满，竖缝砂浆应先在已砌石块侧面铺放一部分，然后在石块放好后用砂浆填满捣实。用小石子混凝土填竖缝时，应捣固密实。

⑤ 砌筑上层砌块时，应避免振动下层砌块。砌筑工作中断后恢复砌筑时，已砌筑的砌层表面应进行清扫和湿润。

⑥ 砌体位置、尺寸不超过允许偏差，关于墩台砌体位置及外形尺寸允许偏差见现行行业标准《公路桥涵施工技术规范》JTG/T 3650。

3. 拼装式墩台施工

拼装式桥墩台是将墩台分解成若干轻型部件，在工厂或工地集中预制，再运往现场拼装成桥墩台。拼装式桥墩台可以加快施工进度，宜用于水源、砂石料困难地区。拼装式墩台形式主要有预制柱式墩台和预制环管式墩台。

（1）预制柱式墩台安装施工

① 预制构件与基础顶面的预留槽口应对应编号，安装前应检查各墩台预制构件的尺寸和基础预留槽口的顶面高程是否符合设计要求，基座槽口四周与柱边的空隙应不小于 20mm。经检验合格方可进行预制构件的安装施工。

② 预制构件吊入基座槽口就位时，应在柱身竖直度以及平面位置符合设计要求后，再将楔子塞入槽洞打紧。对重大、细长的墩台柱，应采用风缆或撑木固定好后，方可摘除吊钩。

③ 在墩台柱顶安装盖梁前，应先检查盖梁预留槽眼的位置是否符合设计要求。

④ 槽口内现浇混凝土施工应符合设计规定；设计未规定时，应按现行行业标准《公路桥涵施工技术规范》JTG/T 3650 相关规定执行。

（2）预制环管式墩台安装施工

① 管节或环圈安装时，应严格控制设计轴线位置，不应出现倾斜或上下错位的现象。

② 基础顶部预留钢筋的数量，伸入管节或环圈内钢筋的锚固长度均应符合设计规定。应采用设计规定的混凝土或砂浆将管节或环圈的接缝填塞、捣实并抹平。

4. 高桥墩施工

公路或铁路桥梁通过深沟宽谷或大型水库时常采用高桥墩，能使桥梁更加经济合理，目前桥梁高墩常采用滑模、爬模、翻模等施工方法。高墩施工涉及高空作业，应设置脚手架平台、接料平台、挂吊脚手架及安全网等辅助设施，并应编制专项施工方案，实际施工时应根据实际情况按相关的规范进行。高桥墩部分施工要点为：

（1）翻转模板和爬升模板施工

① 采用翻转模板和滑升模板施工时，其结构应满足强度、刚度及稳定性要求。液压爬模应由专业单位设计和制造，并应有检验合格证明及操作说明书。

② 混凝土强度应达到规定数值后方可拆模，并进行模板的翻转或爬架爬升。作用于爬模上的接料平台、脚手架平台和拆模吊篮的荷载应均衡，不得超载，严禁混凝土吊斗碰撞爬模系统。

③ 模板沿墩身周边方向应始终保持顺向搭接。在施工过程中应随时检查爬模中线、水平位置和高程等，发现问题应及时纠正。

（2）滑升模板施工

① 采用滑升模板，应遵守现行国家标准《滑动模板工程技术标准》GB/T 50113 的规定。

② 模板高度宜根据结构物的实际情况确定；模板结构应具有足够的强度、刚度和稳定性；支撑杆及提升设备应能保证模板竖直均衡上升。组装时应使各部尺寸的精度符合设计要求，组装完毕应经全面检查试验合格后方可正式投入使用。

③ 模板的滑升速度宜为 100～300mm/h，滑升时应检测并控制其位置。滑升模板的施工宜连续进行，因故中断时，宜在中断前将混凝土浇筑齐平，中断期间模板仍应继续缓慢地滑升，直到混凝土与模板不致粘住时为止。

4.3.2　桥涵工程施工模拟

已经学习并掌握桥梁墩台身施工方法，依据 2 号桥墩柱施工图，选定 2 号桥墩柱施工方法为现场浇筑施工，查阅《公路桥涵施工技术规范》JTG/T 3650—2020 等资料，先编写 2 号桥墩柱施工动画脚本，然后根据编写的脚本利用 BIM-FILM 软件制作墩柱施工动画。

1. 编写墩柱施工动画脚本

墩柱施工工艺流程及质量控制要点见表 4.3.2。

墩柱施工工艺流程及质量控制要点　　　　　　　　　　　　　　　　表 4.3.2

序号	施工工艺流程	查阅规范等资料，查找质量控制要点
1	测量放样	（1）墩柱中心桩位；（2）墩身外轮廓线；（3）各转折点高程
2	凿毛处理	（1）凿毛墩身与系梁的接触面；（2）冲洗
3	搭设钢管脚手架	满足《建筑施工扣件式钢管脚手架安全技术规范》JGJ 130—2011 的要求
4	安装钢筋	（1）集中加工场加工成型；（2）现场进行钢筋绑扎安装
5	绑扎垫块	（1）垫块材质的选择；（2）垫块安装位置；（3）垫块数量

序号	施工工艺流程	查阅规范等资料，查找质量控制要点
6	安装模板	（1）模板类型的选择；（2）模板的加固方法；（3）模板的固定方法；（4）防烂根措施
7	浇筑混凝土	（1）浇筑方法的选择；（2）振捣方法
8	拆模及养护	（1）拆除期限；（2）拆除程序；（3）养护方法；（4）养护时间

综合上述质量控制要点，按照施工工艺流程，编写 2 号桥墩柱施工动画脚本。

（1）测量放样

在系梁混凝土强度达到 2.5MPa 后，由测量人员放出墩柱中心桩位、墩身外轮廓线及各转折点，再由水准仪测量出各转折点的高程。

（2）凿毛处理

凿毛墩身与系梁的接触面，并用水将表面冲洗干净。

（3）搭设钢管脚手架

搭设临时钢管脚手架以保证施工人员安装模板及混凝土浇筑的需要。支架搭设符合《建筑施工扣件式钢管脚手架安全技术规范》JGJ 130—2011 等行业标准的规定。

（4）安装钢筋

墩柱钢筋在钢筋集中加工场加工成型，检验合格后运至施工现场进行钢筋绑扎安装。

（5）绑扎垫块

采用混凝土垫块，垫块应相互错开、分散布置，数量不少于 3 个 /m²。

（6）安装模板

墩柱采用定型钢模板，外侧用方钢横竖加固。在墩柱底部、系梁顶面预埋短钢筋头，下锁方木固定模板，并在墩柱顶部张拉 4 根缆风绳锁定模板，模板间采用螺栓连接。模板板缝应紧密吻合，确保无错台，拼接平顺。板缝处用密封胶条封闭，以保证拆模后板缝混凝土的光滑。

为避免出现"烂根"现象，墩柱模板与承台顶面的接缝采用密封胶条封闭，并在模板外侧用水泥砂浆封闭，确保混凝土浇筑过程中不跑浆、漏浆。

（7）浇筑混凝土

混凝土采用搅拌站集中拌和，罐车运输，吊车吊斗辅以串筒入模分层浇筑，筒口距混凝土浇筑面竖向不大于 2m，插入式振捣器振捣。

（8）拆模及养护

墩柱浇筑完毕，达到拆模强度后拆除模板，拆模板时要注意成品保护，同时防止模板变形。拆模后用塑料薄膜包裹墩柱，继续封闭养护 7d 以上。

2. 制作墩柱施工动画

按照脚本的八个步骤，在 BIM-FILM 软件中逐一实现八个场景的动画模拟。

（1）第一场景：测量放样

Step 01　打开软件，新建一个【草地】地形，在新建的【施工部署】界面左侧模型面板里搜索"墩柱"，找到适合本桥的墩柱点击下载后拖拽到预览视口中，如图 4.3.4 所示。

Step 02　在右侧结构列表中展开模型子集，隐藏墩柱混凝土及钢筋，如图 4.3.5 所示。

227

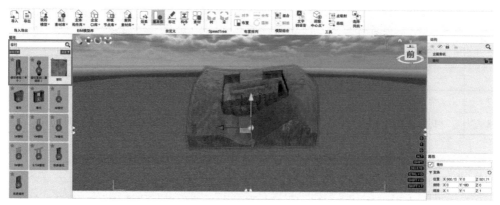

图 4.3.4　墩柱施工动画制作界面

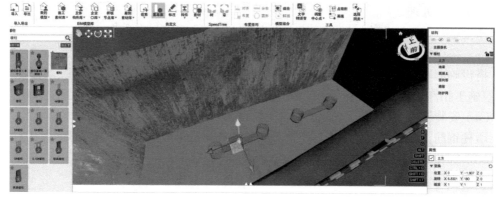

图 4.3.5　隐藏墩柱混凝土及钢筋

Step 03　用工具栏的文字转语音工具将脚本的第一场景文字转换为语音，并添加音频动画，视情况可将脚本场景标题或正文添加到音频动画的帧属性下的字幕框中，如图 4.3.6 所示。

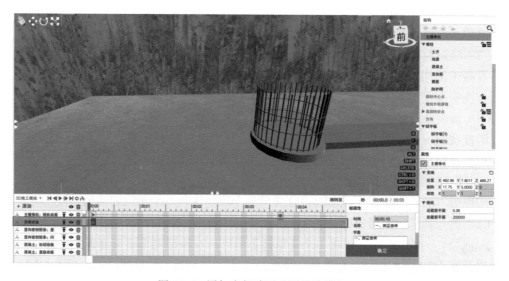

图 4.3.6　添加音频动画（测量放线）

Step 04 在左侧模型面板里搜索"测量员"，找到测量员（全站仪）和立杆员点击下载后拖拽到预览视口中，调整位置、角度和大小使其合适，添加显隐动画，同时调整镜头添加相机动画，如图4.3.7所示；找到圆柱基本体，拖拽到预览视口中，在属性面板中将其半径和高度设置为合适值，颜色设置为红色，并将其移动到墩柱中心处作为墩柱中心桩位的标记，添加显隐和闪烁动画，同时添加相机动画拉近镜头突显该中心桩位点，同时添加一箭头标记该中心点，如图4.3.8所示。

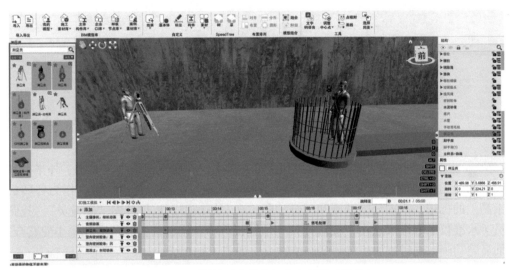

图 4.3.7　测量员（全站仪）和立杆员（墩柱）

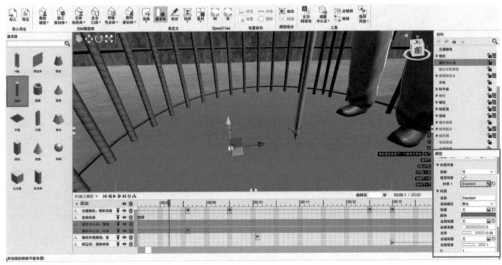

图 4.3.8　墩柱中心桩位

Step 05 找到圆管基本体，拖拽到预览视口中，在属性面板中将其内、外半径和高度设置为合适值，颜色设置为红色，并将其移动到墩柱轮廓处作为墩身外轮廓线的标记，添加显隐动画和闪烁动画，同时添加相机动画突显该墩身外轮廓线，如图4.3.9所示。

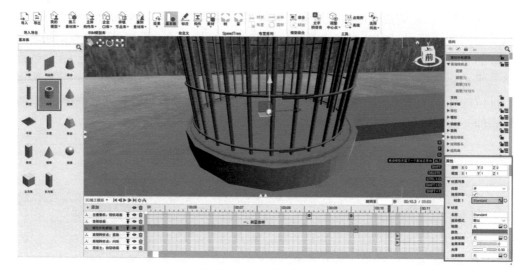

图 4.3.9　墩身外轮廓线

Step 06　找到圆管基本体，拖拽到预览视口中，在属性面板中将其内、外半径和高度设置为合适值，颜色设置为红色，并将其移动到钢筋高程转折点位置，作为各转折点在钢筋上的标记，添加显隐动画和闪烁动画；在左侧模型面板里搜索"测量员"，找到测量员（水准仪）和塔尺点击下载后拖拽到预览视口中，调整位置、角度和大小使其合适，添加显隐动画，同时添加相机动画调整镜头，如图 4.3.10 所示。

图 4.3.10　测量各转折点高程

（2）第二场景：凿毛处理

Step 01　用工具栏的文字转语音工具将脚本的第二场景文字转换为语音，并添加音频动画，视情况可将脚本场景标题或正文添加到音频动画的帧属性下的字幕框中。

Step 02　在左侧模型面板里搜索"凿毛机"，将手动凿毛机点击下载后拖拽到预览视口中，调整位置、角度和大小使其合适，添加显隐动画和内置动画；添加相机动画将镜头调整至突显凿毛机凿毛动作；如图 4.3.11 所示。

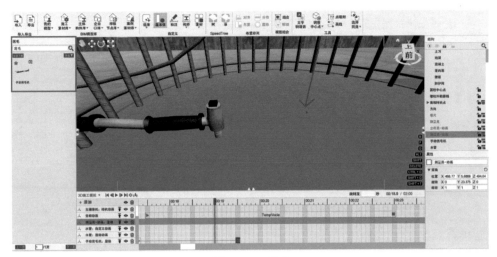

图 4.3.11　凿毛

Step 03　在左侧模型面板里搜索"水管"，选择一适合的水管下载后拖拽到预览视口中，调整位置、角度和大小使其合适，添加显隐动画和自定义动画，添加相机动画将镜头调整至突显水管冲洗动作的位置，如图 4.3.12 所示。

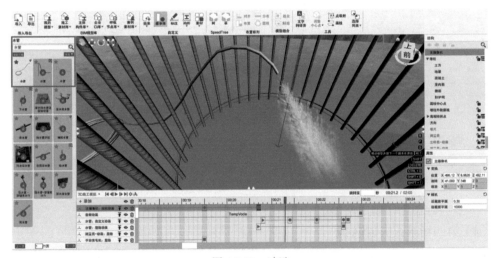

图 4.3.12　冲洗

（3）第三场景：搭设脚手架

Step 01　用工具栏的文字转语音工具将脚本的第三场景文字转换为语音，并添加音频动画，视情况可将脚本场景标题或正文添加到音频动画的帧属性下的字幕框中。

Step 02　在左侧模型面板里搜索"脚手架"，选择合适的脚手架下载后拖拽到预览视口中，放置到墩柱位置处，并调整角度和大小使其合适，添加显隐动画和剖切动画，添加相机动画将镜头调整至便于显示搭设脚手架过程的合适位置，如图 4.3.13 所示。

Step 03　在左侧模型面板里搜索"脚手板"，将脚手板下载后拖拽到预览视口中，调整位置、角度和大小使其合适，添加显隐动画和剖切动画，添加相机动画将镜头调整至脚手架顶层便于显示铺设脚手板处，如图 4.3.14 所示。

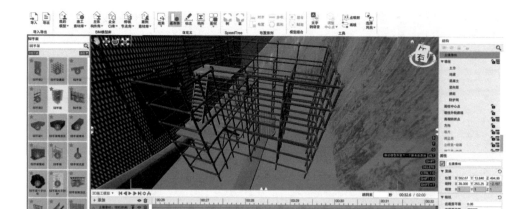

图 4.3.13　搭设脚手架

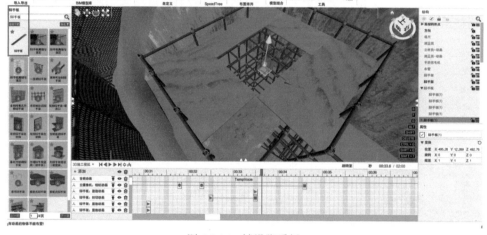

图 4.3.14　铺设脚手板

（4）第四场景：安装钢筋

Step 01　用工具栏的文字转语音工具将脚本的第四场景文字转换为语音，并添加音频动画，视情况可将脚本场景标题或正文添加到音频动画的帧属性下的字幕框中。

Step 02　显示右侧结构列表中的钢筋模型子集，并对钢筋模型添加由上至下的位移动画，并视情况添加相机动画调整至合适位置，如图 4.3.15 所示。

（5）第五场景：绑扎垫块

Step 01　用工具栏的文字转语音工具将脚本的第五场景文字转换为语音，并添加音频动画，视情况可将脚本场景标题或正文添加到音频动画的帧属性下的字幕框中。

Step 02　在左侧模型面板里搜索"垫块"，选择合适的垫块下载后拖拽到预览视口中，调整位置、角度和大小使其合适，按住【Alt】键拖动复制多个垫块，并依次调整其位置，使垫块相互错开、分散布置，同时对所有垫块添加剖切动画，添加相机动画将镜头调整至合适位置，如图 4.3.16 所示。

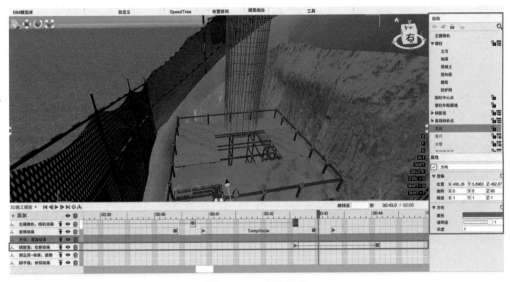

图 4.3.15 安装钢筋

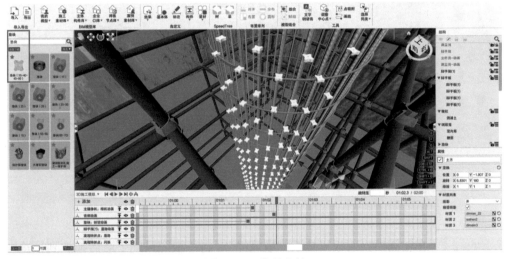

图 4.3.16 绑扎垫块

（6）第六场景：安装模板

Step 01 用工具栏的文字转语音工具将脚本的第六场景文字转换为语音，并添加音频动画，视情况可将脚本场景标题或正文添加到音频动画的帧属性下的字幕框中。

Step 02 在左侧模型面板里搜索"墩柱模板"，将墩柱模板下载后拖拽到预览视口中，调整位置、角度和大小使其合适，添加显隐动画和位移动画，添加相机动画将镜头调整至合适位置，如图 4.3.17 所示。

Step 03 找到圆柱基本体，拖拽到预览视口中，在属性面板中将其半径和高度设置为合适值，颜色设置为接近钢筋的颜色，并将其移动到墩柱模板底部、系梁顶面作为预埋短钢筋头，添加显隐动画，添加相机动画将镜头调整至能够突显该短钢筋处，如图 4.3.18 所示。

234

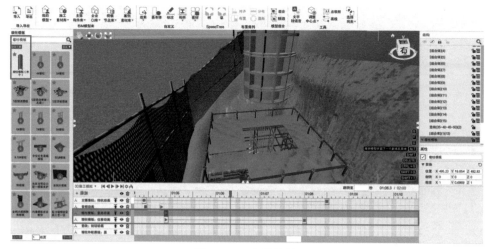

图 4.3.17　安装模板

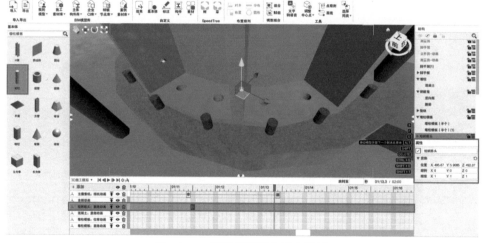

图 4.3.18　预埋短钢筋头固定模板

Step 04　在左侧模型面板里搜索"缆风绳",将一根缆风绳下载后拖拽到预览视口中,调整位置、角度和大小使其合适,按住【Alt】键再复制 3 根缆风绳,通过调整属性面板中旋转角度调整其他三根缆风绳的方向,使四根缆风绳在模板四周均匀对称布置,添加显隐动画,添加相机动画将镜头调整至突显缆风绳位置处,如图 4.3.19 所示。

Step 05　找到方管基本体,拖拽到预览视口中,在属性面板中将其长度、宽度和高度设置为合适值,颜色设置为白色,并将其移动到墩柱模板接缝处作为模板接缝密封胶条,添加显隐动画和闪烁动画,同时为了显示密封胶条为模板添加透明动画,添加相机动画将镜头慢慢拉近突显示模板接缝密封条,最终将镜头调整至墩柱根部位置,为下一画面作准备,如图 4.3.20 所示。

Step 06　找到圆管基本体,拖拽到预览视口中,在属性面板中将其内、外半径和高度设置为合适值,颜色设置为白色,并将其移动到墩柱模板与承台顶面的接缝处作为密封胶条,添加显隐动画和闪烁动画,同时为了显示密封胶条为模板添加透明动画,如图 4.3.21 所示。

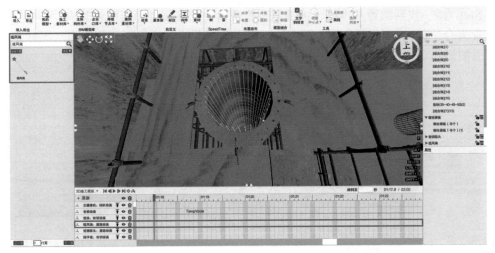

图 4.3.19　缆风绳固定模板

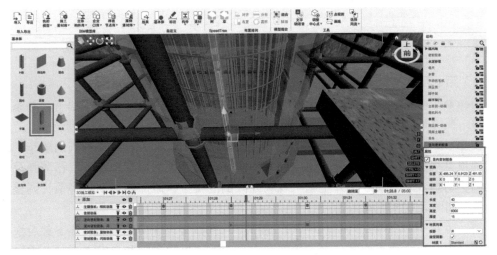

图 4.3.20　模板板缝密封胶条

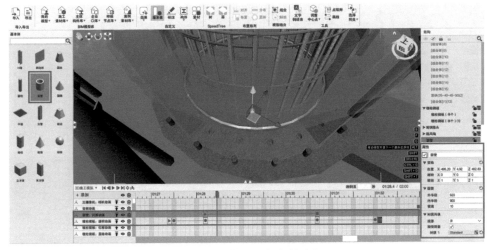

图 4.3.21　模板根部密封胶条

Step 07　找到圆管基本体，拖拽到预览视口中，在属性面板中将其内、外半径和高度设置为合适值，颜色设置为灰色，并将其移动到墩柱模板根部外侧作为水泥砂浆封闭圈，添加显隐动画和剖切动画，如图4.3.22所示。

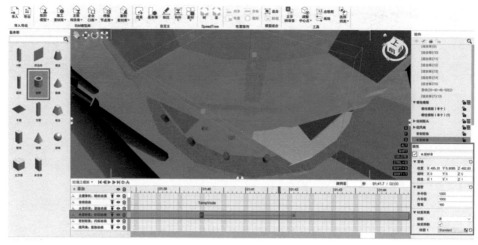

图4.3.22　水泥砂浆密封圈

（7）第七场景：浇筑混凝土

Step 01　用工具栏的文字转语音工具将脚本的第七场景文字转换为语音，并添加音频动画，视情况可将脚本场景标题或正文添加到音频动画的帧属性下的字幕框中。

Step 02　在左侧模型面板里搜索"混凝土罐车"，选择带自定义动画的罐车下载后拖拽到预览视口中，调整位置、角度和大小使其合适，添加显隐动画、位移动画及自定义动画，动画效果是使罐车开至施工现场并倾倒混凝土，添加相机动画将镜头调整至合适位置，如图4.3.25所示。

Step 03　在左侧模型面板里搜索"料斗"，选择带自定义动画的料斗下载后拖拽到预览视口中，配合罐车调整位置、角度和大小，添加显隐动画和自定义动画，添加相机动画将镜头调整至突显料斗处，如图4.3.23所示。

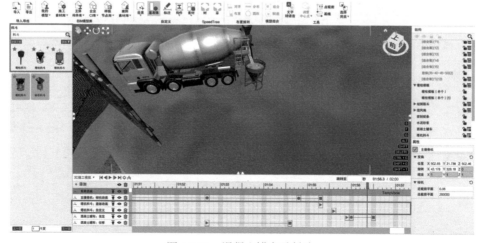

图4.3.23　混凝土罐车及料斗

Step 04 在左侧模型面板里搜索"吊车",选择带自定义动画的吊车下载后拖拽到预览视口中,配合罐车、料斗调整位置、角度和大小,添加显隐动画、位移动画及自定义动画;同时添加料斗跟随吊车动画;添加相机动画将镜头调整至合适位置,如图 4.3.24 所示。

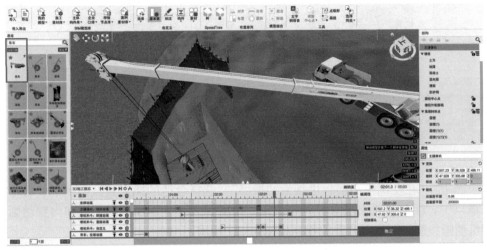

图 4.3.24 吊车料斗浇筑混凝土

Step 05 在左侧模型面板里搜索"串筒",将串筒下载后拖拽到预览视口中,配合料斗调整位置、角度和大小,添加显隐动画,添加相机动画将镜头调整至合适位置,如图 4.3.25 所示。

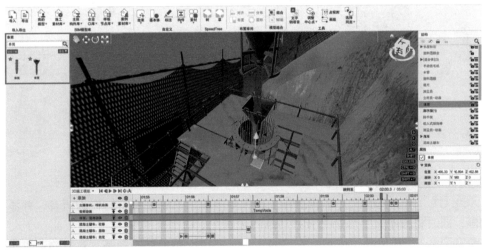

图 4.3.25 串筒

Step 06 显示右侧结构列表中的混凝土模型子集,并对混凝土模型添加剖切动画;混凝土模型剖切到 50% 时,标注串筒孔口距离混凝土面的距离"≤ 2m",并对标注添加显隐动画,为了清晰地显示串筒孔口与混凝土面的距离,此时模板添加透明动画;继续对混凝土模型添加剖切动画至 100%;添加相机动画将镜头调整至合适位置,如图 4.3.26 所示。

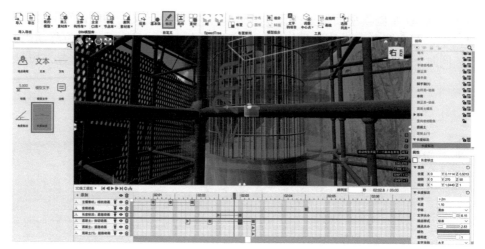

图 4.3.26　串筒孔口与混凝土面的距离

Step 07　在左侧模型面板里搜索"振捣"，选择合适的插入式振捣棒下载后拖拽到预览视口中，配合混凝土浇筑面调整位置、角度和大小，添加显隐动画和内置动画，添加相机动画将镜头调整至合适位置，如图 4.3.27 所示。

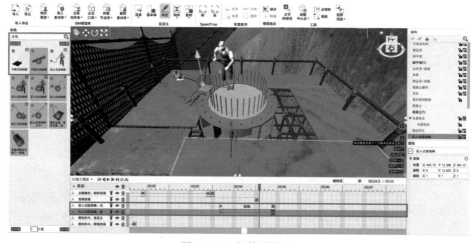

图 4.3.27　振捣混凝土

（8）第八场景：拆模及养护

Step 01　用工具栏的文字转语音工具将脚本的第八场景文字转换为语音，并添加音频动画，同时将脚本文字添加到音频动画的帧属性下的字幕框中。

Step 02　对缆风绳、模板、脚手板、脚手架依次添加显隐动画，将其隐藏以示拆除模板及脚手架，如图 4.3.28 所示。

Step 03　在左侧模型面板里搜索"塑料"，选择带内置动画的塑料薄膜下载后拖拽到预览视口中，调整位置、角度和大小使其合适，添加显隐动画和内置动画，添加相机动画调整合适位置突显缠塑料薄膜动作，如图 4.3.29 所示；找到圆管基本体，拖拽到预览视口中，在属性面板中将其内、外半径和高度设置为合适值，将其移动到墩柱处作为包裹的塑料薄膜，材质修改为塑料材质，添加显隐动画，如图 4.3.30 所示。

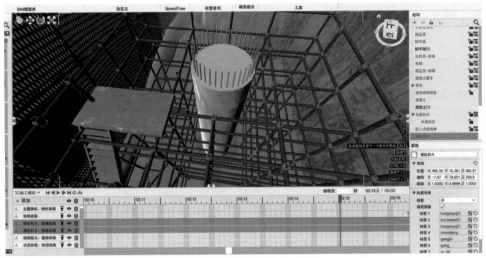

图 4.3.28 拆除模板及脚手架

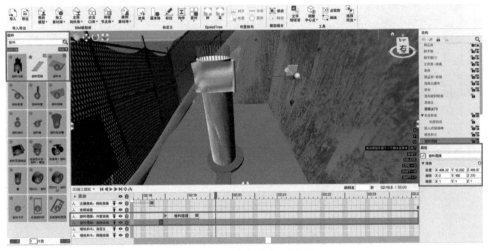

图 4.3.29 正在缠塑料薄膜

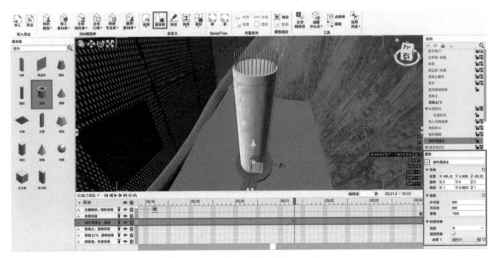

图 4.3.30 缠好塑料薄膜后的墩柱

4.4 隧道工程施工模拟

4.4.1 隧道工程施工概述

　　某项目部预进行 2 号隧道衬砌工程施工（图 4.4.1），为了确保施工安全质量，更好地指导工人施工，决定采用可视化交底。作为负责该隧道施工的技术人员，请识读该隧道衬砌施工图（图 4.4.2），并通过查阅《公路隧道施工技术规范》JTG/T 3660—2020 等资料，利用 BIM-FILM 软件为 2 号隧道二次衬砌施工制作施工模拟动画，为完成可视化交底做好准备。

图 4.4.1　2 号隧道衬砌施工现场

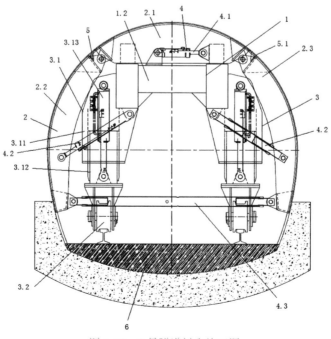

图 4.4.2　2 号隧道衬砌施工图

前期已经完成 2 号隧道的开挖、初期支护及仰拱的施工，接下来要进行二次衬砌施工。为完成 2 号隧道衬砌施工动画，首先需要了解和掌握隧道衬砌施工方法，并查阅《公路隧道施工技术规范》JTG/T 3660—2020，参考隧道衬砌施工技术交底文件，编写隧道衬砌施工动画脚本，然后根据脚本利用 BIM-FILM 软件制作隧道衬砌施工动画。

隧道衬砌是为了防止围岩变形或坍塌，沿隧道洞身周边用钢筋混凝土等材料修建的永久性支护结构。常用的衬砌形式有整体式衬砌、装配式衬砌、喷锚衬砌及复合式衬砌，多数情况下采用复合式衬砌，分为初期支护和二次衬砌。

1. 衬砌施工一般规定

① 隧道衬砌不得侵入隧道建筑界限，不得减少衬砌厚度。

② 支护与衬砌材料的标准、规格及要求等应满足设计要求。

③ 隧道支护与衬砌施工过程中应做好施工记录。

④ 隧道支护与衬砌施工宜根据现场监控量测结果，分析施工中各种信息，及时调整支护措施和支护参数，确定二次衬砌施工时间。I～Ⅳ级围岩的二次衬砌应在初期支护变形基本稳定（参考值：周边位移速率小于 0.2mm/d，拱顶下沉速率小于 0.15mm/d）后施工。

⑤ 隧道衬砌不得侵入隧道建筑限界，开挖放样时可将设计的轮廓线扩大 50mm，不得减少衬砌厚度。

⑥ 支护与衬砌材料规格及要求等应符合《公路隧道设计规范　第一册　土建工程》JTG 3370.1—2018、《岩土锚杆与喷射混凝土支护工程技术规范》GB 50086—2015 的规定。

2. 衬砌施工顺序

扫描二维码观看视频，2 号隧道二次衬砌施工工艺流程见图 4.4.3。

二维码

隧道二次衬砌
施工工艺

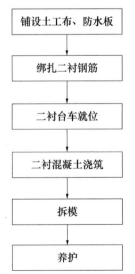

图 4.4.3　二次衬砌施工工艺流程图

3. 衬砌防水板

防水板是隧道防水的重要手段，是防水成功的关键所在。隧道二次衬砌施工前，在隧道初支和二衬之间需铺设土工布、防水板，土工布、防水板的铺设应超前二次衬砌施

241

工1～2个衬砌段长度，并与开挖工作面保持一定的安全距离，铺设完防水板的地段应采取可靠的保护措施防止损伤防水板。防水板铺设应符合下列规定：

① 防水板铺设宜采用专用台架。铺设前进行精确放样，画出标准线后试铺，确定防水板每环的尺寸，并尽量减少接头。

② 防水板应无钉铺设，并留有余量，防水板与初期支护或岩面应密贴。

③ 搭接宽度不应小于100mm。焊缝应严密，单条焊缝的有效焊接宽度不应小于12.5mm，不得焊焦焊穿。防水板的搭接缝焊接质量应按充气法检查，当压力表达到0.25MPa时停止充气，保持15min，压力下降在10%以内，则焊缝质量合格。

④ 绑扎或焊接钢筋时，不应损伤防水板。钢筋焊接时一定要对防水板给予保护，最好是用足够大、没有孔洞的石棉板防护。

⑤ 混凝土振捣时，振捣棒不得接触防水板。

⑥ 防水板、土工布的材质、性能、规格必须满足设计要求，铺设防水板的基面应坚实、平整、圆顺，无漏水现象。防水板焊接焊缝应全部进行充气检查。防水板施工质量应符合表4.4.1规定。

防水板施工质量标准　　　　　　　　　　　　　　　　表 4.4.1

序号	项目		规定值或允许偏差	检查方法和频率
1	搭接宽度（mm）		≥100	尺量：全部搭接均要检查，每个搭接检查3处
2	缝宽（mm）	焊接	两侧焊缝宽≥25	尺量：每个搭接检查5处
		粘接	粘缝宽≥50	
3	固定点间距（mm）	拱部	0.5～0.7	尺量：检查总数的10%
		侧墙	1.0～1.2	
4	接缝与施工缝错开距离（mm）		≥500	尺量：每个接缝检查5处

4. 衬砌钢筋

（1）钢筋加工应符合下列规定：

① 钢筋在加工弯制前应调直。

② 钢筋表面的油渍、铁锈等应清除干净。

③ 钢筋拉直、弯钩、弯折、弯曲应采用冷加工。

（2）钢筋安装应符合下列规定：

① 横向筋与纵向筋每个节点必须进行绑扎或焊接。

② 钢筋焊接搭接长度及焊缝应满足设计要求。

③ 相邻主筋搭接位置应错开，错开距离应不小于1000mm。

④ 同一受力钢筋的两个搭接距离应不小于1500mm。

⑤ 箍筋连接点应在纵横向筋的交叉连接处，必须进行绑扎或焊接。

⑥ 钢筋其他连接方式应符合相关规范的规定。

（3）安装钢筋时，钢筋长度、间距、位置、保护层厚度应满足设计要求。

（4）受力主筋与模板之间应设混凝土垫块。

（5）衬砌钢筋施工质量应符合表4.4.2规定。

衬砌钢筋质量标准　　　　　表 4.4.2

序号	检查项目			规定值或允许偏差	检查方法和频率
1	主筋间距（mm）			±10	尺量：连续 3 处以上
2	两层钢筋间距（mm）			±5	尺量：两端、中间各 1 处以上
3	箍筋间距（mm）			±20	尺量：连续 3 处以上
4	绑扎搭接长度	受拉	HPB 级钢	30d	尺量：每 20m 检查 3 个接头
			HRB 级钢	35d	
		受压	HPB 级钢	20d	
			HRB 级钢	25d	
5	钢筋加工长度（mm）			−10，+5	尺量：每 20m 检查 2 根
6	钢筋保护层厚度（mm）			+10，−5	尺量：两端、中间各 1 处

5. 衬砌模板

常用模板有整体移动式模板台车、穿越式分体移动模板台车、拼装式拱架模板。模板台车主要由大块曲模板、液压自动收模装置、背附式振捣设备组成，一般为电动行走式，模板台车长度应根据施工进度要求、混凝土生产能力、灌注技术要求以及曲线隧道的曲线半径等条件确定。整体移动式模板台车走行机构与整体模板固定；穿越式分体移动模板台车是将走行机构与整体模板分离，即一套走行机构可以解决几套模板。拼装式拱架模板灵活性大、适应性强，尤其适用于曲线地段，但其安装架设比较费时费力，故生产能力较模板台车低。

衬砌模板施工应符合下列规定：

① 混凝土衬砌模板及支架必须具有足够的强度、刚度和稳定性；模板不凹凸、支架不偏移、不扭曲；保证混凝土成型规整，满足多次重复使用，不变形。

② 应按设计要求设置沉降缝。衬砌施工缝应与设计的沉降缝、伸缩缝结合布置。

③ 安装模板时应检查中线、高程、断面和净空尺寸。

④ 模板安装前，应仔细检查防水板、排水盲管、衬砌钢筋、预埋件等隐蔽工程，做好记录。

⑤ 挡头板应按衬砌断面制作，定位准确、安装牢固，挡头板与岩壁间隙应嵌堵紧密。施工缝挡头板应设预留槽成型条，并满足止水产品要求。

⑥ 浇筑模筑混凝土前应将模板内的杂物、积水和钢筋上的油污清除干净，并涂脱模剂，在涂刷模板隔离剂时，不应污染钢筋；模板接缝不应漏浆。

⑦ 模板施工应符合表 4.4.3 规定。

模板安装质量标准　　　　　表 4.4.3

序次	检查项目	允许偏差（mm）	检查方法和频率
1	平面位置及高程	±15	尺量，全部
2	起拱线高程	±10	水准仪测量，全部
3	拱顶高程	+10，0	水准仪测量，全部
4	模板平整度	5	2m 靠尺和塞尺，每 3m 测 5 点
5	相邻浇筑段表面错台	±10	尺量，全部

6. 衬砌混凝土

衬砌混凝土的原材料：水泥、砂、粗集料、水、外加剂、粉煤灰等应符合《公路隧道施工技术规范》JTG/T 3660—2020 及相关规范的规定，同时混凝土施工应满足下列要求：

① 混凝土配合比应满足设计和施工工艺要求。

② 混凝土应在初凝前完成灌筑。

③ 混凝土衬砌应连续灌筑。如因故间断，其间断时间应小于前层混凝土的初凝时间或能重塑时间。当超过允许间断时间时，应按施工缝处理。

④ 混凝土的入模温度，冬期施工时不应低于 5℃，夏季施工时不应高于 32℃。

⑤ 应采取可靠措施确保混凝土在浇灌时不发生离析。

⑥ 浇筑混凝土时，应采用振捣器振实，并应采取确实可靠的措施确保混凝土密实。振捣时，不得使模板、钢筋和预埋件移位。

⑦ 边墙基底标高、基坑断面尺寸、排水盲管、预埋件安设位置等应满足设计要求。

⑧ 浇筑混凝土前，必须将基底石渣、污物和基坑内积水排除干净，严禁向有积水的基坑内倾倒混凝土干拌合物。

⑨ 拱墙衬砌混凝土浇筑时，应由下向上从两侧向拱顶对称浇筑。

⑩ 拱部混凝土衬砌浇筑时，应在拱顶预留注浆孔，注浆孔间距应不大于 3m，且每模板台车范围内的预留孔应不少于 4 个。

⑪ 拱顶注浆充填，宜在衬砌混凝土强度达到 100% 后进行，注入砂浆的强度等级应满足设计要求，注浆压力应控制在 0.1MPa 以内。

⑫ 混凝土衬砌施工质量应符合表 4.4.4 规定。

混凝土衬砌质量标准　　　　　　　　　　表 4.4.4

序次	检查项目	允许偏差	检查方法和频率
1	混凝土强度（MPa）	在合格标准内	试件强度试验报告
2	边墙平面位置	±10	尺量，全部
3	拱部高程	＋30，0	水准仪测量（按桩号）
4	衬砌厚度	不小于设计值	激光断面仪或地质雷达随机检查
5	边墙、拱部表面平整度	15	2m 直尺、塞尺，每侧检查 5 处或断面仪测量

7. 拆除拱架、墙架和模板

拆除拱架、墙架和模板的时间，应根据混凝土强度增长情况确定，满足下列要求：

① 不承受外荷载的混凝土强度应达到 5.0MPa。

② 承受围岩压力的拱墙以及封顶和封口的混凝土强度应满足设计要求。

8. 养护

衬砌拆模后应立即养护，寒冷地区应做好衬砌的防寒保温工作。普通硅酸盐水泥拌制的混凝土养护时间一般不少于 7d，掺有外加剂或有抗渗要求的混凝土一般不少于 14d。

4.4.2　隧道工程施工模拟

已经学习并掌握隧道衬砌施工方法，识读 2 号隧道衬砌施工图，可知该隧道衬砌结构类型为复合式衬砌，且已经完成开挖、初期支护、仰拱施工，选定该隧道二次衬砌施工方法为整体移动式模板台车衬砌施工，查阅《公路隧道施工技术规范》JTG/T 3660—2020等资料，先编写 2 号隧道二次衬砌施工动画脚本，然后根据编写的脚本利用 BIM-FILM 软件制作二次衬砌施工动画。

1. 编写二次衬砌施工动画脚本

隧道二次衬砌施工工艺流程及质量控制要点见表 4.4.5。

隧道二次衬砌施工工艺流程及质量控制要点　　　　表 4.4.5

序号	施工工艺流程	查阅规范等资料，查找质量控制要点
1	防水卷材施工	（1）检查初期支护断面；（2）防水板铺设专用台车就位；（3）施做土工布及防水板
2	绑扎二衬钢筋	（1）利用防水板铺设专用台车在隧道内现场绑扎；（2）确定钢筋绑扎位置；（3）钢筋绑扎由上至下；（4）横向钢筋与纵向钢筋的每个节点必须进行绑扎或焊接
3	台车就位	（1）二衬台车移动到指定位置锁定；（2）安装堵头板；（3）设置工作窗口、排气孔、注浆孔
4	混凝土浇筑	（1）拌和站拌和，混凝土搅拌运输车运输，混凝土输送泵泵送；（2）自下而上分层浇筑；（3）机械振捣；（4）灌注左右对称，防止产生偏压；（5）连续进行
5	混凝土封顶	（1）采用顶模中心封顶器接输送管；（2）当挡头板上观察孔有浆溢出时，标志封顶完成
6	拆模及养护	（1）拆模时间；（2）养护时间

综合上述质量控制要点，按照工艺流程，编写 2 号隧道二次衬砌施工动画脚本。

（1）土工布及防水板施工

检查好初期支护断面，采用防水板铺设专用台车施工土工布及防水板。

（2）绑扎二衬钢筋

钢筋在隧道外钢筋场地加工成形，钢筋加工符合相关规定。加工成形的钢筋运至隧道内部，利用防水板铺设专用台车在隧道内现场绑扎，由测量人员放线确定钢筋绑扎位置。施工时先进行上部钢筋的绑扎，后进行下部钢筋的绑扎，横向钢筋与纵向钢筋的每个节点必须进行绑扎或焊接。

（3）台车就位

二衬台车移动到指定位置后，台车中心与隧道中心线一致，锁定卡轨器，安装堵头板，设置工作窗口，拱顶部位预留排气孔和注浆孔。

（4）混凝土浇筑

混凝土在拌和站集中拌和，混凝土搅拌运输车运输，混凝土输送泵泵送入模，用台车分流槽自下而上分层浇筑侧墙及顶部混凝土，浇筑过程中采用机械振捣。混凝土灌筑必须左右对称，相对高差小于 50cm，防止产生偏压。混凝土浇筑应连续进行，避免停歇造成冷缝，必须间歇时，浇筑间隔时间＜ 1h。

（5）混凝土封顶

封顶采用顶模中心封顶器接输送管，逐渐压住混凝土封顶。当挡头板上观察孔有浆溢出时，标志封顶完成。

（6）拆模及养护

在二衬混凝土强度达到设计要求后拆模，拆模板时要注意成品保护。拆模后用高压水喷混凝土表面，以降低水化热。混凝土浇筑完毕后12h内对混凝土进行养护，养护期不少于14d。

2. 制作隧道二次衬砌施工动画

按照脚本的六个步骤，在BIM-FILM软件中逐一实现六个场景的动画模拟。

（1）第一场景：防水卷材施工

Step 01 打开软件，新建一个【草地】地形，在新建的【施工部署】界面左侧模型面板里搜索"二衬环境"，找到对应的模型点击下载后拖拽到预览视口中，如图4.4.4所示。

图4.4.4 隧道二次衬砌施工动画界面

Step 02 用工具栏的文字转语音工具将脚本的第一场景文字转换为语音，并添加音频动画，视情况可将脚本场景标题或正文添加到音频动画的帧属性下的字幕框中。

Step 03 选择结构树里的"防水"，在4.5s位置添加闪烁动画，时长2.5s，如图4.4.5所示。

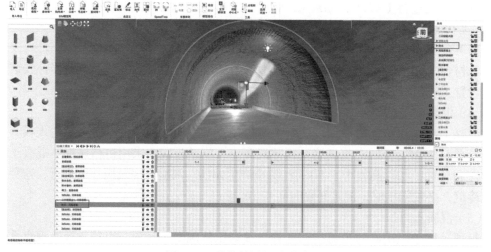

图4.4.5 给构件添加透明动画

Step 04　在模型库搜索"防水台车"，在 8s、16s 处添加透明动画，透明度为 0，9s、15s 处透明度为 100；在模型库搜索"吊装工"，将两个"吊装工"模型分别放入项目中合适的位置，并在 10s 处添加显隐动画，时长为 4.5s，如图 4.4.6 所示。

图 4.4.6　防水台车添加透明动画

Step 05　在结构树里找到"防水卷材"，在 12s 处添加透明动画，透明度为 0，在 13.8s 处透明度为 100，如图 4.4.7 所示。

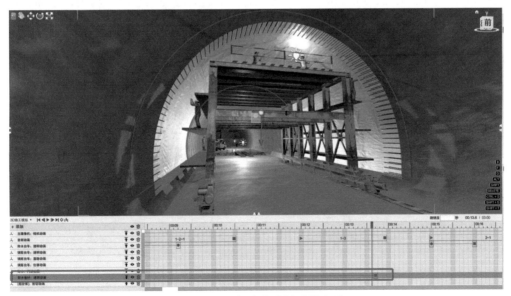

图 4.4.7　添加防水卷材透明动画

（2）第二场景：绑扎二衬钢筋

Step 01　用工具栏的文字转语音工具将脚本的第二场景文字转换为语音，并添加音频动画，视情况可将脚本场景标题或正文添加到音频动画的帧属性下的字幕框中。

Step 02 在左侧模型面板里搜索"钢筋台车",将钢筋台车点击下载后拖拽到预览视口中,调整位置、角度和大小使其合适,添加显隐动画和位移动画;添加相机动画将镜头调整至突显钢筋台车的位置;如图 4.4.8 所示。

图 4.4.8 钢筋台车

Step 03 在左侧模型面板里搜索"测量员",选择"测量员 – 动画"下载后拖拽到预览视口中,调整位置、角度和大小使其合适,添加显隐动画和内置动画,添加相机动画将镜头调整至突显测量员动作的位置,如图 4.4.9 所示。

图 4.4.9 添加测量员

Step 04 在结构树里找到"钢筋",在39s处添加剖切动画,将"下"改为100,在46s处,将"下"改为0。镜头切换至合适位置即可,如图 4.4.10 所示。

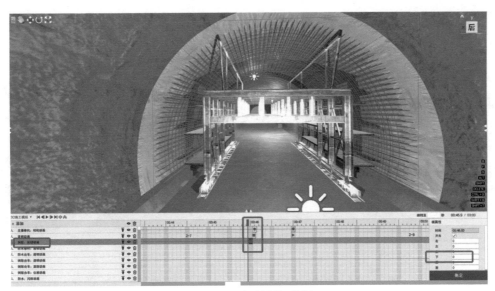

图 4.4.10　钢筋剖切效果

Step 05　在左侧模型面板里搜索"焊工"和"电焊"，选择合适的构件下载后拖拽到预览视口中，调整位置、角度和大小使其合适，在 48s 和 53s 处添加显隐动画，分别将开关打开和关闭，添加相机动画将镜头调整至突显测量员动作的位置，如图 4.4.11 所示。

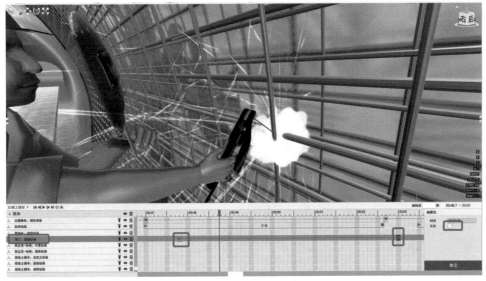

图 4.4.11　电焊工焊接效果

（3）第三场景：台车就位

Step 01　在结构树里找到"二衬台车"，在 57s 处添加显隐动画和位移动画，将二衬台车移动到镜头远处，双击打开关键帧，在 59s 处将二衬台车放回原位，双击结束关键帧，如图 4.4.12 所示。

Step 02　在结构树里找到"堵头板"，在 1:02 处添加显隐动画和闪烁动画，闪烁时长 5s 左右。

图 4.4.12　给二衬台车添加移动、显隐关键帧

（4）第四场景：混凝土浇筑

Step 01　用工具栏的文字转语音工具将脚本的第四场景文字转换为语音，并添加音频动画，视情况可将脚本场景标题或正文添加到音频动画的帧属性下的字幕框中。

Step 02　在左侧模型面板里搜索"混凝土输送泵"和"混凝土罐车"，选择合适的构件下载后拖拽到预览视口中，调整位置、角度和大小使其合适，在 1:02 处，给主摄像机添加关键帧，勾选切换摄像头，如图 4.4.13 所示。

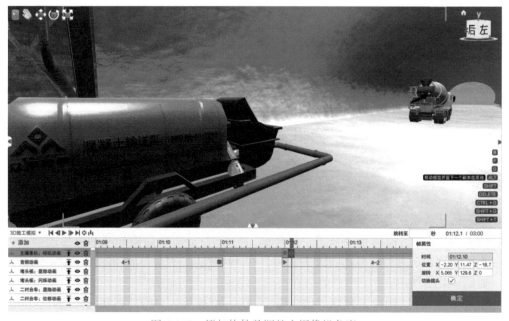

图 4.4.13　添加构件及调整主摄像机角度

Step 03 对"混凝土输送泵"在1:12处添加显隐动画关键帧，对"混凝土罐车"在1:12处添加自定义动画、显隐动画和位移动画。

Step 04 在1:17处，对"混凝土罐车"添加位移动画关键帧，将罐车靠近"混凝土输送泵"，添加自定义动画关键帧，将储料罐、车轮数值设置为10，如图4.4.14所示。

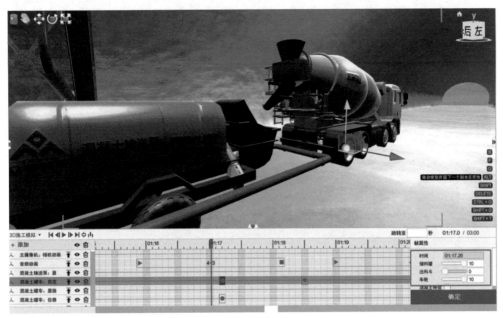

图4.4.14 设置关键帧并调整参数

Step 05 在1:18.5处，将"混凝土罐车"自定义动画出料斗数值设置为570，动画持续5s，如图4.4.15所示。

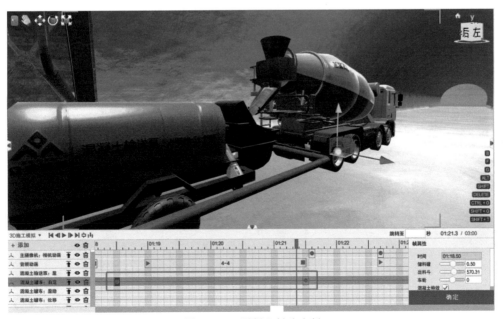

图4.4.15 混凝土料斗出料

251

Step 06 选中"二衬台车"里面所有的红色管件，将他们成组，在 1:23 处添加闪烁动画，闪烁时长 3s（图 4.4.16），然后根据语音描述按层展示构件并分别选中后添加闪烁动画。

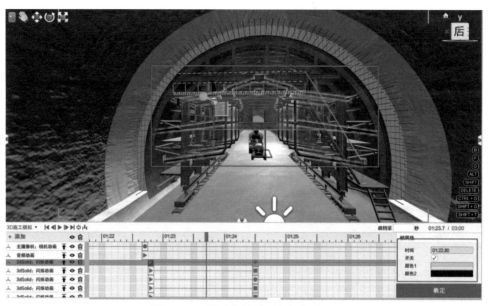

图 4.4.16　筛选管件并添加闪烁动画

Step 07 将摄像机调至能显示"振捣器"的位置，给三个振捣器在 1:32 处添加闪烁动画，时长 3s。

Step 08 在结构树里找到"标注"，在 1:38 处添加显隐动画，持续 3s 后关闭显示（图 4.4.17）。

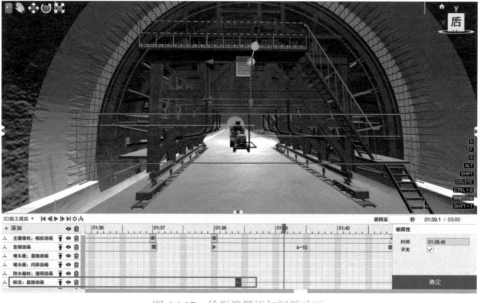

图 4.4.17　给振捣器添加闪烁动画

Step 09 在结构树里找到"左箭头集"和"右箭头集",在 1:42 处添加显隐动画和闪烁动画,持续 3s 后关闭显示(图 4.4.18)。

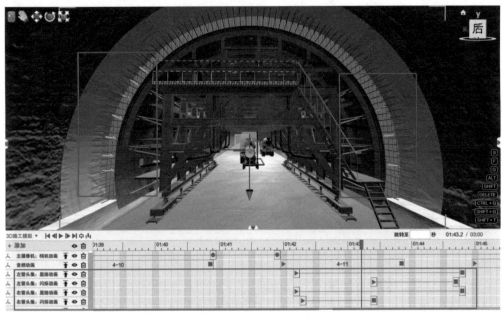

图 4.4.18 给箭头集添加显隐动画和闪烁动画

Step 10 在 1:47 处将摄像头定位在罐车附近,将第一个罐车料斗收回,移动到原位;添加第二个罐车的位移动画,移动到第一个罐车的位置,在 1:51 处添加文字,文字内容为"浇筑间隔时间<1 小时",持续时长 6s,如图 4.4.19、图 4.4.20 所示。

图 4.4.19 第一个罐车恢复原位动画

图 4.4.20　第二个罐车移动动画及添加文字

（5）第五场景：混凝土封顶

Step 01　用工具栏的文字转语音工具将脚本的第五场景文字转换为语音，并添加音频动画，视情况可将脚本场景标题或正文添加到音频动画的帧属性下的字幕框中。

Step 02　在结构树里找到"圆管"，在 2:01 处添加显隐动画和位移动画，将圆管从下往上添加位移动画关键帧，将摄像机定位在合适的位置，为摄像机添加关键帧，如图 4.4.21 所示。

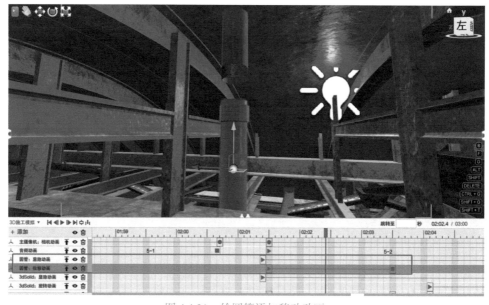

图 4.4.21　给圆管添加移动动画

Step 03　回到全景镜头，将罐车在 2:14 处关闭显示，如 4.4.22 所示。

图 4.4.22　切回全景镜头

（6）第六场景：拆模及养护

Step 01　用工具栏的文字转语音工具将脚本的第六场景文字转换为语音，并添加音频动画，视情况可将脚本场景标题或正文添加到音频动画的帧属性下的字幕框中。

Step 02　在 2:21 处找到"二衬混凝土"，添加闪烁动画，时长 3s。并在 2:23 处添加文字模型，内容为"混凝土强度＞ 2.5MPa"，如图 4.4.23 所示。

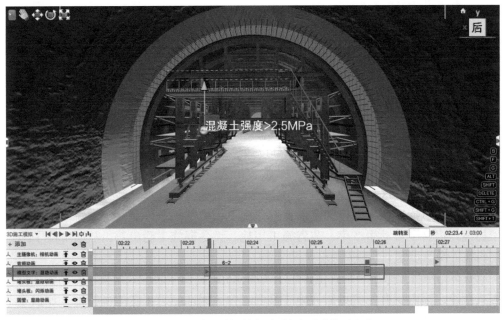

图 4.4.23　添加二衬混凝土闪烁动画及模型文字

Step 03　在左侧模型面板里搜索"雾炮机"，选择合适的构件下载后拖拽到预览视口中，调整位置、角度和大小使其合适，在 2:31 处给雾炮机添加显隐动画和自定义动画，通过对自定义动画里"雾炮机控"和"雾炮机特效"的控制，制作出喷雾的效果，反复调整直至动画结束，如图 4.4.24 所示。

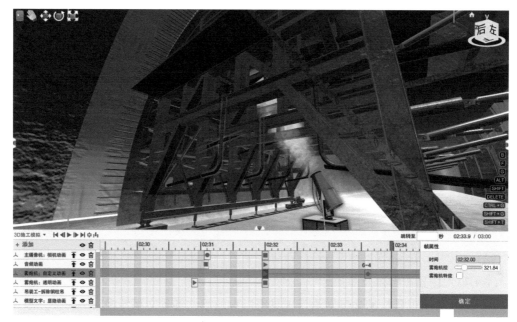

图 4.4.24　制作喷雾动画

4.5　地铁工程施工模拟

4.5.1　地铁工程施工概述

近年来，我国的交通事业发展迅速，地铁工程建设逐渐增多，地铁车站的施工工艺越来越受到重视。装配式地铁车站是一种全新的地铁车站结构形式，施工方式是将传统地铁车站的现浇底板、侧墙、顶板集中在工厂进行预制加工，实现流水化生产、标准化管控、集中养生，再根据车站拼装需求分批运输到施工现场。构件拼装就像搭积木一样，将预制好的主体结构在垫层上逐块按拼装流程吊装成型。

相比传统工艺，这种"搭积木式"装配式车站有诸多优点，施工现场基本没有建筑垃圾和噪声、节能环保，因构件全部工厂化施工，受气候条件制约小，流水化拼装无须支架模板，提高了劳动生产率、节省施工用地、无冬期施工隐患等，从而解决了地铁车站结构施工慢的难题。

地铁车站项目预采用装配式主体施工（图 4.5.1），由于装配式地铁车站结构独特，施工方式新颖，国内少有先例可作为施工参考。为了保证施工工艺的可行性，加强施工安全质量，更好地指导工人施工，决定采用三维动画模拟的方式进行施工工艺模拟。作为负责该项目施工的技术人员，请识读该车站的主体结构施工图（图 4.5.2），并通过查阅《城市轨道交通工程质量验收标准 第一部分：土建工程》DB 11/T 311.1—2019、《城市轨道交通工程测量规范》GB/T 50308—2017、《地下铁道工程施工质量验收标准［两册］》GB/T 50299—2018 等资料，利用 BIM-FILM 软件为装配式地铁车站施工模拟动画制作施工动画，为接下来的装配式车站施工做好准备。

图 4.5.1 装配式地铁车站施工现场

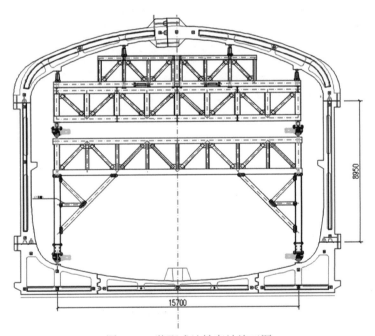

图 4.5.2 装配式地铁车站施工图

4.5.2 轨道交通工程施工模拟

该项目前期已经完成围护结构、基坑开挖、精平垫层施工,接下来进行装配式车站的主体施工。为完成装配式地铁车站施工模拟动画,首先需要了解和掌握装配式地铁车站的结构施工工艺,查阅《城市轨道交通工程质量验收标准 第一部分:土建工程》DB 11/T 311.1—2019,参考装配式地铁车站施工方案,编写地铁车站施工动画脚本,然后根据脚本利用 BIM-FILM 软件制作装配式地铁车站施工模拟动画。

1. 装配式地铁车站结构

扫描二维码可以观看装配式地铁车站结构介绍。车站主体装配段采用明挖装配法施工，装配段基坑采用桩锚支护体系，基坑宽 22.5m、深 21m。装配结构宽 20.5m、高 17.45m，围护结构与装配结构之间设有 1m 肥槽，采用C15 微膨胀混凝土回填。

车站结构每环宽度 2m，分别由编号为 A、B1、B2、C1、C2、D1/D2、E1/E2 五种类型的预制构件组成，整环由 7 块预制构件拼装而成。其中底板是 3 块构件，由中间 A 构件、两侧 B1 构件及 B2 构件组成；两侧 B 构件上端分别对应连接 C1、C2 预制构件；顶板由预制构件 D1、D2 和预制构件 E1、E2 交叉拼装组成（图 4.5.3）。

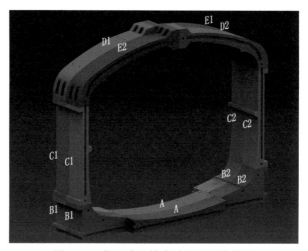

图 4.5.3　装配式地铁车站标准环构件图

每环单块预制构件最重是 E 构件，约 54t。块与块、环与环之间均采用榫接的方式并用螺纹钢拉紧（图 4.5.4）。榫槽间隙采用改性环氧树脂填充，地下防水由结构自防水和接缝防水两部分组成，楼板采用现浇结构，车站出入口处采用预制环梁的结构形式。

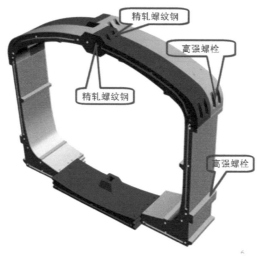

图 4.5.4　预制构件连接示意图

2. 装配式地铁车站施工工艺

扫描二维码观看装配式车站施工工艺流程。

二维码

装配式地铁车站
施工动画

3. 编写装配式地铁车站施工动画脚本

学习并掌握装配式地铁车站的施工方法，依据装配式地铁车站主体施工图，查阅《城市轨道交通工程质量验收标准 第一部分：土建工程》DB 11/T 311.1—2019 等资料，综合施工质量控制要点，按照施工工艺流程编写 2 号地铁装配式地铁车站施工动画脚本。

（1）底板 A 构件拼装

测量人员将 A 构件位置标记在垫层上，根据地面位置标识将首环 A 构件吊装就位，采用螺纹钢将首环 A 构件与反力架连接并锁紧。

（2）底板 B 构件拼装

拼装前需先完成 3 块 A 构件的拼装，利用 A 构件自重对 B 构件进行限位。测量人员将 B 构件吊装位置标记在垫层上，根据地面位置标识将首环 B 构件吊装就位，就位完成后 B 构件与 A 构件环向间距 220mm，千斤顶沿环向顶推进 220mm，用螺纹钢连接反力架并锁紧。

（3）台车就位

台车就位前需将预制构件 A、B 全部拼装完成 7 环后进行，根据图纸位置安装台车轨道、台车门架、纵移平台、横移平台、顶升系统。

（4）侧墙 C 构件拼装

采用龙门吊将首环 C 构件吊装就位，测量 C 构件垂直度，安装精轧螺纹钢并与反力架进行连接，最后将连接 B 构件与 C 构件的高强螺栓拧紧。

（5）顶板 D 构件、E 构件拼装

顶板 D 构件、E 构件拼装前需将预制构件 C1、C2 拼装完成 2 环后进行，两侧横移平台分别向两侧移动 200mm，顶升千斤顶升起 200mm 高；将预制构件 D、E 先后吊装到台车上，两侧横移平台托着预制构架 D、E 回移至初始位置使预制构件 D、E 合拢，就位后预制构件 D、E 连接口用螺纹钢进行连接，顶升千斤顶回落使预制构件 D、E 与 C 构件合拢，至此装配式车站首环形成闭环。

4. 制作装配式地铁车站施工动画

按照脚本的五个步骤，在 BIM-FILM 软件中逐一实现各步骤的动画模拟。

（1）第一场景：底板 A 构件拼装

Step 01　打开软件，选择新建【草地】地形，在新建的【施工部署】界面左侧模型面板里搜索"装配式车站"，点击下载后拖拽到预览视口中。

Step 02　在右侧结构列表中展开模型子集，只显示场景并锁定，其余模型全部隐藏（图 4.5.5）。

Step 03　用工具栏的文字转语音工具将脚本的第一场景标题及配音文字分别转换为语音并添加音频动画，视情况可将脚本场景标题或正文添加到音频动画的帧属性下的字幕框中。

Step 04　在左侧模型面板里搜索"测量员"，找到测量员（全站仪）和立杆员点击下载后拖拽到预览视口中，调整位置、角度和大小使其合适（图 4.5.6）。根据配音时间添

259

加显隐动画。

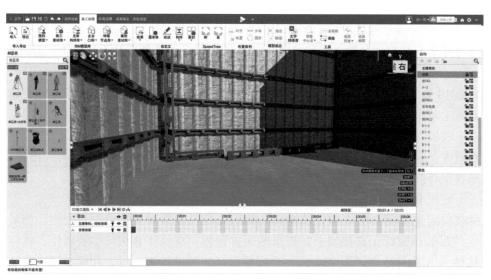

图 4.5.5　展开子集只显示场景

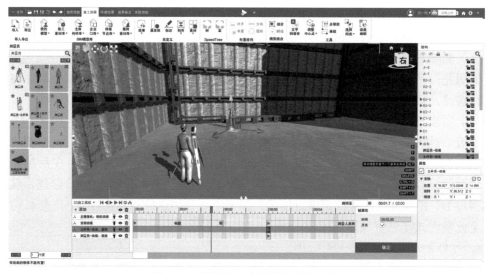

图 4.5.6　测量员（全站仪）和立杆员

Step 05　找到基本体里的方管，拖拽到预览视口中，在属性面板中将其尺寸设置为"长：2000，宽：10500，高：20，厚：20"（图 4.5.7），点击材质将颜色设置为红色；调整模型中心点至底部中心，并将其移动到如图 4.5.7 所示位置，根据配音时间添加显隐动画和闪烁动画，添加相机动画将镜头慢慢拉近至突显测量放线的位置。

Step 06　在结构树中找到首环 A 构件并取消隐藏，根据配音时间在适当的位置添加显隐动画（图 4.5.8）。

Step 07　接下来做首环 A 构件的下落动画，在首环 A 构件的吊装语音起始和结束处分别添加位移动画关键帧，并将第一个位移关键帧的 Y 坐标调整到 10。添加相机动画将镜头慢慢拉近至突显 A 构件吊装过程（图 4.5.9）。

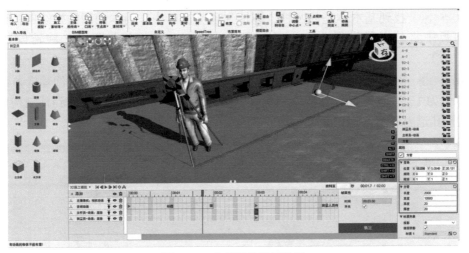

图 4.5.7　方管属性设置数据

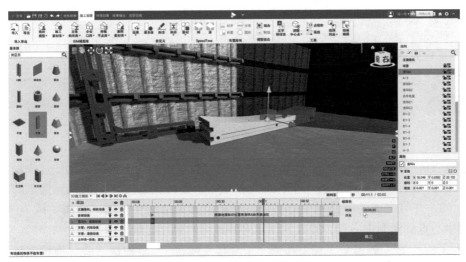

图 4.5.8　添加 A 构件显隐动画

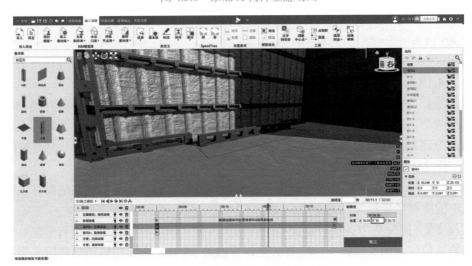

图 4.5.9　A 构件位移动画关键帧图

Step 08　找到基本体里的圆柱，拖拽到预览视口中作为本动画的螺纹钢模型，在属性面板中将其半径设置为 16，长度设置为 3000，变换属性里的 Z 旋转设置为 90（图 4.5.10）。

Step 09　点击材质选项，设置材质为结构－金属－钢筋 01，修改法线强度参数为 1，调整 U 值为 1、V 值为 20，然后调整螺纹钢中心点到模型中心点，并放到预制构件预留的螺纹钢孔道内（图 4.5.10）。

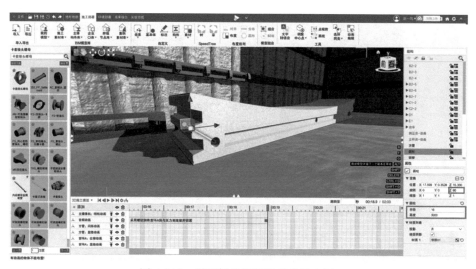

图 4.5.10　设置螺纹钢属性及位置坐标

Step 10　找到基本体里的圆管，拖拽到预览视口中作为本动画的钢垫片模型，在属性面板中将其内半径设置为 16，外半径设置为 80，管高设置为 20，变换属性里的 Z 旋转设置为 90，并与之前的螺纹钢中心对齐，材质设置为结构－金属－金属（锈）。然后调整螺帽中心点到模型中心点，并放到预制构件预留的垫片安装孔内。

Step 11　在左侧模型面板里搜索"卡套接头螺母"，将螺母下载并拖拽到预览视口中作为本动画的螺帽模型，调整螺母缩放属性"X = 0.08，Y = 0.08，Z = 0.2"，旋转属性 Y = 270，并与螺纹钢中心对齐，然后调整螺帽中心点到模型中心点，并放到钢垫片外侧（图 4.5.11）。

Step 12　按住 Ctrl 键同时选中钢垫片及螺帽，复制钢垫片及螺帽并放到反力架后端位置（图 4.5.12）。

Step 13　选中螺纹钢，根据语音时间为螺纹钢添加显隐动画，在位移开始和结束处分别添加两个关键帧，调整第一个关键帧的 X 坐标为 22；然后为钢垫片及螺帽在适当时间添加显隐动画，在位移开始和结束处分别添加两个关键帧，调整第一个关键帧的 X 坐标位置，使之出现钢垫片及螺帽安装的画面。

Step 14　同时选中螺纹钢、钢垫片及螺帽并进行复制，将复制出来的物体位移动画关键帧中的所有 Z 坐标修改为 20.13（图 4.5.13）。

Step 15　同时选中 A 构件中间孔道内的螺纹钢、钢垫片及螺帽并进行复制，将复制出来的物体位移动画关键帧中的所有 Z 坐标修改为 24.93，添加相机动画将镜头突显螺纹钢安装流程。

262

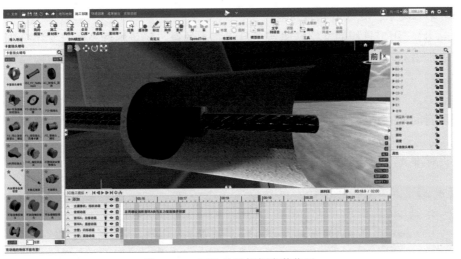

图 4.5.11　钢垫片及螺帽安装位置

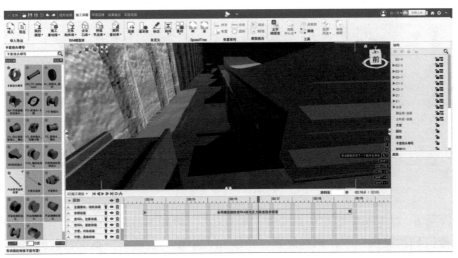

图 4.5.12　反力架位置钢垫片及螺帽安装图

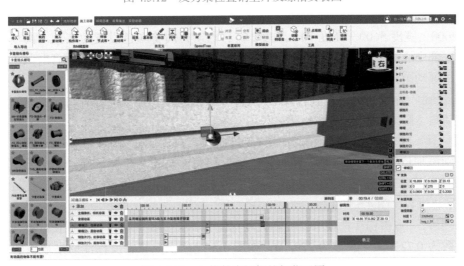

图 4.5.13　A 构件中间螺纹钢位置图

（2）第二场景：底板 B 构件拼装

Step 01　用工具栏的文字转语音工具将脚本的第二场景标题及配音文字分别转换为语音并添加音频动画。视情况可将脚本场景标题或正文添加到音频动画的帧属性下的字幕框中。

Step 02　在结构树中找到 A-2、A-3 模型，取消隐藏并给每个模型添加透明动画，再根据配音时间在适当的位置给每个透明动画添加两个关键帧，第一个关键帧透明度设置为 0，勾选开关选项，第二个关键帧透明度设置为 255，不勾选开关选项。添加相机动画将镜头对准 A-2、A-3 模型（图 4.5.14）。

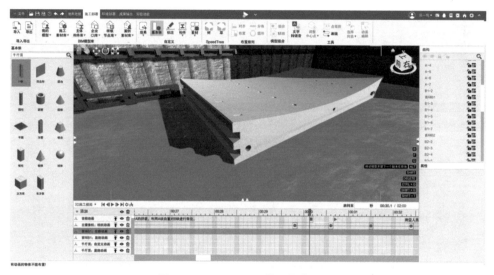

图 4.5.14　A-2、A-3 模型制作动画

Step 03　在左侧模型面板里搜索"测量员"，找到测量员（全站仪）和立杆员点击下载后拖拽到预览视口中，调整位置、角度和大小使其合适，根据配音时间添加显隐动画，并添加相机动画使画面突显测量员，操作同底板 A 构件。

Step 04　找到基本体里的方管，拖拽到预览视口中，在属性面板中将其属性设置为"长度 2000，宽度 5600，高度 10，厚度 15"，点击材质将颜色设置为红色，调整模型中心点至底部中心，并将其移动至合适位置（操作同底板 A 构件），根据配音时间添加显隐动画和闪烁动画，添加相机动画将镜头慢慢拉近至突显测量放线位置。

Step 05　在结构树中找到首环 B1 构件并取消隐藏，根据配音时间在适当的位置添加显隐动画（图 4.5.15）。

Step 06　接下来做首环 B1 构件的下落动画。在首环 B1 构件吊装语音的起始和结束处分别添加位移动画关键帧，并将第一个位移关键帧的 Y 坐标调整到 10，Z 坐标调整到 -0.22。将第二个关键帧的 Z 坐标调整到 -0.22。添加相机动画将镜头慢慢拉近至突显 B 构件吊装过程（图 4.5.16）。

Step 07　点击标注选项卡，找到长度标注并拖拽到预览视口，调整长度标注参数使长度参数为 0.22，文字参数为 220mm，如图 4.5.17 所示。将长度标注的摆放位置及角度调整到 B 构件与 A 构件的缝隙，并根据语音时间添加显隐动画。

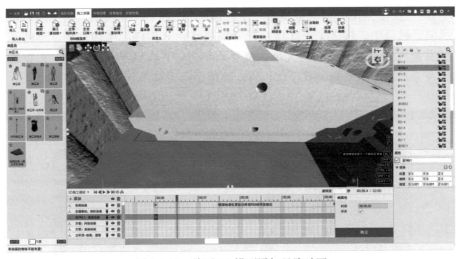

图 4.5.15 首环 B1 模型添加显隐动画

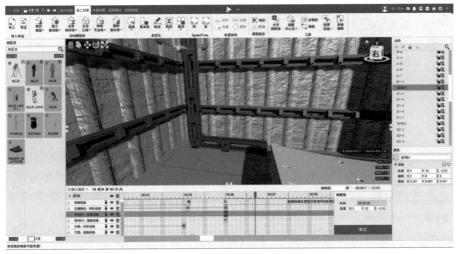

图 4.5.16 首环 B1 添加位移动画

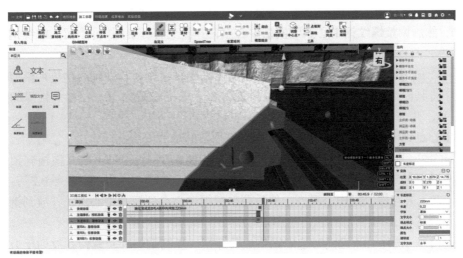

图 4.5.17 设置长度标注属性参数

Step 08　在左侧模型面板里搜索"千斤顶"，找到千斤顶模型点击下载后拖拽 2 个千斤顶到预览视口中，将 2 个千斤顶位置分别调整到 B 构件肥槽内。在基本体选项卡内找到 H 体并拖拽到预览视口，将大小、位置调整合适并放到千斤顶后侧。根据配音时间添加 H 体及千斤顶显隐动画，并添加相机动画使画面突显千斤顶（图 4.5.18）。

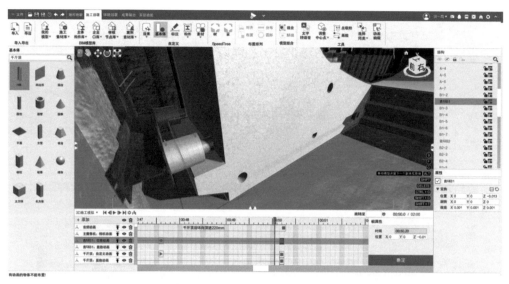

图 4.5.18　千斤顶安装及动画设置

Step 09　选择首环 B1 构件模型，在位移动画栏根据语音在适当时间添加两个关键帧，修改最后一个关键帧的坐标值，使所有坐标全部归零。选择千斤顶添加自定义动画，根据语音在适当时间添加两个关键帧，调整第二个关键帧的顶心属性，使千斤顶呈现顶进首环 B1 构件的动画。

Step 10　找到基本体里的圆柱，拖拽到预览视口中作为本动画的螺纹钢模型，在属性面板中将其半径设置为 16，长度设置为 3000，变换属性里的 Z 旋转设置为 90。点击材质选项，设置材质为结构 – 金属 – 钢筋 01，修改法线强度参数为 1，调整 U 值为 1、V 值为 20，然后调整螺纹钢中心点到模型中心点，并放到首环 B1 构件预留的螺纹钢孔道内（图 4.5.19）。

Step 11　找到基本体里的圆管，拖拽到预览视口中作为本动画的钢垫片模型，在属性面板中将其内半径设置为 16，外半径设置为 80，管高设置为 20，变换属性里的 Z 旋转设置为 90，并与之前的螺纹钢中心对齐，材质设置为结构 – 金属 – 金属（锈）。然后调整螺帽中心点到模型中心点，并放到预制构件预留的垫片安装孔内。

Step 12　在左侧模型面板里搜索"卡套接头螺母"，将螺母下载并拖拽到预览视口中作为本动画的螺帽模型，调整螺母缩放属性"X = 0.08，Y = 0.08，Z = 0.2"，旋转属性 Y = 270，并与螺纹钢中心对齐，然后调整螺帽中心点到模型中心点，并放到钢垫片外侧，操作同底板 A 构件。

Step 13　按住 Ctrl 键同时选中钢垫片及螺帽，复制钢垫片及螺帽并放到反力架后端位置，操作同底板 A 构件。

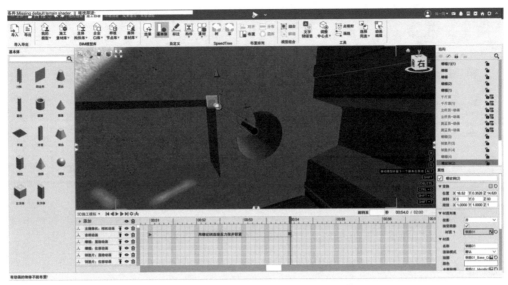

图 4.5.19　首环 B1 构件螺纹钢位置坐标

Step 14　选中螺纹钢，根据语音时间为螺纹钢添加显隐动画，在位移开始和结束处分别添加两个关键帧，调整第一个关键帧的 X 坐标为 20；为钢垫片及螺帽在适当时间添加显隐动画，在位移开始和结束处分别添加两个关键帧，调整第一个关键帧的 X 坐标位置，使之出现钢垫片及螺帽安装的画面。

Step 15　同时选中上一组螺纹钢、钢垫片及螺帽并进行复制，将复制出来的物体位移动画关键帧中的所有 Z 坐标修改为为 12.27（图 4.5.20）。

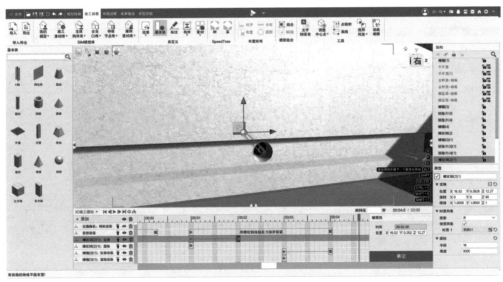

图 4.5.20　B 构件中间螺纹钢位置图

Step 16　采用相同方法复制出剩余螺纹钢孔道的螺纹钢，并将复制出来的物体位移动画关键帧中的所有坐标值修改为适合的大小，添加相机动画将镜头突显螺纹钢安装流程（图 4.5.21）。

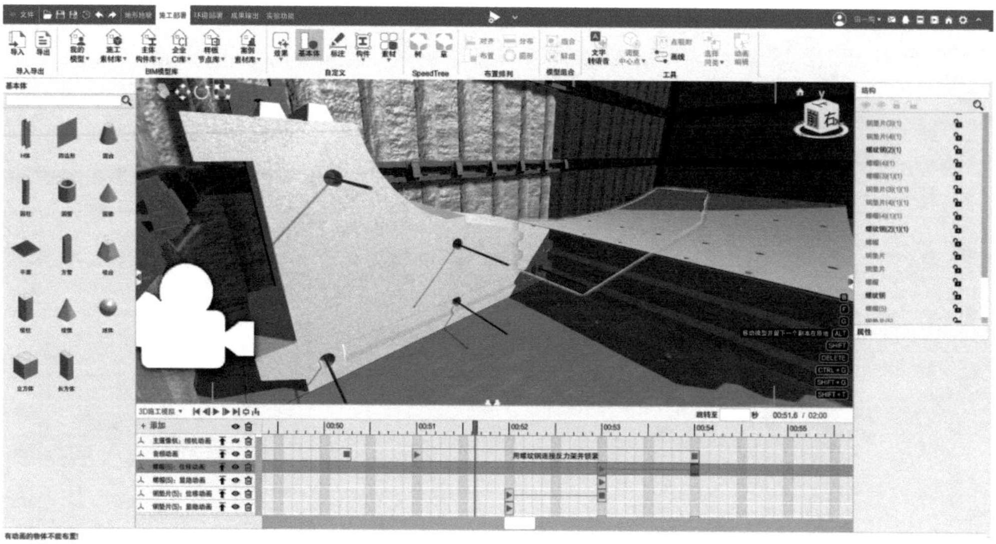

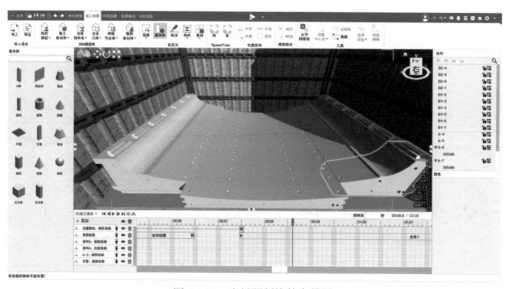

图4.5.21　B构件螺纹钢安装位置

（3）第三场景：台车就位

Step 01　用工具栏的文字转语音工具将脚本的第三场景标题及配音文字分别转换为语音并添加音频动画。视情况可将脚本场景标题或正文添加到音频动画的帧属性下的字幕框中。

Step 02　在结构树中分别找到首环B2构件、B2-1、B2-2、B2-3、B2-4、B2-5、B2-6、B2-7、B1-2、B1-3、B1-4、B1-5、B1-6、B1-7、A1-4、A1-5、A1-6、A1-7模型并取消隐藏，添加相机动画将镜头拉远，显示出整个底板（图4.5.22）。

图4.5.22　底板预制构件全景图

Step 03　按照首环B2构件、B2-2与B1-2、B2-3与B1-3、A1-4、B2-4与B1-4、A1-5、B2-5与B1-5、A1-6、B2-6与B1-6、A1-7、B2-7与B1-7模型的顺序，分别为

每个模型添加透明动画，使得每个模型按照施工顺序逐一出现的动画效果（图 4.5.23）。

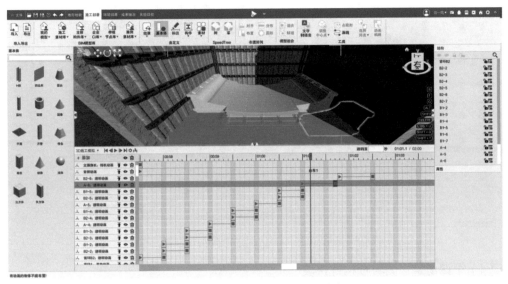

图 4.5.23 添加底板预制构件透明动画

Step 04 在结构树中找到台车轨道模型并取消隐藏，选中模型添加显隐动画及闪烁动画，并根据语音在适当时间添加显隐及闪烁关键帧（图 4.5.24）。

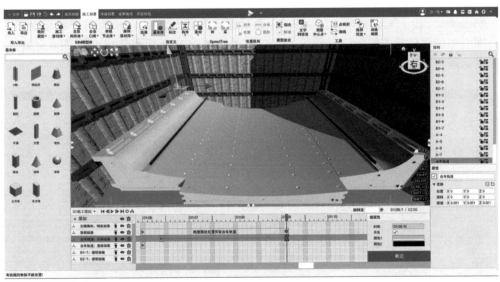

图 4.5.24 台车轨道闪烁动画

Step 05 在结构树中找到台车门架、纵移平台、横移平台左、横移平台右、顶升千斤顶左、顶升千斤顶右模型，取消隐藏，分别选中模型添加显隐动画及闪烁动画（图 4.5.25），并根据语音在适当时间添加显隐及闪烁关键帧，添加主摄像机动画，使画面突显语音所指的模型。

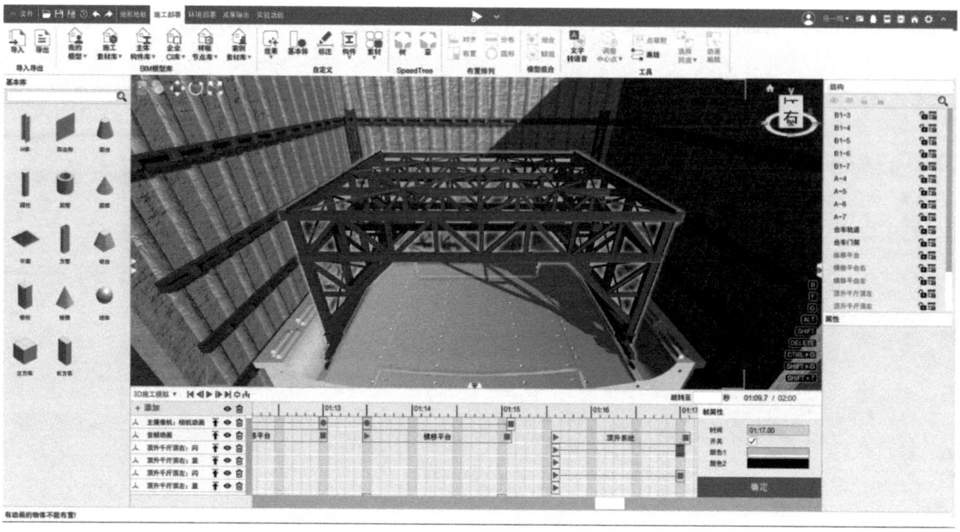

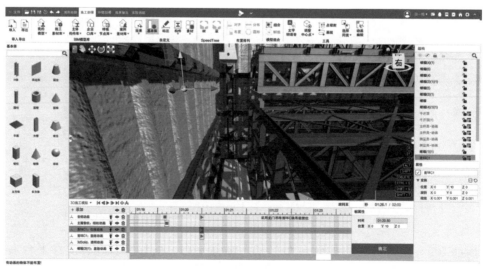

图 4.5.25 台车门架等添加闪烁动画

（4）第四场景：侧墙 C 构件拼装

Step 01 用工具栏的文字转语音工具将脚本的第四场景标题及配音文字分别转换为语音并添加音频动画，视情况可将脚本场景标题或正文添加到音频动画的帧属性下的字幕框中。

Step 02 在结构树中找到首环 C1 构件模型并取消隐藏，根据配音时间在适当位置添加显隐动画。

Step 03 接下来做首环 C1 构件的下落动画。在首环 A 构件吊装语音的起始和结束处分别添加位移动画关键帧，并将第一个位移关键帧的 Y 坐标调整到 10（图 4.5.26）。添加相机动画将镜头慢慢拉近至突显 C1 构件吊装过程。

图 4.5.26 首环 C1 构件添加位移动画

Step 04 点击标注选项卡，找到角度标注并拖拽到预览视口，调整角度标注参数使角度参数为 90°，颜色调整为红色（图 4.5.27）。将角度标注的摆放位置及摆放角度调整到 C 构件的侧面并面对镜头，根据语音时间添加显隐动画。

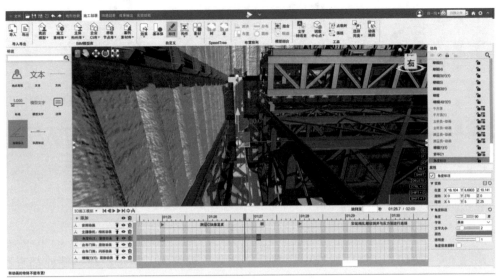

图 4.5.27 设置角度标注属性

Step 05 采用与 A 构件、B 构件螺纹钢相同的方法制作 C 构件螺纹钢动画（图 4.5.28）。

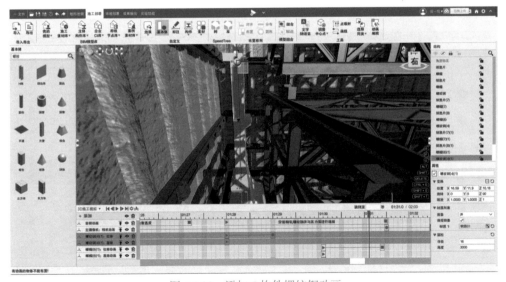

图 4.5.28 添加 C 构件螺纹钢动画

Step 06 在结构树中找到高强螺栓 C 模型，取消隐藏，选中高强螺栓 C 模型并根据语音时间添加显隐动画和位移动画，使高强螺栓呈现下落过程。

Step 07 在左侧模型面板里搜索"卡套接头螺母"，将螺母下载并拖拽到预览视口中作为本动画的高强螺栓的螺帽模型，调整螺母缩放属性"X = 0.1，Y = 0.1，Z = 0.2"，旋转属性"X = 90，Y = 270"，并与高强螺栓 C 中心对齐，然后调整螺帽中心点到模型中心点，放到如图 4.5.29 所示位置。

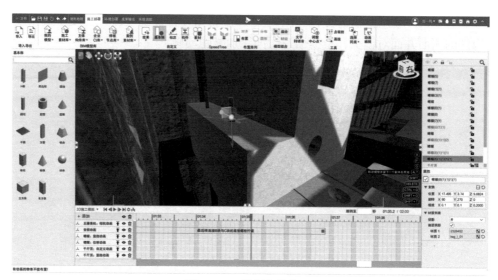

图 4.5.29　螺帽安装位置

Step 08　按住 Ctrl 键同时选中螺帽后复制并移动螺帽，使每个高强螺栓都有螺帽（图 4.5.30）。

Step 09　接下来为螺帽在适当时间添加显隐动画，在位移开始和结束处分别添加两个关键帧，调整第一个关键帧的 Y 坐标位置，使之出现钢垫片及螺帽安装的画面（图 4.5.30）。

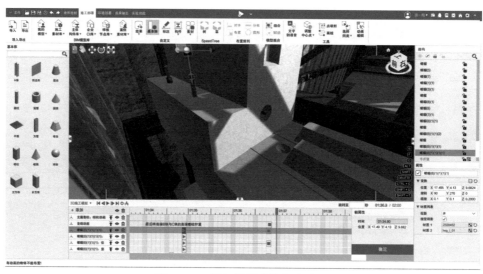

图 4.5.30　添加螺帽及其位移动画

（5）第五场景：顶板 D 构件、E 构件拼装

Step 01　用工具栏的文字转语音工具将脚本的第五场景标题及配音文字分别转换为语音并添加音频动画，视情况可将脚本场景标题或正文添加到音频动画的帧属性下的字幕框中。

Step 02　在结构树中分别找到首环 C2 构件、C1-2、C2-2 模型并取消隐藏，添加相机动画将镜头拉远，显示出顶板拼装位置。按照首环 C2 构件与 C1-2、C2-2 模型的顺序，分别为每个模型添加闪烁动画及透明动画，使得每个模型按照施工顺序逐一出现的动画效果（图 4.5.31）。

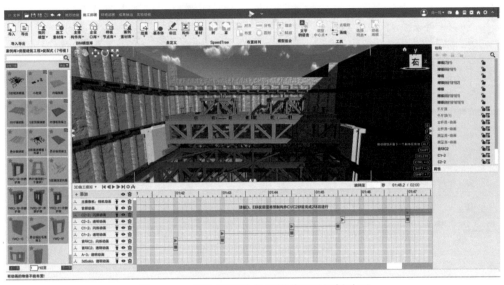

图 4.5.31　添加顶板构件透明动画及闪烁动画

Step 03　选择横移平台左模型，根据语音时间添加闪烁及位移动画关键帧，并调整位移动画关键帧属性，使之出现该模型先闪烁后向左移动 200mm 的动画效果。采用相同方法制作横移平台右、顶升千斤顶左、顶升千斤顶右模型的闪烁及位移动画（图 4.5.32）。

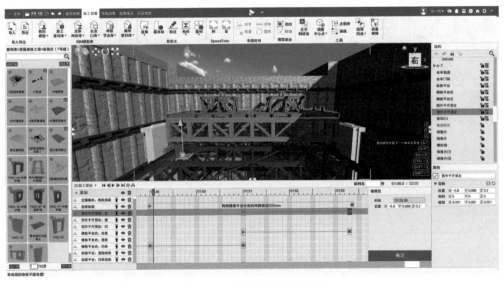

图 4.5.32　添加横向位移动画

Step 04　选择顶升千斤顶左模型，根据语音时间添加闪烁及位移动画关键帧，并调整位移动画关键帧属性，使之出现顶升千斤顶升起 200mm 高的动画效果（图 4.5.33）。采用相同方法制作顶升千斤顶右模型的顶升动画。

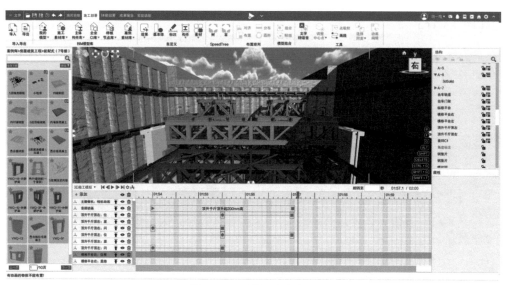

图 4.5.33 添加顶升动画

Step 05 在结构树中找到 D1 与 D2 模型，取消隐藏，根据语音时间在适当位置添加显隐动画。然后做 D、E 构件的下落动画，分别在 D、E 构件吊装语音的起始和结束处分别添加位移动画关键帧，并将第一个位移关键帧的 Y 坐标调整到 5（图 4.5.34）。

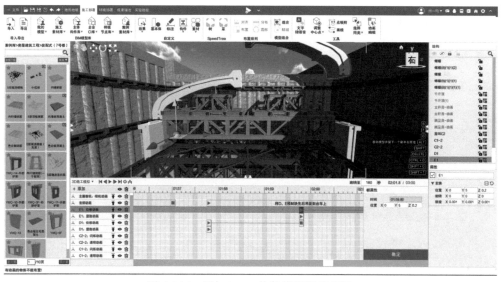

图 4.5.34 添加 D、E 构件模型下落动画

Step 06 选择横移平台左模型，根据语音时间在适当位置添加位移动画关键帧，并调整位移动画关键帧属性，使之出现该模型向右移动 200mm 的动画效果。采用相同方法制作横移平台右、顶升千斤顶左、顶升千斤顶右、D1 和 E1 构件模型位移动画（图 4.5.35）。

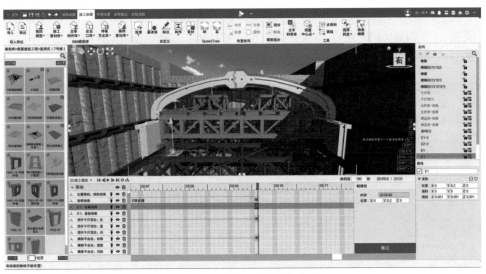

图 4.5.35 添加顶板合拢动画

Step 07 添加相机动画将镜头拉近，显示出预制构件 D、E 连接部位。采用与 A 构件螺纹钢相同的制作方法，制作出预制构件 D、E 连接部位的螺纹钢、垫片及螺帽并适当修改属性参数，使之与预制构件 D、E 连接处相吻合（图 4.5.36）。

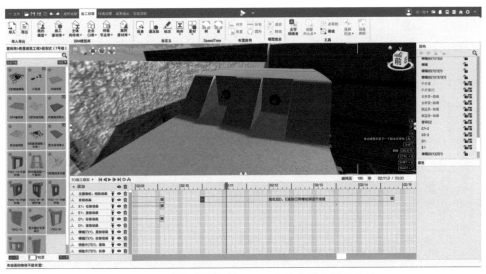

图 4.5.36 制作预制构件 D、E 连接处螺纹钢及垫片

Step 08 选中螺纹钢，根据语音时间为螺纹钢添加显隐动画，在位移开始和结束处分别添加两个关键帧，调整第一个关键帧坐标至合适位置；为钢垫片及螺帽在适当时间添加显隐动画，在位移开始和结束处分别添加两个关键帧，适当调整第一个关键帧的坐标位置，使之出现钢垫片及螺帽安装的画面。

Step 09 添加相机动画将镜头拉远，显示出完整的预制构件 D、E。选择 D1 模型，根据语音时间在下落开始和结束处分别添加位移动画关键帧，并调整位移动画关键帧属性，使之出现该模型向下移动 200mm 的动画效果。采用相同方法制作 E1 构件、顶升千斤顶左、顶升千斤顶右、DE 构件连接部位的螺纹钢、螺帽及垫片模型的下落动画。最后根据语音时间分别为首环 A、B1、B2、C2、C1、D1、E1 预制构件添加闪烁动画（图 4.5.37）。

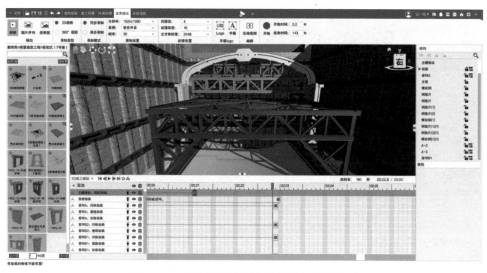

图 4.5.37　为首环所有预制构件添加闪烁动画

第 5 章　综合实训

✏️ **知识目标**

（1）了解 BIM-FILM 软件下载、安装、用户注册和登录方法。
（2）熟悉 BIM-FILM 软件案例实训考核流程。
（3）掌握工程案例施工工艺流程和质量控制要点。

✏️ **能力目标**

（1）通过查阅相关规范资料，根据工程施工工艺流程和质量控制要点，能够熟练编写施工动画脚本。
（2）根据编写的施工动画脚本，结合施工图纸和模型，能够熟练应用 BIM-FILM 软件制作相应的施工动画，完成施工方案模拟。
（3）具有一定的运用 PR、AE 等软件进行视频编辑能力，完成可视化交底。

为提高学生可视化交底的实际运用能力，本章通过 2 个案例实训对学生学习成果进行考核，其中装配式钢结构吊装案例考核实训带有标准案例动画，通过软件对比学生完成的施工动画与标准案例动画完成程度，自动进行客观评测打分；其中桥墩盖梁施工案例实训演练没有标准答案，需要学生按照实训内容查找相关资料完成施工动画制作，由老师根据学生完成程度主观评测打分。

通过本章 2 个实训案例实战演练，让学生能够根据工程实际情况，结合施工图纸、规范、三维模型等，利用 BIM-FILM 软件制作施工动画，运用 PR、AE 等软件完成视频编辑操作，制作施工模拟动画，完成可视化交底。

5.1　装配式钢结构案例考核

5.1.1　实训目的

① 掌握常用建筑材料机具选择与应用能力。
② 掌握装配式钢结构工程钢构件安装顺序、柱基节点的调整原理和施工工序、柱梁节点连接施工工序、上节柱与下节柱连接节点的调整原理和施工工序以及施工工艺要求等知识。
③ 掌握钢结构工程分部分项工程施工方案交底能力。
④ 掌握应用 BIM 软件进行施工方案模拟和施工工艺展示的方法。

5.1.2　实训准备

① 在 BIM-FILM 网站下载安装程序（http://www.bimfilm.cn/download.html），下载版本为 BIM-FILM2.0 软件。

② 打开 BIM-FILM2.0 软件，下载案例考核试题：装配式钢结构吊装施工。

③ 注意：软件不能安装在 C 盘，安装路径不可有中文，安装和更新时需退出杀毒软件，电脑系统须为 64 位（32 位系统不可用，苹果系统不可用），软件提示更新时请及时更新；需 15～30min 另存一次，以保证多个备份。

5.1.3　实训任务

【案例背景】某项目部预进行城西装配式钢结构住宅小区钢结构吊装工程施工（图 5.1.1），为了确保施工安全质量，更好地指导工人施工，决定采用可视化交底。请识读该项目钢结构柱梁结构施工图（图 5.1.2），并通过查阅《钢结构工程施工规范》GB 50755—2012

图 5.1.1　城西装配式钢结构住宅小区钢结构吊装施工现场

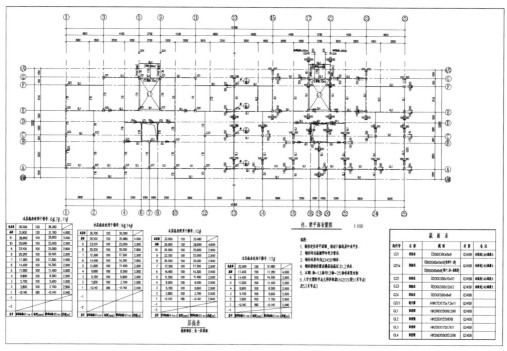

图 5.1.2　城西装配式钢结构柱梁结构施工图

等资料，利用 BIM-FILM 软件为城西装配式钢结构住宅小区钢结构吊装工程施工制作一段钢结构吊装施工模拟动画。

【工程概况】本工程住宅楼地上 11 层，地下 2 层，建筑高度 32.8m，建筑总面积 11167.09m²，结构形式为钢管混凝土结构，基础为筏板基础，钢柱结构形式为方形钢管柱，钢梁为热轧 H 型钢。钢结构现场安装主要连接形式为焊接和高强螺栓连接两种，主要节点形式见表 5.1.1。本试题考核内容为该案例整体施工中的一部分。

钢结构主要节点 表 5.1.1

序号	构件或节点描述	构件和节点示意图
1	整个模型结构	
2	方管钢柱	
3	H 型钢梁	
4	柱梁连接节点	

续表

序号	构件或节点描述	构件和节点示意图
5	主次梁连接节点	
6	钢柱对接节点	
7	钢柱柱脚节点	
8	柱头节点	

5.1.4 实训内容

【实施与指导】根据案例背景，应用 BIM-FILM 软件，请在素材库下载给定的试题"装配式钢结构吊装施工"并完成基于装配式钢结构吊装施工试题下的施工模拟动画。施工模拟过程中所需要的人、材、机具需依据所学专业知识统筹考虑，选取最适合的并应用于施工过程中，最终形成一份工程文件和一份成果视频。

请根据以上内容完成以下任务：

① 参考所给装配式钢结构吊装施工工艺流程（图 3.4.2），依据钢结构柱梁结构施工图，通过查阅规范资料等方式编写施工动画脚本，完成子任务 1（表 5.1.2）。

子任务 1：编写装配式钢结构吊装施工动画脚本　　　　　　　　　　表 5.1.2

作为信息化时代背景下的一名钢结构施工技术人员，请识读城西装配式钢结构住宅小区钢结构柱梁结构施工图，查阅现行《钢结构工程施工技术规范》，通过查阅资料、教师答疑等方式查找与任务相关的施工方案、技术交底、施工视频等，为装配式钢结构吊装施工编写施工动画脚本，为制作装配式钢结构吊装施工动画做好准备

序号	装配式钢结构吊装施工工艺流程	查阅规范，参考案例查找质量控制要点
1		
2		
3		
4		
5		
6		
7		
8		
9		
10		

综合上述质量控制要点，按照施工工艺流程，编写城西装配式钢结构住宅小区装配式钢结构吊装施工动画脚本：
（1）
（2）
（3）
　⋮

② 根据编写的装配式钢结构吊装施工动画脚本，运用 BIM-FILM 软件制作施工动画，完成子任务 2（表 5.1.3）。

子任务 2：制作装配式钢结构吊装施工动画   表 5.1.3

场景	分析脚本，找出每个场景中需要展示的元素以及每个要素如何用 BIM-FILM 软件实现，再考虑每个场景的镜头展示，设置相机动画，以达到更好的视觉效果
第一场景	
第二场景	
第三场景	
第四场景	
第五场景	
第六场景	
第七场景	
第八场景	
第九场景	
第十场景	

制作装配式钢结构吊装施工动画，并输出以下成果：

（1）BIM-FILM 工程项目源文件 1 份（.bfm2 格式）；

（2）BIM-FILM 输出视频文件 1 份（.mp4 格式）；

（3）BIM-FILM 输出效果图 1 张（.png 格式）；

（4）评测加密文件一份（.bfd 格式）

5.1.5 成果评价

1. 评分方式

实训作品通过 BIM-FILM 评测系统完成作品评分。

2. 评分细则

评测系统考核内容包含：施工人材机具选择、施工流程、讲解语音、字幕、施工操作和工艺动画以及施工位置的正确性和完整性。

3. 评分内容及分值构成

本案例考核评价最终成果由评测系统自动评定，最终成果考核分值构成见表 5.1.4。

最终成果考核评价表（装配式钢结构）   表 5.1.4

编号	考核项目	考核内容	分值比例
1	施工人材机具选择	施工人、材、机具选择	20%
2	施工动画模拟及流程	施工流程	20%
		讲解语音（脚本）及字幕	15%
		施工操作及工艺动画	35%
3	其他	施工位置	10%

5.2 桥墩盖梁案例实战演练

5.2.1 实训目的

① 掌握 BIM-FILM 软件模拟施工方案的能力。
② 掌握分部分项工程施工三维可视化交底的能力。
③ 掌握 BIM 等信息化技术应用的能力。

5.2.2 实训准备

① BIM-FILM 软件下载及安装，同本章 5.1.2。
② 能够操作 BIM-FILM 软件，掌握 BIM-FILM 软件制作施工动画的流程与方法。
③ 能够使用 PR、AE 等软件完成视频编辑操作。
④ 通过查阅规范资料等，查找与任务相关的施工方案、技术交底、施工视频等，以备制作施工动画及可视化交底时参考。

5.2.3 实训任务

某项目部预进行 1 号桥桥墩盖梁施工（图 5.2.1），为了确保施工安全质量，更好地指导工人施工，决定采用可视化交底。

图 5.2.1　桥墩盖梁施工现场模拟

请识读该桥桥墩盖梁施工图（图 5.2.2～图 5.2.4），模拟现场条件，完成以下任务：
① 依据桥墩盖梁施工图纸，通过查阅规范资料等方式，参考所给桥墩盖梁施工工艺流程（图 5.2.5）编写施工动画脚本。
② 根据编写的施工动画脚本，运用 BIM-FILM 软件制作施工动画。
③ 运用 PR、AE 等软件，以施工动画为主体，结合施工图纸、规范、三维模型等，编辑视频，完成可视化交底。

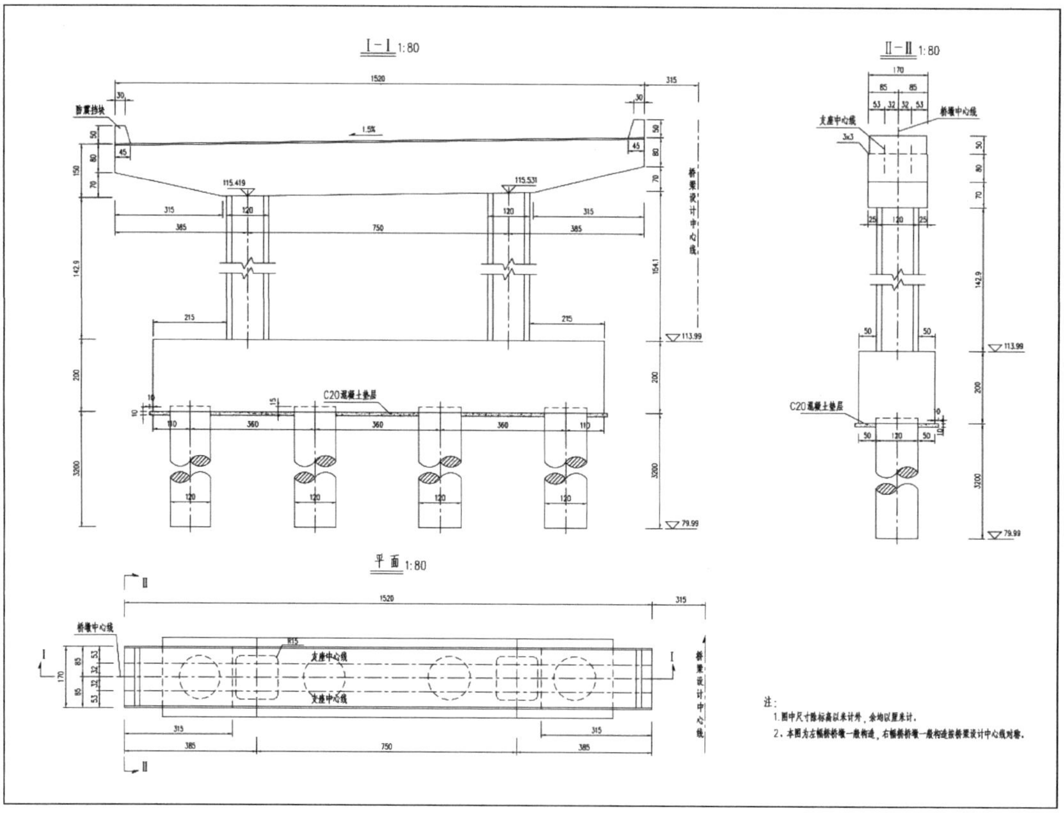

284

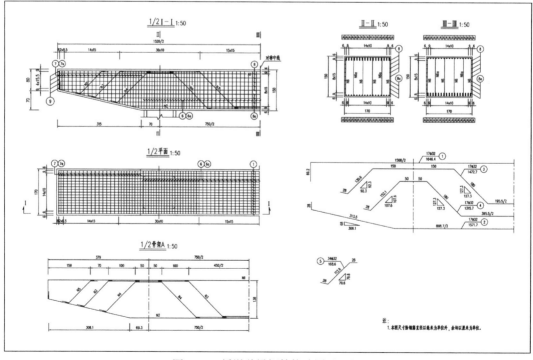

图 5.2.2 桥墩一般构造图

图 5.2.3 桥墩盖梁钢筋构造图（一）

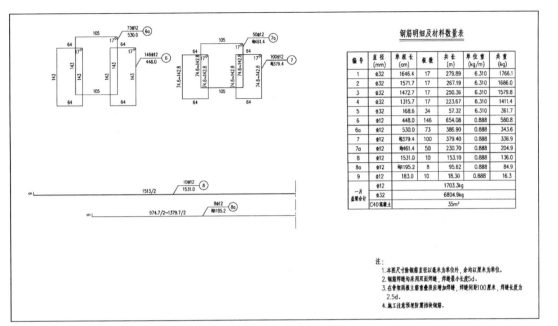

钢筋明细及材料数量表

编号	直径(mm)	单根长(cm)	根数	共长(m)	单位重(kg/m)	共重(kg)
1	φ32	1646.4	17	279.89	6.310	1766.1
2	φ32	1571.7	17	267.19	6.310	1686.0
3	φ32	1472.7	17	250.36	6.310	1579.8
4	φ32	1315.7	17	223.67	6.310	1411.4
5	φ32	168.6	34	57.32	6.310	361.7
6	φ12	448.0	146	654.08	0.888	580.8
6a	φ12	530.0	73	386.90	0.888	343.6
7	φ12	弯379.4	100	379.40	0.888	336.9
7a	φ12	弯461.4	50	230.70	0.888	204.9
8	φ12	1531.0	10	153.10	0.888	136.0
8a	φ12	弯1195.2	8	95.62	0.888	84.9
9	φ12	183.0	10	18.30	0.888	16.3
一片盖梁合计	φ12			1703.3kg		
	φ32			6804.9kg		
	C40混凝土			35m³		

注:
1. 本图尺寸除钢筋直径以毫米为单位外,余均以厘米为单位。
2. 钢筋焊缝均采用双面焊缝,焊缝最小长度5d。
3. 在骨架两根主筋重叠位置应增加焊缝,焊缝间距100厘米,焊缝长度为2.5d。
4. 施工注意预埋防震挡块钢筋。

图 5.2.4 桥墩盖梁钢筋构造图(二)

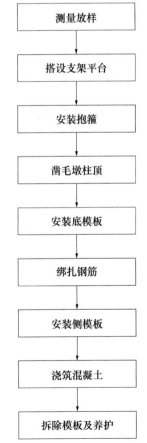

图 5.2.5 桥墩盖梁施工工艺流程图

285

5.2.4 实训内容

① 参考给定的施工工艺流程，编写墩柱盖梁施工动画脚本，完成子任务1（表5.2.1）。

子任务1：编写桥墩盖梁施工动画脚本   表5.2.1

作为信息化时代背景下的一名桥梁施工技术人员，请识读1号桥桥墩盖梁施工图，查阅《公路桥涵施工技术规范》JTG/T 3650—2020，通过查阅资料、教师答疑等方式查找与任务相关的施工方案、技术交底、施工视频等，为1号桥桥墩盖梁编写施工动画脚本，为制作桥墩盖梁施工动画做好准备

序号	桥墩盖梁 施工工艺流程	查阅规范，参考案例查找质量控制要点
1		
2		
3		
4		
5		
6		
7		
8		
9		
10		

综合上述质量控制要点，按照施工工艺流程，编写1号桥桥墩盖梁施工动画脚本：

（1）

（2）

（3）

⋮

② 打开BIM-FILM软件，在软件界面选择新建一个【草地】地形，在新建的【施工部署】界面左侧模型面板里搜索"盖梁"，找到适合本桥的桥墩盖梁点击下载后拖拽到预览视口中。并根据编写的桥墩盖梁施工动画脚本，运用BIM-FILM软件制作施工动画，完成子任务2（表5.2.2）。

③ 运用PR、AE等软件，以施工动画为主体，结合施工图纸、规范、三维模型等，编辑视频，完成子任务3（表5.2.3）。

子任务 2：制作桥墩盖梁施工动画 表 5.2.2

场景	分析脚本，找出每个场景中需要展示的元素以及每个元素如何用 BIM-FILM 软件实现，再考虑每个场景的镜头展示，设置相机动画，以达到更好的视觉效果
第一场景	
第二场景	
第三场景	
第四场景	
第五场景	
第六场景	
第七场景	
第八场景	
第九场景	
第十场景	

制作墩柱盖梁施工动画，并输出以下成果：
（1）BIM-FILM 工程项目源文件 1 份（.bfm2 格式）；
（2）BIM-FILM 输出视频文件 1 份（.mp4 格式）；
（3）BIM-FILM 输出效果图 3 张（.png 格式）

287

子任务 3：制作桥墩盖梁施工可视化交底视频 表 5.2.3

序号	编辑项目	将二维施工图纸、三维模型以及施工动画中未展示的或展示不够详细的规范要求、施工注意事项、质量标准、安全与文明施工等结合，编辑可视化交底视频，案例参考图片如表格所示，完成子任务 3	
1	选择背景音乐	选择合适的背景音乐，在合适的时间插入	
2	设置片头	片头可显示项目名称、编制人等信息	
3	工程概况	可将自建的三维模型、二维图纸等工程概况信息插入，介绍桥墩盖梁施工概况	

序号	编辑项目	将二维施工图纸、三维模型以及施工动画中未展示的或展示不够详细的规范要求、施工注意事项、质量标准、安全与文明施工等结合，编辑可视化交底视频，案例参考图片如表格所示，完成子任务3	
4	施工准备	通过插入图片或自建的临设动画视频等方式，从技术、组织、材料、现场准备等方面阐述	
5	自制施工动画	此处为子任务2的施工动画，对于动画中未展示清楚的部分或展示不够详细的部分可通过画中画、画中图的方式完善	
6	施工注意事项	该桥墩盖梁施工注意事项	
7	质量检验标准	该桥墩盖梁施工质量检验标准	
8	安全文明施工	该桥墩盖梁施工安全文明施工相关规定	
9	……	其他需要展示的内容	
10	片尾	根据实际情况显示需要显示的信息	

制作桥墩盖梁施工可视化交底视频，并输出视频文件1份（.mp4格式）

288

5.2.5 成果评价

1. 评分方式

任务作品可通过教师评审、同学互评打分等方式进行。

2. 评审内容及分值构成

本实战演练评价，教师可采用过程考核和最终成果考核相结合的考核方式，其比例可根据实际情况设定，最终成果考核分值构成参考见表5.2.4。

最终成果考核评价表（桥墩盖梁）　　　表 5.2.4

编号	考核项目	考核内容	分值比例
1	桥墩盖梁施工动画脚本	内容正确且能够说明施工质量控制要点	20%
2	桥墩盖梁施工动画效果图	有代表性且效果较好	10%
3	桥墩盖梁施工动画	专业度高、施工方法正确、完整性好	25%
		施工动画视觉效果好	25%
4	桥墩盖梁施工可视化交底	内容完整、专业	15%
		视觉效果好	15%

参考文献

［1］张凤春. BIM 工程项目管理［M］. 北京：化学工业出版社，2019.

［2］BIM 工程技术人员专业技能培训用书编委会. BIM 应用与项目管理［M］. 北京：中国建筑工业出版社，2016.

［3］李思康，李宁，冯亚娟. BIM 施工组织设计［M］. 北京：化学工业出版社，2018.

［4］闵玉辉，图解建设工程细部施工做法［M］. 北京：化学工业出版社，2015.

［5］李继业，刘廷忠，高勇. 道路工程施工实用技术手册（第二版）［M］. 北京：化学工业出版社，2018.

［6］张凤亭，杨庆振. 路基路面施工技术［M］. 北京：人民交通出版社，2019.

［7］王佳伟. 三维动画技术在建筑施工过程模拟中的应用与研究［J］. 建筑施工，2019，41（11）.

［8］占勇利，沈剑华，宋俊敏. 工程施工 BIM 技术标案例分析［J］. 浙江建筑，2018，35（4）.